UNDERSTANDING THE DIGITAL WORLD

What You Need to Know about
Computers, the Internet, Privacy, and
Security, Second Edition

普林斯顿
计算机公开课

（原书第2版）

[美] 布莱恩・W. 柯尼汉（Brian W. Kernighan）著
戴开宇 译

机械工业出版社
CHINA MACHINE PRESS

图书在版编目（CIP）数据

普林斯顿计算机公开课：原书第 2 版 /（美）布莱恩·W. 柯尼汉（Brian W. Kernighan）著；戴开宇译 . —北京：机械工业出版社，2022.11（2024.2 重印）

书名原文：Understanding the Digital World: What You Need to Know about Computers, the Internet, Privacy, and Security, Second Edition

ISBN 978-7-111-72512-1

I. ①普⋯ II. ①布⋯ ②戴⋯ III. ①电子计算机－基本知识 IV. ① TP3

中国国家版本馆 CIP 数据核字（2023）第 010878 号

北京市版权局著作权合同登记 图字：01-2021-3938 号。

普林斯顿计算机公开课（原书第 2 版）

出版发行：机械工业出版社（北京市西城区百万庄大街 22 号　邮政编码：100037）

策划编辑：曲　熠

责任编辑：曲　熠

责任校对：龚思文　梁　静

责任印制：常天培

印　　刷：固安县铭成印刷有限公司

版　　次：2024 年 2 月第 1 版第 2 次印刷

开　　本：147mm×210mm　1/32

印　　张：14.75

书　　号：ISBN 978-7-111-72512-1

定　　价：79.00 元

客服电话：(010) 88361066　68326294

计算机和通信系统，以及由它们所实现的许多事物遍布我们周围。其中一些在日常生活中随处可见，比如笔记本电脑、手机和互联网。今天，在任何公共场所，都会看到许多人在使用手机查询交通路线、购物以及和朋友聊天。与此同时，大部分计算机世界却是隐形的，比如电子设备、汽车、火车、飞机、电力系统和医疗设备中的计算机。这种几乎不可见的基础设施对我们产生了巨大的影响，如果没有这些在后台运行的系统，我们所处的现代社会将会坍塌。大多数情况下，它们确实在正确地执行任务，一切运转正常。但我们会不时得到令人不安的警示，这发生在当这些系统出现问题时，或当我们听到各种系统正在悄悄收集、共享，甚至滥用这些数据时。

本书篇幅不大，但对计算机和通信系统如何工作进行了详细和透彻的解释。它主要面向希望能更好地了解他们所生活的世界的非技术人员，但本书也应该会对那些对技术有所了解的人有帮助——这些读者或者对本书的内容感兴趣，或者希望将本书作为向朋友和家人解释技术系统的一份指南。本书展示了当今的计算和通信世界是如何运作的，从硬件到软件，再到互联网和 Web。

本书也讨论了新技术带来的社会、政治和法律问题（虽然主要是从美国的角度），由此你可以理解我们所面临的难题，并理解为了解决它们所必须做出的权衡。

20多年来，我一直使用本书中的材料为普林斯顿大学的学生授课，告诉他们计算机技术是如何影响世界的。未来，他们在担任有责任、有权威和有影响力的职务时，将能够就涉及技术的复杂问题做出明智的决定。计算机和通信技术一直在发展，但那些基本的问题仍然保持不变。

我相信，无论人们的背景如何，位于世界何处，更多地了解这项了不起且应用广泛的技术是很重要的——这项技术已经并将继续对我们的生活产生深远的影响。非常高兴戴开宇博士作为译者的中文版即将与中国读者见面，对于他的卓越工作我深表感谢。我希望你会享受阅读本书的过程，并开卷有益。

布莱恩·W.柯尼汉

收到机械工业出版社翻译本书的邀请时，我欣然接受了这一任务。很重要的一个原因是，本书作者布莱恩·W. 柯尼汉（Brian W. Kernighan）教授是计算机领域的著名学者和先驱。关于布莱恩教授，人们耳熟能详的一个传奇是，他与 C 语言的发明者丹尼斯·里奇（Dennis Ritchie）合著的 *The C Programming Language* 一书被奉为 C 程序设计语言的经典之作。之后，许多编程语言教程中的第一个示例都是打印出一句"Hello，World！"，就像在用编程语言这一计算机语言向世界问好，这个示例就是布莱恩教授首创的。因为翻译这一机缘，我又了解到，布莱恩教授在大名鼎鼎的贝尔实验室工作了 30 年左右，见证了 UNIX 这一伟大的操作系统的诞生，并做出了卓越贡献。他还与人合作完成了著名的图划分问题和旅行商问题的算法，也是 AWK 和 AMLP 两门编程语言的设计者之一。其中任何一项成就都足以让人倍感荣耀，但布莱恩教授的成就远不止这些。在这之后他任职于普林斯顿大学计算机科学系，并开设了一门名为"我们世界中的计算机"（Computers in Our World）的课程，介绍计算机、通信、互联网、数据等方面的核心知识和其中的隐私、安全等问题。这本书便是这门课程使用的教学材料。

布莱恩教授作为计算机专业领域和写作方面的世界级大师，其作品自然值得精读。能担当他的著作的译者，我感到非常荣幸。翻译的过程也是细细品读的过程。本书一如布莱恩教授的其他著作，行文通俗易懂而又严谨，将构建数字世界的关键技术和思想娓娓道来，并与实际应用以及我们的生活关联起来，尤其关注这些技术带来的伦理问题。全书读起来轻松愉快，令人受益匪浅。

我在大学里教授虚拟世界和计算思维相关的两门通识课程，认识到越来越多的人已离不开数字世界这一现实世界的"平行世界"，"人机共生，虚实交融"的数字化生存将不可逆转。互联网、人工智能、虚拟现实、区块链、元宇宙这些数字化技术会把人们的生活塑造成什么样子，以及可能把人类命运带向何方，无人可以准确预测，哪怕是相关领域中的专家也众说纷纭。但我想，数字世界带给我们的思考总是有益的。比如，一个比特可以取值 0 和 1，这些比特之间的简单计算又可以产生新的编码，由此竟然就可以构建出复杂的数字世界。这不由得让我们联想到中国古代哲学提出的"道生一，一生二，二生三，三生万物"，以及达·芬奇所说的"简单是终极的复杂"。联系到实际的计算形态，现在流行的深度学习也是从无数小的简单神经元构建出来的。这是否也会对我们的大脑是如何"涌现"出智能的这一问题给出一些启示？我们从现实世界抽象出数字世界，又从数字世界中得到启发并回过头来指导现实世界。由此我们看到，数字世界有助于"认识你自己"，而随着人工智能等技术的发展，重新思考这一几千年前提出的哲思变得刻不容缓。所以，技术会把人类带向何方，取决于人们从数字世界中获得多少智慧和有益的反思。我想这本书会带给我们很多这方面的智识。

在此书翻译完成之际，我首先想感谢布莱恩教授，感谢他在书中分享的智慧和见识。当我邮件联系布莱恩教授，希望他能为中国读者作序时，他很快回复了邮件。而当时他正和夫人在英国旅行，也就是本书引言中说原计划 2020 年出发，后来被新冠肺炎疫情打断的旅行，邮件中甚至分享了许多旅途中的照片。世界级大师的谦逊和平易近人，本身就传递了教育的内涵。感谢复旦大学外文学院郭晔老师在书中三首英文诗歌的翻译方面给出了热情而专业的帮助。同时，由于本人水平有限，翻译中肯定还有纰漏，欢迎指正，先谢谢大家的善意赐教，这将有利于本书翻译的改进，从而让更多读者受益。

戴开宇

kydai@fudan.edu.cn

2022 年 6 月

从 1999 年起，几乎每个秋天我都在普林斯顿大学教授一门名为"我们世界中的计算机"的课程。课程名称有点含糊，但这是我不得不在 5 分钟内想出来的，结果现在想要改名就难了。不过，教这门课倒是给了我极大的乐趣，让我的工作几乎完全成了一种享受。

这门课的开设是基于这样一种观察，即计算机和计算已经无处不在。有些计算是显而易见的：每个学生都拥有一台笔记本电脑，其性能远比一台 IBM 7094 计算机强大得多。1964 年，当我作为一名研究生进入普林斯顿大学时，IBM 7094 计算机要耗资几百万美元，并占据一个很大的空调房间，可以为整个校园提供服务。现在每个学生还拥有一部计算能力远超过那台古老计算机的手机。与这个世界上的大部分人一样，每位学生都可以高速上网。每个人都在线进行搜索、购物，并通过电子邮件、短信和社交网络与亲友保持联系。

然而这些只是计算的冰山一角，其中大部分隐藏在表面之下。我们没有看到，通常也很少会想到那些潜藏在家电、汽车、飞机中的计算机，以及那些司空见惯的数码产品中的计算机，如智能电视、恒温器、门铃、语音识别器、健身追踪器、耳机、玩具和游戏机。我们更不会想到像电话网络、有线电视、空中交通管制、电网、银行和金融服务这些基础设施对计算的依赖程度如此之高。

大多数人不会直接参与创建这样的系统，但每个人都受到它们的巨大影响，有些人还需要做出与这些系统相关的重要决定。一个受过良好教育的人至少应该知道关于计算机的基本知识：计算机能做什么以及如何做到，计算机技术的局限性以及目前来说哪些难以做到，计算机之间如何沟通，沟通时发生了什么，计算机和通信如何影响我们周围的世界等。

计算的普及性以意想不到的方式影响着我们。尽管我们时常被提醒，监视系统变得无处不在，隐私可能被侵犯，身份可能被盗窃，但我们可能没有意识到它们在多大程度上被计算机和通信所赋能。

2013 年 6 月，爱德华·斯诺登（Edward Snowden）——美国国家安全局（NSA）的一位承包商，向记者提供了 5 万份文件，其中揭露了美国国家安全局曾定期监测和收集世界上几乎每一个人的电子通信，包括电话、短信、电子邮件和互联网的使用，尤其是那些居住在美国并且对国家安全没有任何威胁的美国公民。也许最令人惊讶的是，在最初引起公愤之后，一切又恢复了常态，并且随着政府的监控和监视越来越多，公民也无可奈何或漠然接受。

公司也会追踪和监控我们在网上和现实世界中的行为。许多公司的商业模式基于广泛的数据收集以及预测和影响我们行为的能力。大量数据的可用性使语音理解、计算机视觉和语言翻译方面取得了巨大进展，但这是以我们的隐私为代价的，并且使任何人都很难匿名。

形形色色的黑客在攻击数据存储方面变得越来越老练。几乎每天都发生着对企业和政府机构的电子入侵，大量客户和员工的信息被窃取，并通常用于欺诈和身份盗窃。不仅如此，对个人的攻击也很常见。过去，人们可以通过忽略来自所谓的"尼日利亚王子"或他们的亲戚的邮件来免受网络诈骗，但现在有针对性的攻击变得微妙得多，并已经成为攻破企业计算机的最常见方式之一。

Facebook、Instagram、Twitter、Reddit 等社交媒体改变了人们相互联系的方式——与朋友和家人保持联系，看新闻，各种娱乐。这有时会带来积极的影响，例如，在 2020 年年中，警察暴力的视频引起了人们对非洲裔美国人生活问题的关注。

但社交媒体也造成了大量的负面影响。种族主义者、仇恨团体、阴谋论者和其他疯狂的人，无论他们的信仰或政治立场如何，都可以很容易地在互联网上找到彼此，协同合作并放大影响。言论自由相关的棘手问题，以及内容审核方面的技术挑战，都让人们很难彻底阻断仇恨和无稽之谈的传播。

在一个完全由互联网连接起来的世界里，司法管辖权问题也很难处理。2018 年，欧盟实施了《通用数据保护条例》（GDPR），允许欧盟居民控制个人数据的收集和使用，并阻止公司向欧盟以外发送或存储此类数据。GDPR 在改善个人隐私方面的效果如何，目前还没有定论，当然，这些规则只适用于欧盟，世界其他地区的规则可能有所不同。

云计算的快速应用增加了另一层复杂性。通过云计算，个人和公司在亚马逊、谷歌和微软等公司的服务器中存储数据并进行计算。数据不再由它们的所有者直接持有，而是被第三方直接掌握，这些第三方有着不同的规程、责任和漏洞，而且可能面临着相互冲突的司法规定。

将各种设备与互联网相连的"物联网"正在迅速发展。当然，手机是一个明显的例子，但汽车、安全摄像头、家用电器和控制器、医疗设备，以及大量的基础设施，如空中交通管制和电网之类也都是应用实例。将一切都连接到互联网的趋势将会持续，因为相互连接的好处有目共睹。然而不幸的是，这其中存在着很大的风险，因为有些设备不仅控制着我们的娱乐，还控制着生死攸关的系统，而且它们的安全性通常比更成熟的系统要弱得多。

密码技术是为数不多的有效防御措施之一，因为它提供了保持通信和数据存储的私密及安全的方法。然而强大的密码技术正不断受到攻击。政府不希望个人、公司或恐怖分子可以拥有真正的私有通信。因此，时常会有议案要求在加密算法中提供后门，允许政府机构破解加密。当然，这些仅在有着适当的保护措施以及为了国家安全利益的前提下才是有效的。然而，无论初衷多么好，这都是一个糟糕的主意——即使你相信政府的行为总是体面的，相信私密信息永远不会泄露（斯诺登除外）。实际上，你的朋友和敌人都可能利用弱加密技术，而坏人无论如何也不会使用这种技术。

这些问题和议题是每个普通人——比如我这门课的学生，或者大街上受过良好教育的人，无论他们的背景如何，受过什么训练——都必须担心的。

听我讲课的学生大多没有技术背景——他们学的专业不是工程、物理或数学。相反，他们可能主修英文、政治、历史、古典文学、经济、音乐和艺术，很大一部分都和人文与社会科学相关。在这门课程结束之后，这些聪明的人应该能够阅读和理解报纸上关于计算机的文章，从中学到更多，或许还能指出其中不那么准确的地方。更广泛地说，我希望我的学生和读者可以对技术持有一种理性的怀疑态度，知道技术虽然通常是个好东西，但绝非万灵药。相反，虽然科技有时候会有不好的影响，但也并非十恶不赦。

理查德·穆勒（Richard Muller）写过一本很好的书——《未来总统的物理课》（*Physics for Future Presidents*），试图解释作为领导人在应对核威胁、恐怖分子、能源、全球变暖等重大问题时所需要了解的科学和技术背景。即使没有当总统的抱负，见多识广的公民也应该对这些话题有所了解。穆勒的做法为我写这本书的意图做了一个很好的隐喻——未来总统的计算机课。

关于计算机，一个作为未来总统的人应该了解什么？一个见多识广的人应该了解什么？你又应该了解什么？

我认为有四个核心技术领域：硬件、软件、通信和数据。

硬件是计算机中我们可以看见和触碰的部分，这些计算机放在我们的家里和办公室里，也包括我们随身携带的手机。计算机里有什么？它是如何工作的？它是如何构建的？它如何存储和处理信息？什么是比特或字节？我们如何通过它们来表示音乐、电影以及其他内容？

软件是告诉计算机做什么的指令，与硬件相反，软件几乎无法触碰。我们可以计算什么？能以多快的速度计算？我们如何告诉计算机去做些什么？为什么让计算机正确工作这么难？为什么计算机通常很难使用？

通信意味着计算机、电话以及其他设备根据我们的需求互相对话，这样我们可以利用这些设备进行通话，例如通过互联网、万维网、电子邮件以及社交网络。这些是如何工作的？通信带来的便捷是显而易见的，但是这些技术有何风险，尤其是隐私和安全方面的风险？以及如何减轻这些风险？

数据是硬件和软件采集、存储、处理的信息，以及通信系统向全球发送的所有信息。其中一些数据是我们自愿贡献的，无论谨慎与否，比如我们上传的文字、图片和视频。其中大部分是关于个人的信息，通常在不知情且未经允许的情况下被收集和共享。

不管你是不是总统，你都应该了解计算机世界，因为它会对你个人产生影响。即使你认为自己的生活和工作与技术关系不大，但你总会和技术或者技术人员打交道。了解设备和系统是如何工作的会对你有很大帮助，哪怕是在一些简单的事情上，比如意识到销售人员、帮助热线或政客对你隐藏了一些事实。

事实上，无知可能直接带来伤害。如果不了解病毒、网络钓鱼和类似的危险，你就很容易被它们伤害。如果不知道社交网络如何泄露甚至传播你认为是隐私的信息，那么你泄露的隐私可能会超乎想象。如果没有意识到那些令人眼花的推送其实是商业利益集团不择手段地从你的个人信息中挖掘出来的，你就可能会为了蝇头小利而放弃隐私。如果不了解在咖啡店或机场操作个人银行业务有什么风险，你便会面临着钱财和身份被盗用的隐患。如果你不知道操纵数据有多容易，你更有可能掉入假新闻、虚假图片和阴谋论的陷阱。

我建议你按照从头到尾的顺序阅读本书，不过你也可以先跳至感兴趣的章节，然后再回来阅读前面的章节。例如，你可以先从第8章开始阅读，了解网络、手机、互联网、万维网和隐私问题。你可能需要回顾之前的章节来理解其中的一些部分，但大部分内容都是可以理解的。你可以跳过任何定量的内容，比如第2章关于二进制数的讨论，或者忽略一些章节中的编程语言细节。

本书结尾的注解中列出了一些我喜欢的书，并给出了来源和有益的补充阅读材料的链接。术语表给出了关键技术术语和缩略词的简要定义与说明。

任何有关计算机的书都可能很快过时，这本书也不例外。早在我们了解到敌对行为者能在多大程度上影响美国和其他国家的公众舆论和选举之前，上一版就出版了。我在本书中加入了一些重要的新故事，其中许多都与个人隐私和安全有关，因为这个问题在过去几年里变得更加紧迫。本书还增加了新的一章，探讨人工智能、机器学习以及大数据为何如此有效，以及在某些情况下又为何如此危险。我也尝试澄清一些模棱两可的说明，并删除或替换过时的材料。不过，当你读到本书时，有些细节可能是错误的或过时的，尽管我已经努力凸显具有持久价值的内容。

本书的目的是希望你能对一些令人惊叹的技术产生一些欣赏，并真正理解它是如何工作的，理解它的起源以及未来发展趋势。在这个过程中，也许你能学会以一种有益的视角来了解这个世界。我希望能达到这个效果。

致谢

再一次对帮助我改善本书的朋友和同事深表感谢。一如往常，Jon Bentley 非常仔细地阅读了每份草稿，给出了极具价值的关于篇章结构的建议，仔细核查了事实，并给出了新的例子。感谢 Al Aho、Swati Bhatt、Giovanni De Ferrari、Paul Kernighan、John Linderman、Madeleine Planeix-Crocker、Arnold Robbins、Yang Song、Howard Trickey 以及 John Wait，他们对书稿提出了非常具体的意见。我还要感谢 Fabrizio d'Amore、Peter Grabowski、Abigail Gupta、Maia Hamin、Gerard Holzmann、Ken Lambert、Daniel Lopresti、Theodor Marcu、Joann Ordille、Ayushi Sinha、William Ughetta、Peter Weinberger 以及 Francisca Weirich-Freiberg 给出的宝贵建议。Sungchang Ha 将之前的版本翻译成韩语，使英文版也得到了很大的改善。Harry Lewis、John MacCormick、Bryan Respass 和 Eric Schmidt 都对上一版大加赞赏。和往常一样，与普林斯顿大学出版社制作团队的 Mark Bellis、Lorraine Doneker、Kristen Hop、Dimitri Karetnikov 和 Hallie Stebbins 合作是一件非常愉快的事情。Maryellen Oliver 的校对和事实核查工作非常细致。

二十年过去了，我班上的学生已经开始管理这个世界，或者至少帮助它保持正常运转。他们成为记者、医生、律师、教师、政府官员、公司创始人、艺术家、表演者，以及参与其中的公民。我为他们深感骄傲。

我们都要感谢在这次新冠肺炎疫情危机中付出辛勤劳动和做出牺牲的人，他们使我们可以在相对舒适的家里工作，并且能够依赖保持运转的基本服务和医疗系统。我甚至无法用语言来表达对他们的感激之情。

第 1 版致谢

再一次对朋友和同事的无私帮助和建议深表感谢。Jon Bentley 非常仔细地阅读了每份草稿，并在每页上进行了细致的批注，他的付出让本书变得更好。同时感谢 Swati Bhatt、Giovanni De Ferrari、Peter Grabowski、Gerard Holzmann、Vickie Kearn、Paul Kernighan、Eren Kursun、David Malan、David Mauskop、Deepa Muralidhar、Madeleine Planeix-Crocker、Arnold Robbins、Howard Trickey、Janet Vertesi 和 John Wait 等人，他们针对全书提供了宝贵的建议、批评和勘误。我还受益于 David Dobkin、Alan Donovan、Andrew Judkis、Mark Kernighan、Elizabeth Linder、Jacqueline Mislow、Arvind Narayanan、Jonah Sinowitz、Peter Weinberger 和 Tony Wirth 等人提供的宝贵建议。与普林斯顿大学出版社制作团队的 Mark Bellis、Lorraine Doneker、Dimitri Karetnikov 和 Vickie Kearn 的合作也十分愉快，在此感谢他们所有人。

我还要感谢普林斯顿大学信息技术政策中心提供的友好合作和对话，以及每周的免费午餐。同时，感谢选修 COS 109 课程的学生，他们的天才和热情一直让我惊叹并为我提供灵感。

《世界是数字的》致谢

我要对朋友和同事给予我无私的帮助和建议深表谢意。特别感谢 Jon Bentley，他给每一页草稿都做了细致的批注。感谢 Clay Bavor、Dan Bentley、Hildo Biersma、Stu Feldman、Gerard Holzmann、Joshua Katz、Mark Kernighan、Meg Kernighan、Paul Kernighan、David Malan、Tali Moreshet、Jon Riecke、Mike Shih、Bjarne Stroustrup、Howard Trickey 和 John Wait 等人，他们极其认真地审读全书，提出很多有益的建议，让我避免了一些重大失误。还要感谢 Jennifer Chen、Doug Clark、Steve Elgersma、Avi Flamholz、Henry Leitner、Michael Li、Hugh Lynch、Patrick McCormick、Jacqueline Mislow、Jonathan Rochelle、Corey Thompson 以及 Chris Van Wyk 给出的宝贵评注。但愿他们一眼就看出我在哪里遵从了他们的建议，而不会留意那几处我没听劝的地方。

David Brailsford 根据自己难得的经验给了我很多有用的建议，有出版方面的，也有文字排版方面的。Greg Doench 和 Greg Wilson 也毫无保留地给了我一些出版建议。感谢 Gerard Holzmann 和 John Wait 提供照片。

Harry Lewis 是 2010～2011 学年我在哈佛大学时负责接待我的人，本书的前几稿就是在那里写的。Harry 的建议，还有他讲授类似课程的经验，以及他对我的几份草稿写的评注，对我帮助很大。哈佛大学的工程和应用科学学院以及伯克曼互联网与社会研究中心为我提供了办公的地点和设施，还有融洽友好、催人奋进的环境，以及免费的午餐（世上真有免费午餐！）。

最后，特别感谢选修"我们世界中的计算机"（COS 109）这门课的几百位学生。他们的兴趣、热情和友谊一直是激励我的源头。我希望他们几年后开始管理世界时，将以某种方式从这门课程中获益。

∙∙ 目　　录 ∙∙

软件部分小结

第三部分 通信

第四部分　数据

引　言

"这是最好的时代，也是最坏的时代。"

——查尔斯·狄更斯，《双城记》，1859 年

我和妻子原本计划 2020 年的夏天去英国度假。我们订了房，付了定金，买了票，安排好了朋友照顾我们的房子和猫。然而不久，世界却发生了很大的改变。

到 3 月初的时候，事态已经很明显，新冠肺炎将成为一场重大的全球健康危机。普林斯顿大学立即停课，并让大多数学生回家。他们被要求在一周内收拾好行李离开，学校很快做出决定，这学期学生不用回去上课了。

课堂转移到了网上。学生远程观看讲座、写论文、参加考试并得到成绩。即使算不上专家，我也至少成为 Zoom 视频会议系统的经验丰富的业余用户。幸运的是，我教的是两个小型研讨会，每个研讨会的学生不到十二人，因此可以同时看到小组中的每个人，并合理地进行对话。然而，对于那些教授大型讲座课程的同

事来说，情况就不那么妙了。当然，所有在线上上课的学生也受到了负面影响。

大多数学生搬回了家，那里有可靠的电源、良好的互联网连接和舒适的家庭环境，食物和其他重要的供应都不短缺。很自然，亲密关系会因为被迫的分离而受到折磨，或者因为被迫的相聚而变得美好，有时也会相反。但这些都是小问题。

也有些学生陷入了糟糕的境况，他们的网络连接断断续续或根本没有，导致视频和电子邮件无法使用。有些人生病或被长期隔离。有些人有生病的亲戚需要照顾，甚至一些家庭有人去世。

大学日常的行政事务也转移到了网上，走廊上的闲聊变成了每天的虚拟会议，文书工作大部分被电子邮件取代，很多人出现了视频会议疲劳症（Zoom fatigue）。不过，到目前为止，我还没有成为 Zoom 轰炸（Zoom bombing）的受害者，也没有黑客入侵我的在线空间。

在世界的许多地方，幸运的人们能够在网上工作，公司很快就转变为在家工作模式。人们改进了他们的视频背景，显示成排的书籍或整齐地展示鲜花和图片，他们还学会了如何让孩子、宠物和重要的人（大部分）保持安静，远离摄像头的画面。

来自 Netflix 等网站的流媒体视频已经很流行，现在越来越流行。当真正的体育运动被完全取消时，在线游戏和虚拟体育开始盛行。

我们不断地收到新冠病毒快速传播的消息，对病毒传播的遏制效果缓慢且不稳定。政客们有太多的神奇想法和彻头彻尾的谎言，诚实而称职的领导者寥寥无几。我们被迫了解了指数增长过程有多么迅速。

适应这种新的处理事情的方式出奇地容易。幸运的人能够继续工作，与朋友和家人保持虚拟联系，订购食物和用品，几乎和以前一样。互联网和所有的基础设施让我们保持着联系，使我们具有强大的承受力：通信系统一直都在，幸运的是，电力、暖气和水也在。

这些技术系统在全球危机期间运行良好，除了偶尔出现的焦虑时刻，我们往往不会想到它们，即使没有它们我们会彻底无望。而且，不言而喻，不可或缺的还有许多在幕后保障一切运转良好的英雄们，他们自己的健康甚至生命常处于严重危险的境地。我们也没有充分考虑到数以百万计失业的人，因为他们的工作无法通过互联网完成，从而一夜之间失业。

在我不得不在三月份开始使用 Zoom 之前，我实际上从未听说过它。Zoom 于 2013 年推出，试图提供一个视频会议系统，与微软的 Microsoft Teams 和谷歌经常更名的 Meet 系统等更大的业务展开竞争。Zoom 于 2019 年上市，当我在 2020 年秋季晚些时候写这些文字时，它的价值超过 1 250 亿美元，远远超过通用汽车（610 亿美元）和通用电气（850 亿美元）等老牌知名公司，并且远远领先于 IBM（1 160 亿美元）。

对于那些拥有快速、可靠的互联网，并且有一台带摄像头和麦克风的电脑的人来说，转移到网上很适合。互联网和云服务提供商有足够的能力处理增加的流量。视频会议服务很常见，画面也很精致，大多数人使用起来都很舒服。如果是在十年前，这些都很难如此有效地实现。

简而言之，无处不在的现代技术让幸运者能够对日常生活和工作进行合理的模拟。这种体验让我们思考技术的应用范围，它是多么深入地成为我们生活的一部分，以及它如何以各种方式改善了我们的生活。

但也有不那么乐观的一面。

互联网，本已是偏执、仇恨和异想天开理论的温床，如今却变得更糟。社交媒体使政治家和政府官员能够散布谎言，进一步分裂群众并避免指责，这些都源于某些新闻媒体不顾事实的煽动。Twitter 和 Facebook 等网站试图在作为自由表达思想的中立平台，以及限制煽动性帖子和彻头彻尾的谎言之间找到中间地带，但都没有成功。

监视的严格性达到了新的高度，许多国家使用技术来限制人们并监控他们的行为。例如，在美国和英国，当地执法机构使用人脸识别、车牌读卡器等来监视民众。

移动电话不断地监控我们的位置，各种各样的人都能够收集数据。智能手机上的跟踪应用程序是技术双面性的一个很好的例子。新冠肺炎接触追踪系统能告诉你是否接触过潜在的感染者，谁会反对这样的系统呢？但是，任何能让政府知道你去过哪里、和谁交谈过的技术，也能帮助他们更有效地实现监控和控制。疾病追踪系统很容易被开发成追踪和平示威者、持不同政见者、政敌、告密者以及当局认为可能构成威胁的人的搜索工具。（基于应用程序的接触追踪是否有效尚不清楚，因为它容易出现高误报和漏报。）

在我们与网络世界以及现实世界的几乎所有互动中，无数的计算机系统会观察并记住你我与谁打过交道，我们付了多少钱，以及我们当时在哪里。这种数据收集的很大一部分是出于商业目的，因为公司对我们了解得越多，就越能准确地给我们推送广告。大多数读者都知道这些数据被收集了，但我想很多人会对这些数据的数量和详细程度感到惊讶。

监控和收集信息的不只是公司，政府也深度参与了监控。斯诺登披露的美国国家安全局（NSA）的电子邮件、内部报告和PowerPoint演示文稿，在很大程度上揭示了数字时代的间谍活动。重点是美国国家安全局大规模地监视了每个人。

斯诺登的揭露令人震惊。此前人们普遍怀疑美国国家安全局监视的人比它承认的要多，但其程度超出了所有人的想象。美国国家安全局定期收集所有在美国拨打的电话的元数据，包括谁打给了谁，何时通话，通话时间多长，并且可能记录了通话内容。它记录下了我的 Skype 对话和电子邮件联系人，可能还记录下了邮件内容。（当然也包括你的。）它窃听了世界领导人的手机。它通过在海底电缆进出美国的设备上放置记录设备，拦截了大量的互联网流量。它招募或胁迫主要的电信和互联网公司收集和交出用户的信息。随着时间的推移，美国国家安全局存储了大量的数据，并与其他国家的间谍机构共享其中的一些数据。

在商业领域，几乎每天我们都会听说某个机构或公司的安全泄密事件，神秘莫测的黑客窃取了数百万人的姓名、地址、信用卡号码等个人信息。这些通常是高科技犯罪分子，但有时是其他国家的间谍，他们的目的是寻找有价值的信息。有时，负责维护信息的人的粗心行为也会意外地暴露私人数据。无论这些有关我们的数据是通过何种机制收集的，它们都非常容易被暴露或偷窃，而这些被偷窃或暴露的信息往往用于做对我们不利的事情。

本书的目的就是对这一切背后的计算机技术和通信技术进行阐释，这样你就可以明白这些系统是如何运作的。你个人生活的图片、音乐、电影和私密细节是如何在短时间内发送到世界各地的？电子邮件和信息是如何工作的，它们又有多私密？为什么垃圾邮件很容易发送却很难清除？手机真的会随时报告你的位置吗？谁在网上和手机上跟踪你，为什么这件事比较重要？你的脸能在人群中被认出来吗？谁知道了那是你的脸？黑客能接管你的车吗？自动驾驶汽车怎么样？我们能保护自己的隐私和安全吗？还是应该就此放弃？读到最后，你应该对计算机和通信系统是如何工作的，它们是如何影响你的，以及如何在使用有用的服务和保护隐私之间取得平衡，有相当程度的了解。

这里只有一些基本概念，我们将在本书的剩余部分进行更详细的讨论。

第一点是信息的通用数字表示。复杂而精密的机械系统，例如在 20 世纪的大部分时间里存储文档、图片、音乐和电影的系统，已经被单一的统一存储机制所取代。信息以数字形式表示为数值，而不是以某种特定形式表示，例如嵌入塑料薄膜中的彩色染料或乙烯基胶带上的磁性图案。纸质邮件让位于数字邮件，纸质地图变成了数字地图，纸质文件被在线数据库取代。所有这些完全不同的模拟表示已经被一种共同的底层表示所取代，在这种表示中，一切都是数字——数字化信息。

第二点是通用数字处理器。所有这些数字信息都可以通过一种通用设备——数字计算机来处理。处理统一数字表示形式的数字计算机已经取代了处理模拟表示形式的精密而复杂的机械装置。正如我们将看到的，计算机在计算方面的能力是一样的，唯一不同的是它们的运算速度和存储的数据量。智能手机是一种非常复杂的计算机，具有和笔记本电脑一样的计算能力。因此，越来越多曾经可能局限于台式机或笔记本电脑的应用已经可以在手机上工作，而且这种融合的过程正在加速中。

　　第三点是**通用数字网络**。互联网将处理数字化表示的数字计算机连接起来，将电脑和手机与邮件、搜索、社交网络、购物、银行、新闻、娱乐以及其他一切联系起来。世界上的大部分人都可以使用该网络。你可以与任何人通过电子邮件交流，无论他们在哪里或他们如何访问电子邮件。你可以通过手机、笔记本电脑或平板电脑进行搜索、比较商店和购买物品。社交网络让你与朋友和家人保持联系，依然是通过你的手机或电脑。你可以看到海量的娱乐节目，而且通常是免费的。"智能"设备监测和控制你家中的系统，你可以与它们交谈，告诉它们该做什么或向它们提问。遍布全球的基础设施可以让所有这些服务协同工作。

　　第四点是不断被收集和分析的海量**数字数据**。世界上许多地方的地图、航拍照片和街道视图都是免费的。搜索引擎孜孜不倦地搜索互联网，以便高效地回答问题。数以百万计的书籍以数字的形式存在。社交网络和分享网站保存着大量关于我们的数据。在搜索引擎、社交网络和手机的帮助下，在线和实体商店以及服务提供了获取商品和信息的途径，但同时悄悄记录下我们访问这些信息时的一切行为。对于我们所有的在线交互，互联网服务提

供商记录了我们进行的每次连接，也许还记录了更多。政府时时
刻刻在监视我们，其监视的程度和精准度在十年前或二十年前是
不可能做到的。

　　所有这一切还在飞速发展中，因为数字技术系统不断变得更
小、更快、更便宜。拥有更炫的功能、更好的屏幕和更有趣的应
用程序的新手机不断出现。新的小工具不断出现，其中最有用的
功能往往被纳入手机之中。这是数字技术的自然副产品，任何技
术的发展都会导致数字设备的跨平台改进：如果某些改进使得处理
数据方面变得成本更低、速度更快或处理量更大，所有设备都会
受益。因此，数字系统无处不在，无论是在幕前还是在幕后，它
都是我们生活中不可或缺的一部分。

　　这种进步肯定是一件好事，而且在大多数方面确实如此。然
而，任何事情都有两面性。对个人而言，最明显也可能是最令人
担忧的问题之一是技术对个人隐私的影响。当你使用手机搜索某
些产品然后访问商店网站时，各方都会记录你访问的内容和点击
的对象。它们知道你是谁，因为通过你的手机能唯一地识别你。
它们知道你在哪里，因为你的手机总是报告精确度在 100 米内
的你的大概位置。电话公司会记录并且出售这些信息。有了 GPS
（全球定位系统），你可以被精确定位在 5 ～ 10 米的范围内，随
着定位服务的开启，应用程序可以获取这些信息，它们也可以出
售这些信息。事实上，更糟糕的是，禁用定位服务只能阻止应用
程序使用 GPS 数据，但不能阻止手机的操作系统通过蜂窝网络、
Wi-Fi 或蓝牙来收集和上传数据。

　　你在现实生活中和网络上都被监视着。人脸识别技术可以在

街上或商店中识别你的身份。交通摄像头扫描你的车牌并知道你的汽车在哪里，电子收费系统也是如此。联网的智能恒温器、语音应答器、门锁、婴儿监视器和安全摄像头都是我们"邀请"进入家中的监控设备。我们今天想都没想就允许的追踪，让乔治·奥威尔在《1984》一书中描写的监视显得随意和肤浅。

关于我们做了什么以及在哪里做的记录很可能会永远存在。数字存储是如此便宜，数据是如此宝贵，以至于信息很少被丢弃。如果你在网上发布了不堪的内容或发送了令你后悔的邮件，则为时已晚。有关你的信息可以从多个来源汇总起来，以创建关于你的生活的详细图景，并且可以在你不知情或未经你许可的情况下提供给商业、政府和犯罪组织。它很可能会无限期处于可用状态，并且可能会在未来的任何时间浮出水面对你造成伤害。

通用网络及其通用数字信息使我们容易受制于陌生人，其程度在十年或二十年前是无法想象的。正如布鲁斯·施奈尔（Bruce Schneier）在其优秀著作《隐形帝国：谁控制大数据，谁就控制你的世界》（Data and Goliath）中所说："我们的隐私受到持续监视的侵犯，理解这是如何发生的对于理解风险所在至关重要。"

保护我们的隐私和财产的社会机制远没有跟上技术的快速发展。三十年前，我通过纸质邮件和偶尔的私人拜访与当地的银行和其他金融机构打交道。取钱需要时间，而且留下了大量的文件痕迹，因此，想从我这里盗窃财物很难。现在，我主要通过网络与金融机构打交道。我可以方便地访问自己的数据，但由于我的一些失误或其中一家公司的某些疏漏，世界另一端的陌生人几乎可以不花费任何时间，也可以不留任何痕迹地清空我的账户，窃取我的身份，毁坏我的信用评级，甚至造成更严重的后果。

　　本书讲述了这些系统如何运作，以及它们是如何改变我们的生活的。当然，本书的内容仅仅是走马观花，然而这足以让你确信，十年后今天的系统看上去一定会显得笨拙和过时。技术变革不是孤立的事件，而是一个快速、持续和不断加速的过程。幸运的是，数字系统的基本理念将保持不变，因此，如果你了解了这些基础概念，你也将了解未来的系统，并且将能够更好地应对它们带来的挑战和机遇。

第一部分

硬　件

"我向上帝祈愿，希望计算能利用蒸汽进行。"

——查尔斯·巴贝奇，1821 年。

选自哈里·威尔莫特·巴克斯顿的

《查尔斯·巴贝奇晚年生活和工作回忆录》，1872 年

硬件是计算中固态的、可见的部分：你可以看到并用手接触的设备和器材。计算设备的历史很有趣，但我这里只提一小部分。不过，有些趋势值得注意，特别是以一定的成本，在给定的空间中可以集成的电路和设备数量随时间推移而呈指数级增长的趋势。随着数字设备变得越来越便宜、功能越来越强大，迥然不同的机械系统已被更加统一的电子系统所取代。

计算机器有着悠久的历史，然而早期的计算设备都是专用的，通常用于预测天文事件和位置。例如，一种假说认为巨石阵是一个天文观测台，虽然这个假说未经证实。大约公元前 100 年出现的安提凯希拉装置（Antikythera mechanism）就是一种有着极其精

密的机械构造的天文计算机。算盘之类的算术工具已经有上千年的使用历史，尤其是在亚洲地区。在约翰·纳皮耶（John Napier）描述了对数之后不久，计算尺就于 17 世纪早期被发明出来。我在20 世纪 60 年代学习本科的工程知识时曾使用过计算尺，但现在计算尺已经变得难得一见，它们被计算器和计算机取代，我当时辛辛苦苦获得的学习经验也变得毫无意义。

　　和现代计算机最接近的先驱是雅卡尔提花织机，在 1800 年左右由法国的约瑟夫·马里·雅卡尔（Joseph Marie Jacquard）发明。雅卡尔提花织机通过多行打孔的矩形卡片来确定特定的编织图案。因此，这种提花织机是"可编程的"，可以通过打孔卡片提供的指令来控制编织的图案。这种可节省人力的纺织机械的发明，导致很多编织工人失去了工作，并因此引发了社会混乱。1811 ～ 1816年在英国发生的卢德运动就是一场针对机械化的暴力抗议。现代计算机技术也曾造成类似的混乱。

　　现代意义上的计算始于 19 世纪中期的英国，源于查尔斯·巴贝奇（Charles Babbage）的工作。巴贝奇是一位对航海和天文学感兴趣的科学家，这两门学科都需要用数值表来计算位置。巴贝奇一生中的大部分时间都在尝试制造计算设备，以便将创建表格甚至打印表格所需的烦琐且容易出错的手工计算机械化。通过前面的引言，你可以感觉出他对于计算的烦恼。由于各种各样的原因，包括疏远了他的财务支持者，他没能成功实现自己的雄心，但他的设计是合理的。在伦敦科学博物馆和加州山景城的计算机历史博物馆，可以看到他的一些机器的现代实现，这些机器是用他那个时代的工具和材料建造的（见图 I.1）。

图 I.1　查尔斯·巴贝奇（Charles Babbage）的差分机的现代还原版

在巴贝奇的激励下，一位名叫奥古斯塔·艾达·拜伦（Augusta Ada Byron）的年轻女子对数学和他的计算设备产生了兴趣，她是诗人乔治·拜伦（George Byron）的女儿，后来的洛芙莱斯伯爵夫人（Countess of Lovelace）。洛夫莱斯详细描述了如何使用巴贝奇的分析机（他所设计的最先进设备）进行科学计算，并预言机器也可以进行非数值计算，比如作曲。"例如，假设和声科学和音乐作曲中音调的基本关系可以被这样表达和改编，机器就可以创作出任何复杂程度或范围的精致而科学的音乐作品。"艾达·洛芙莱斯通常被认为是世界上第一个程序员，Ada 编程语言也以她的名字命名（见图 I.2）。

赫尔曼·霍尔瑞斯（Herman Hollerith）于 19 世纪末与美国人口普查局（US Census Bureau）合作，设计并制造了能够比手工更快地将人口普查信息制成表格的机器。借助雅卡尔织布机的创意，霍尔瑞斯在硬纸卡片上打孔，将人口普查数据编码成他的机器可以处理的格式。广为人知的是，1880年的人口普查用了8年的时间才全部制成表格，但由于有了霍尔瑞斯的打孔卡和制表机，1890年的人口普查只花了1年，而不是预计的10年或更长时间。霍尔瑞斯创立了一家公司，通过多次合并和收购，1924年这家公司成为国际商业机器公司，也就是我们今天所知的IBM。

图 I.2 艾达·洛芙莱斯。细节来自玛格丽特·莎拉·卡彭特于1836年绘制的肖像

　　巴贝奇的机器是由齿轮、车轮、杠杆和拉杆构成的复杂机械组合。20世纪电器的发展使不依赖于机械组件的计算机成为可能。第一个完全由电器组成的计算机是ENIAC（Electronic Numerical Integrator and Computer，电子数字积分计算机）。ENIAC于20世纪40年代由普瑞斯柏·埃克特（Presper Eckert）和约翰·莫克利（John Mauchly）于位于费城的宾夕法尼亚大学建造，它占据了一个很大的房间，并且需要大量的电力支持。它每秒钟可以做5 000次加法。ENIAC计划用于弹道计算等领域，但是直到1946年才建造出来。ENIAC的一些部件目前在宾夕法尼亚大学的摩尔工程学

院展出。

巴贝奇清楚地看到，计算设备可以将操作指令和数据以相同的方式存储，但是 ENIAC 并没有将指令和数据都保存在内存里。相反，它通过利用开关设置连接和重新布线进行编程。第一台真正将程序和数据存储在一起的计算机是在英国建造的，最著名的是 EDSAC（Electronic Delay Storage Automatic Calculator），即电子延迟存储自动计算器，于 1949 年在剑桥建成。

早期的电子计算机用真空管作为计算元件。真空管是大小、形状和圆柱形电灯泡类似的电子设备（见图 1.7）。它们不仅贵，而且脆弱、笨重，能耗也很高。随着 1947 年晶体管的发明，以及 1958 年集成电路的发明，现代计算机时代才真正开始。这些技术使电子系统逐渐变得更小，更便宜，并且更快。

接下来的 3 章将介绍计算机硬件，重点关注计算系统的逻辑体系结构而非物理细节。计算机的体系结构几十年来都大体不变，而硬件则以一种令人吃惊速度发生着改变。第 1 章是对计算机结构和组件的概述，第 2 章将展示计算机如何用比特、字节和二进制数字表示信息，第 3 章将阐述计算机是如何实际进行计算的，即如何处理比特和字节以完成一切。

第1章

什么是计算机

"由于所完成的设备将是一台通用计算机，它应该包含用于算术、内存存储、控制，以及与操作员进行连接的某些主要组件。"

——亚瑟·W.伯克斯、

赫尔曼·H.戈德斯坦和约翰·冯·诺依曼，

《电子计算仪器逻辑设计初探》，1946年

让我们从概述什么是计算机开始讨论硬件。我们至少可以从两个角度来看待一台计算机：第一，逻辑或功能组织——有哪些部件，它们用于做什么以及它们是如何连接的；第二，物理结构——各部分的外观以及它们的制造方式。本章的目标是了解什么是计算机，了解其内部结构，学习各部分的作用，并初步了解无数首字母缩略词和数字的含义。

想想你自己的计算设备。许多读者拥有某种类型的运行微软Windows操作系统的个人计算机，也就是从IBM 1981年首次销售的个人计算机发展而来的笔记本电脑或台式电脑。其他人可能

会使用运行 macOS 操作系统的苹果 Macintosh 计算机。还有一些人可能拥有运行 Chrome 操作系统的 Chromebook，它的大部分存储和计算都依赖于互联网。智能手机、平板电脑和电子书阅读器等更专业的设备，其实也都是功能强大的电脑。它们看起来不一样，当你使用它们的时候感觉也不一样，但是在不同的外表之下，它们基本是相同的。我们将在下文解释原因。

　　我们用汽车来打一个不是很贴切的比方。从功能上来说，这几百年来汽车一点都没变。汽车中的引擎通过利用某种燃料来运转，从而驱动汽车移动。驾驶员利用汽车的方向盘来控制汽车。车上的空间分别用来储存燃料、供乘客乘坐和存放乘客的物品。然而，从物理上而言，在过去的一个世纪里汽车发生了巨大的变化：它们使用了不同的材料，而且变得更快、更安全、更可靠和更舒适。我的第一辆车是一辆很好用的产于 1959 年的大众甲壳虫，它和法拉利之间有天壤之别，但无论甲壳虫还是法拉利，都能将我和我的杂货从商店带回家，或者带我穿越整个国家。如此道来，它们的功能是相同的。（我从未坐过法拉利，更不用说拥有一辆法拉利了，所以我在猜测它是否有空间放杂货。不过，有一次我把车停在了一个法拉利旁边，如图 1.1 所示。）

　　计算机也是这样。从逻辑上来说，今天的计算机和 20 世纪 50 年代的计算机非常相似，但是其表面上发生的变化远远超过汽车发展的变化。今天的计算机不仅变得更小、更便宜、运算速度更快，而且比 50 年前的那些更加可靠，在某些性能上确实要好一百万倍。这些改进解释了为什么现在计算机会变得如此普及。

图 1.1　我距离法拉利最近的一刻

　　一个重要的概念是事物的功能性行为与其物理特性之间的区别，即它的作用与其内部构建或工作方式之间的区别。对于计算机来说，它的构建方式和运行速度都在以惊人的速度发生变化，但"它的作用"部分是相当稳定的。抽象描述和具体实现之间的这种区别将在下文中反复出现。

　　我有时会在第一堂课的课堂上做一个调查：有多少人有 PC？有多少人有 Mac？在 21 世纪初，这个比例通常是 10：1，PC 普遍比较受欢迎。但在几年内发生了迅速变化，现在 Mac 占了所有电脑的四分之三以上。然而，这并不是全球的典型情况，全球范围内 PC 依然占主导地位。

　　这种不平衡是因为一种机型优于另一种吗？如果是这样，又是什么原因导致如此短的时间内发生了如此巨大的变化？我问学生哪一种计算机更好，基于什么客观标准得出这种观点，以及什么会影响他们选择买哪种电脑。

　　自然而然，价格是答案之一。由于众多生产商导致的激烈市场竞争，PC 相对更便宜。PC 有更广泛的附加硬件组件、更多的软件，关于 PC 的各种专业知识也更容易获取。这是经济学家所说的**网络效应**的典型例子：当一样东西被其他人使用得更多时，它对你来说就更有用，其有用程度与使用者数量大致成正比。

另一方面，选择 Mac 的人则是因为认可它的可靠性、品质、审美设计以及"物有所值"的感觉，许多消费者愿意为此支付更高的价格。

这种选择之争一直持续进行着，双方都很难说服对方，但这也引出了一些有益的思考，这些将帮助人们思考不同计算机设备之间的差异以及它们的共同点到底在何处。

类似的争论也出现在手机的选择上。几乎每个人都有一台能运行从苹果或谷歌商店下载的应用程序的智能手机。这些手机可以作为浏览器、电子邮件系统、手表、照相机、音乐和视频播放器、录音机、地图、导航仪、购物比较工具，偶尔也用作通话工具。我的学生中有大约 3/4 使用 iPhone，其余学生几乎都用着众多供应商之一制造的安卓手机。iPhone 虽然更贵，但可以与苹果的台式机、平板电脑、手表、音乐播放器、云服务等生态系统完美结合，这也是网络效应的一个例子。很少有人承认自己只有一部功能手机，功能手机指的是除了打电话以外没有其他功能的手机。上述样例适用于美国以及相对富裕的环境，而在世界的其他地区，安卓手机则更为普遍。

人们在选择手机时，同样有充分的功能性、经济性和审美性方面的理由，但在本质上，就像 PC 和 Mac 一样，进行计算的硬件是非常相似的。下面让我们来看看为什么这么说。

1.1 逻辑结构

如果我们画一张简单的通用计算机的抽象图，那么无论是 PC 还是 Mac，它的逻辑或功能架构图看起来都会像图 1.2 这样：一个处理器，一些主存储器，一些二级存储器，以及各种其他组件。这些组件都由一组叫作总线（bus）的电线连接起来，总线在它们之间传递信息。

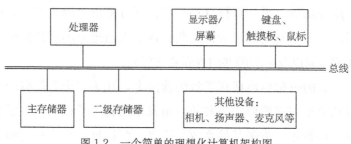

图 1.2 一个简单的理想化计算机架构图

如果是为手机或平板电脑画这幅图，框架也是类似的，尽管鼠标、键盘和显示器都融合进了一个组件——屏幕。还有许多隐藏的组件，如罗盘、加速度传感器，以及用来确定你所处地理位置的 GPS 接收器。

基本结构——也就是处理器、存储指令及数据的内存和存储设备、输入和输出设备——自从 20 世纪 40 年代起就已经形成规范。它通常被称为冯·诺依曼架构，以约翰·冯·诺依曼命名，他在 1946 年发表的论文里描述了这一架构，如本章开头的引文所述。尽管关于冯·诺依曼获得的过多赞誉是否有许多是基于他人所做的工作的问题仍然偶尔存在争议，但这篇论文非常清晰和有见地，即使在今天也值得一读。例如，本章开头的引文是该论文的第一句。翻译成今天的术语，处理器提供算术和控制功能，主存储器和辅助存储器属于存储设备，键盘、鼠标和显示器则与人类操作员交互。

这里给出术语说明：处理器历史上一直被称为 **CPU** 或**中央处理单元**，但现在通常只指处理器。主存储器通常被称为 **RAM** 或**随机访问存储器**，二级存储器则通常是**磁盘**或**驱动器**，反映了不同的物理实现。我将主要使用"处理器""内存"和"存储"等词，但偶尔也会使用较老的术语。

1.1.1 处理器

处理器就是大脑，如果可以说计算机也有大脑的话。处理器进行算术运算、移动数据并控制其他组件的操作。处理器只能执行有限的基本操作，但它的执行速度惊人，达到每秒数十亿次。它可以根据之前的计算结果决定下一步要做什么操作，因此它在很大程度上独立于人类用户。我们将在第 3 章花更多的时间讨论这个组件，因为它非常重要。

如果你去商店或在网上购买电脑，你会发现上面提到的大多数组件，而且通常伴随着神秘的首字母缩写和同样神秘的数字。例如，你可能会看到一个处理器被描述为"2.2GHz、双核、Intel Core i7"，就像我的一台计算机一样。那是什么？英特尔公司制造处理器，而酷睿 i7 是英特尔公司对其一条范围很广的处理器产品线的命名。这种特定的处理器在单一封装中有两个处理单元；在这种情况下，小写 core 已成为处理器的代名词。内核本身就是一个处理器，但CPU可能有多个内核，这些内核可以协同工作或独立工作以计算得更快。在大多数情况下，不管该组合中有多少个内核，只要把它看作处理器就足够了。

"2.2GHz"是更有趣的部分。处理器速度是根据它可以在一秒钟内完成的操作或指令（或其中部分）的数量来衡量的，至少近似如此。处理器使用内部时钟来一步步地执行其基本操作，就像心跳或时钟滴答一样。速度的一种衡量标准是每秒这种滴答声的数量。每秒的一个节拍被称为赫兹（Hz），是以德国工程师海因里希·赫兹（Heinrich Hertz）的名字命名的。1888年，他发现了如何产生电磁辐射，从而直接导致了无线电和其他无线系统的出现。无线电台的广播频率以兆赫（MHz，百万赫兹）为单位，比如102.3MHz。当今的计算机通常以十亿赫兹或千兆赫兹的频率运行，我那相当普通的2.2GHz处理器正在以每秒22亿次的速度运行着。人类的心跳频率约为1赫兹，每天约10万次，每年约3 000万次。所以我的处理器中的每个内核在1秒内跳动的次数，相当于我的心脏在70年里跳动的次数。

这是我们第一次遇到兆和吉这两个单位，它们在计算中很常见。兆是100万，也就是10^6；吉是10亿，也就是10^9。我们很快会看到更多的单位，在术语表中有一个完整的表，汇总了所有的单位。

1.1.2　主存储器

主存储器存储着处理器和计算机的其他部分正在使用的信息，其中的内容可以被处理器改变。主存储器不仅存储处理器当前处理的数据，还存储告诉处理器如何处理这些数据的指令。这是非常重要的一点：通过将不同的指令载入内存，我们可以让处理器执行不同的计算。这使得存储程序计算机成为通用设备，同一台计算机可以运行文字处理器和电子表格、上网、发送和接收电子邮件、在 Facebook 上与朋友保持联系、交税和播放音乐，所有这些都可以通过在内存中放置适当的指令来完成。存储程序这一思想的重要性怎么强调都不为过。

主存储器在计算机运行时提供了一个存储信息的地方。它存储了 Word、Photoshop 或浏览器等当前活动程序的指令。它存储了这些程序的数据——正在编辑的文件，屏幕上的图片，正在播放的音乐。它还存储了操作系统如 Windows、macOS 等的指令，这些后台操作的指令让你可以同时运行多个应用程序。我们将在第 6 章讨论应用程序和操作系统。

主存储器被称为随机存取存储器（RAM），因为处理器可以快速访问存储在其中任意位置的信息，简单来说就是以随机顺序访问内存位置并不会减缓速度。虽然 VCR 磁带在很久以前就已经不怎么使用了，但你可能还记得它们，如果你想看电影的最后一幕，需要从头开始快进到结尾才行；这被称为顺序访问。

大多数 RAM 是易失性的，也就是说，如果电源关闭，它的内容就会消失，并且所有当前活动的信息都会丢失。这就是为什么要谨慎地经常保存你的工作，特别是在台式机上，在使用台式机时踢掉电源线可能引起一场真正的灾难。

你的计算机有固定数量的主存储器。容量以字节为单位度量，其中字节是足够容纳 W 或 @ 这样的单个字符，或 42 这样的小数字，或更大值的一部分的内存量。第 2 章将展示如何在内存和计算机的其他部分表示信息，因为这是计算的基本问题之一。但现在，你可以把内存想象成一个由无数个相同的小盒子组成的大集合，每一个盒子都可以存储少量的信息。

那么容量是指什么？我现在使用的笔记本电脑有 80 亿字节（也可以称之为 8 千兆字节，或 8GB）的主存，可能还是太小了。原因是，更多的内存通常意味着更快的计算速度，因为没有足够的内存来同时容纳所有想要使用它的程序，而且要花时间将不活动的程序移出，为新程序腾出空间。如果你想让电脑运行得更快，购买额外的内存可能是最好的策略，至少在内存可扩充的情况下是如此的，但也有可能内存不方便扩充。

1.1.3 二级存储器

主存储器存储信息的容量很大但有限，并且当电源关闭时，其内容消失。**二级存储器**即使在断电时也能保存信息。二级存储器主要有两种：较旧的磁盘称为**硬盘**或**硬盘驱动器**，较新的形式称为**固态驱动器**（SSD）。这两种驱动器存储的信息比主存储器多得多，而且不具有易失性——即使没有电源，这两种驱动器上的信息也会保留。数据、指令和其他所有东西都长期存储在二级存储器上，只有在需要时才暂时存入主存。

通过设置旋转着的金属表面上磁性材料微小区域的磁化方向，磁盘得以存储信息。数据存储在同心圆磁道中，由在轨道之间移动的传感器读取和写入。当一台老式电脑在运行时，你听到的嗡嗡声和咔哒声是磁盘在运行，并将传感器移动到表面的正确位置。

磁盘表面高速旋转，至少每分钟 5 400 转。你可以在图 1.3 所示的标准笔记本电脑磁盘图片中看到其表面和传感器，盘片的直径为 2.5 英寸（6.35 厘米）。

图 1.3　硬盘驱动器内部

磁盘存储空间的价格约为 RAM 的 1/100，但访问信息的速度更慢。磁盘驱动器访问表面上的任何特定磁道大约需要 10 毫秒，然后以大约每秒 100MB 的速度传输数据。

十年前，几乎所有的笔记本电脑都有磁盘。今天，几乎所有的设备都使用 SSD，它使用*闪存*而不是旋转机器。闪存是非易失性的，信息以电荷的形式存储在电路中，即使在断电的情况下，这些电荷仍然存在于单个电路元件中。可以读取存储的电荷以查看它们的值是多少，并且可以用新值擦除和覆盖它们。闪存具有速度快、重量轻、可靠性高、掉在地上也不会损坏、耗电少等优点，因此也常常用于手机、相机等设备。SSD 的每字节的价格仍然更贵，但正在下降，其优势是如此显而易见，几乎已经完全取代了笔记本电脑中的机械磁盘。

　　一台典型的笔记本电脑的 SSD 容量为 250 ~ 500GB。可插入 USB 接口的外置硬盘的容量可达 TB 级别，它们仍然是基于旋转机械。tera 是 1 万亿，也就是 10^{12}，这是你们将经常看到的另一个单位。太字节、千兆字节又有多大？在最常见的英语文本表示中，一个字节可以存储一个字母字符。《傲慢与偏见》大约有 250 页，约 680 000 个字符，因此 1GB 可以容纳近 1 500 份该书的拷贝。更有可能的是，我会存储一份拷贝，然后再放一些音乐。MP3 格式的音乐大约每分钟 1MB，所以我最喜欢的 CD 之一《简·奥斯汀歌集》的 MP3 版本大约是 60MB，1GB 的空间还可以再放 15 个小时的音乐。1995 年，BBC 出品的《傲慢与偏见》(*Pride and Prejudice*) 由詹妮弗·艾尔 (Jennifer Ehle) 和科林·费斯 (Colin Firth) 主演，DVD 只有两张，容量还不到 10GB，所以我可以把它和 100 部类似的电影存储在 1TB 的空间里。

　　磁盘驱动器是演示逻辑结构和物理实现之间差异的一个很好的例子。像 Windows 上的文件资源管理器或 macOS 上的 Finder 这样的程序，将驱动器的内容显示为文件夹和文件的层次结构。但数据可以存储在旋转机械、没有移动部件的集成电路，或其他完全不同的东西上。计算机中的具体驱动器类型并不重要。驱动器自身的硬件和操作系统中称为文件系统的软件共同创建了这种组织结构。我们将在第 6 章再次探讨这个话题。

逻辑组织非常适合人们理解（或者更有可能的是，到现在我们已经完全习惯了它），其他设备提供了相同的组织，即使它们使用完全不同的物理方法来实现。例如，那些让你可以访问 CD-ROM或 DVD 中信息的软件使这些信息看起来也像是存储在文件层次结构中，而不管它是如何进行物理存储的。USB 设备、相机和其他使用可移动存储卡的小工具也是如此。即使是现在已经完全过时了的古老的软盘，在逻辑层面上看起来也是一样的。这是展示抽象这一概念的一个很好的例子，抽象是计算中的一个基础概念：物理实现的细节是隐藏的。在文件系统这一例子中，无论不同的技术实际是如何工作的，内容都以文件和文件夹的层次结构呈现给用户。

1.1.4　其他

还有其他多种设备可提供特定的功能。用户可以利用鼠标、键盘、触摸屏、麦克风、照相机和扫描仪等进行输入，显示器、打印机和扬声器则负责向用户输出。网络组件如 Wi-Fi 或是蓝牙负责与其他计算机通信。各种辅助技术帮助人们解决视力、听力或其他相关访问问题。

图 1.2 中的架构图显示了这些组件，就好像它们都是由一组称为总线的电线连接起来的，总线的称呼采用了电子工程的术语。实际上，计算机中有很多与其功能相对应的总线——用于连接CPU 和 RAM 的长度短、速度快但昂贵的总线，用于连接耳机的较长、速度较慢且较为便宜的线。一些总线也会出现在机身外部，比如常见的用于将设备接入计算机的通用串行总线（Universal

Serial Bus，USB）的连接线。

我们将在后文中的一些特殊场景下提及这些设备，不过现在不打算花太多时间来介绍它们，而只是简单地列举一些可能会和你的计算机配套或者相连的设备：鼠标、键盘、触控板和触摸屏、显示器、打印机、扫描仪、游戏控制器、耳机、扬声器、麦克风、照相机、手机、指纹传感器，以及与其他电脑的连接。这份设备列表还在不断增长。所有这些设备都经历了和处理器、内存以及磁盘驱动器相同的演化过程：物理属性发生了快速的变化，通常趋向于更廉价、更小巧、功能更多。

值得注意的是这些设备是如何结合在一起的。手机现在可以用作手表、计算器、照相机和摄像机、音乐和电影播放器、游戏机、条形码阅读器、导航仪，甚至手电筒。智能手机有着和笔记本电脑相同的抽象架构，即使因为不同的尺寸和供电约束，两者的实际外表有着很大不同。手机中没有如图 1.3 所示的硬盘，然而，它们使用闪存存储信息，这样在手机关机的情况下仍然可以存储通讯录、图片和应用等。它们也没有很多外部设备，虽然很可能有耳机插口以及 USB 接口。袖珍摄像头是如此廉价，大多数手机在两面都会安装。iPad 及其他品牌的各类平板电脑在计算机可能形态的空间中占据了另一个位置，它们也是具有相同通用架构和相似组件的计算机。

1.2 物理结构

在课堂上，我会将各种各样露出内部结构的硬件设备（这几十年淘垃圾的成果）在班上传看。计算机技术中很多东西都很抽象，所以如果能看到并触摸磁盘、集成电路芯片以及用来制造集成电路的硅晶薄片之类的实物将会很有帮助。观察其中一些设备的演化也很有意思。例如，今天的笔记本电脑硬盘与 10 年或 20 年前的看起来没有什么区别，但存储容量是过去的 10 倍或者 100 倍，这些改进很难从外观看出来。数码相机中使用的 SD（Secure Digital）卡也是如此。现在的包装与几年前（见图 1.4）相同，但容量大了很多，价格也低了很多。32GB 容量的卡的价格不到 10 美元。

图 1.4　不同容量大小的 SD 卡

　　另一方面，搭载计算机部件的电路板则有着明显的进步。由于内置电路的原因，现在的元件更少了，布线越来越精细，连接引脚也比 20 年前更多、更紧凑了。

　　图 1.5 展示了 20 世纪 90 年代后期桌面个人电脑的电路板。像 CPU 和 RAM 之类的组件都安装或插入在主板上，通过主板另一面的印制电路相互连接。图 1.6 展示了图 1.5 中电路板背面的一部分，这些平行印制的电路是有着不同用途的总线。

图 1.5　1998 年的 circa 笔记本电脑电路板，尺寸为 30 厘米 ×19 厘米

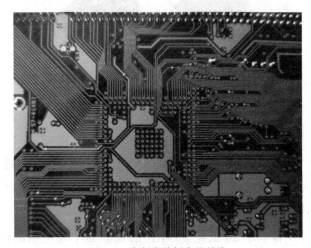

图 1.6　印制电路板上的总线

计算机中的电子电路由大量的少数几种基本元素搭建而成。其中最重要的是**逻辑门**，它根据一个或两个输入值计算单个输出值，使用输入信号如电压或电流来控制输出信号，输出信号也是

电压或电流。只要以正确的方式连接足够多这样的逻辑门，就有可能进行任何类型的计算。查尔斯·佩措尔德（Charles Petzold）的著作《编码的奥秘》（Code）对此做了很好的介绍，同时有许多网站也提供了图形动画以展示逻辑电路是如何执行算术和其他计算的。

晶体管是最基础的电路元素，由美国贝尔实验室的约翰·巴登、沃尔特·布拉特和威廉·肖克利于 1947 年发明。他们因为此发明获得了 1956 年的诺贝尔物理学奖。在计算机中，晶体管基本上就是一个开关，一个可以在电压控制下打开或关闭电流的装置。在这个简单的基础之上，可以构建任意复杂的系统。

逻辑门过去由分立元件构建而成，诸如在 ENIAC 中使用的灯泡大小的真空管，以及 20 世纪 60 年代计算机中铅笔橡皮头大小的独立晶体管。图 1.7 展示了第一个晶体管（左）的复制品、真空管和一个封装的 CPU；实际电路组件在 CPU 中间，大约 1 厘米见方；真空管大概 10 厘米长。这样尺寸的现代 CPU 中包含大约数十亿个晶体管。

逻辑门构建在集成电路（Integrated Circuit，IC）上，通常被称为芯片或者薄芯片。集成电路把一个电子电路的所有元件和电路汇集在单一平面的电路（薄硅片）上，通过一系列复杂的光学和化学过程制造出没有分立部件和传统导线的电路。因此，集成电路比分立元件电路要小和健壮得多。芯片是采用直径约 30 厘米的**圆晶片**批量制造的，晶圆被切成单独包装的芯片。一个典型的芯片（见图 1.7 右下角）被安装在一个更大的封装中，有几十到数百个引脚连接到系统的其余部分。图 1.8 显示了封装的集成电路，实际的处理器在其中心，约 1 平方厘米的正方形。

图 1.7　真空管、第一个晶体管和封装的 CPU 芯片

图 1.8　集成电路芯片

　　集成电路的制造依赖于硅，这使加州旧金山南部地区得到了硅谷的绰号，因为这里是集成电路产业最初开始的地方。它现在是该地区所有高科技企业的简称，也是纽约硅巷（Silicon Alley）和英国剑桥硅芬（Silicon Fen）等众多地区仿效命名的灵感来源。

　　集成电路由罗伯特·诺伊斯和杰克·基尔比于 1958 年独立发明。诺伊斯于 1990 年去世，然而基尔比仍然因为诺伊斯的贡献获得了 2000 年的诺贝尔物理学奖。集成电路是数码电子产品的核心，尽管还有其他支撑技术，如用于磁盘的磁存储技术、用于 CD和 DVD 的激光技术，以及用于网络的光纤技术。在过去的 50 或60 年里，这些技术都经历了尺寸、容量和成本上的突破。

1.3　摩尔定律

　　1965 年，戈登·摩尔（后来英特尔的联合创始人和很长一段时间的 CEO）发表了一篇名为《把更多组件塞到集成电路中》的短文章。利用很少的数据点进行推算，摩尔发现随着科技进步，特定大小的集成电路内可以制造并安装的晶体管每年都翻一倍，这个频率他后来修改为每两年，也有人设为 18 个月。由于晶体管的数量是对计算能力的粗略估算，这意味着计算能力每两年翻一番——如果不是更快的话。在 20 年里，将会有 10 倍的增长，设备的数量将会增加 210 倍，也就是说，大约 1 000 个。在 40 年里，这个倍数是 100 万或更多。

　　这种指数增长，即现在所说的摩尔定律，已经持续了近 60年，所以集成电路现在拥有的晶体管数量是 1965 年的 100 多万倍。摩尔定律的实际应用曲线图，特别是处理器芯片方面的，显示出晶体管的数量从 20 世纪 70 年代初英特尔 8008 处理器的数千个，增加到了今天普通笔记本电脑处理器的数十亿个。

最能反映电路规模的单个数字是集成电路中单个特征的大小，例如，导线或晶体管有源部分的宽度。这个数字多年来一直在稳步下降。我在 1980 年设计的第一款（也是唯一的）集成电路使用了 3.5 微米的元件。对于 2021 年的许多集成电路来说，最小特征尺寸是 7 纳米，即 70 亿分之一米，下一步将是 5 纳米。"毫"（milli）是一千分之一或者 10^{-3}，"微"（micro）是一百万分之一或者 10^{-6}，"纳"（nano）是十亿分之一或者 10^{-9}。相比之下，一张纸的厚度或一根人的头发的直径大约有 100 微米或 1/10 毫米。

如果集成电路的元件宽度缩小为原来的 1/1 000，那么在给定区域内的元件数量就会以平方增加，也就是增加为原来的 100 万倍。这一因素使得旧技术中的 1 000 个晶体管变成了新技术中的 10 亿个晶体管。

集成电路的设计和制造非常复杂，而且竞争激烈。生产操作（生产线）也很昂贵，一家新工厂的成本可能达到数十亿美元。一家公司如果在技术和资金上落后，就会处于竞争劣势；一个国家如果没有这种资源，就必须依靠其他国家的技术，这将成为严峻的战略问题。

摩尔定律不是自然法则，而是半导体业界用来设定目标的指南。从某种意义上来说这个定律会有失效的一天。在过去就有人不断预测它的局限性，尽管迄今为止人们已经找到了绕过这些局限性的方法。然而，我们已经到了这样的地步，即在某些电路中只有少数几个单独的原子，这太小了，以至于无法控制。

处理器速度的增长正在变缓，当然不再每两年翻一番，部分原因是更快的芯片会产生太多的热量，但内存容量仍在增加。同时，处理器可以通过在一个芯片上放置多个处理器内核来使用更多的晶体管，系统通常有多个处理器芯片；增长的是内核的数量，而不是单个内核运行的速度。

将如今的一台个人计算机和 1981 年最早出现的 IBM 的 PC 进行对比，其结果是惊人的。早先那台计算机有着 4.77MHz 的处理器，而现在 2.2GHz 处理器内核的时钟速度比它快了将近 500 倍，并且通常有 2 个或者 4 个内核。早先那台 IBM 计算机有着 64KB 的 RAM，现在的 8GB 计算机是它的 125 000 倍。早先那台计算机有最多 750KB 的软盘存储，没有硬盘，今天的笔记本电脑的二级存储容量正从之前存储的 100 万倍继续攀升。早先那台计算机有着 11 英寸的屏幕，只能在黑底色上显示 24 行、每行 80 个的绿色字符，而我在 24 英寸、1 600 万色的屏幕上写了这本书的大部分内容。一台具有 64KB 内存和一个 160KB 软盘的 PC 在 1981 年的价格为 3 000 美元，现在可能相当于 10 000 美元，而如今，一台配备 2GHz 处理器、8GB RAM 和 256GB 固态驱动器的笔记本电脑售价约数百美元。

1.4　小结

计算机硬件，确切地说是所有类型的数字硬件，从集成电路的发明开始，都在过去 60 年间经历了呈几何级数的改进。"几何级数"这种说法经常被误解或误用，但是用在这里很精确。每隔一定的时间，电路都在以固定的百分比变得更小、更便宜或性能更强大。最简单的版本是摩尔定律是：每隔18个月左右，固定大小的集成电路中可以安装的设备数目会翻倍。这种能力的巨大增长是数字革命的核心，它极大地改变了我们的生活。

这种能力和容量的增长也改变了计算和计算机的概念。第一台计算机被视为数字处理器，适用于弹道学、武器设计，以及其他科学和工程计算。下一个用途是业务数据处理，诸如计算工资单、生成发票等，然后随着存储成本的降低，又用于管理工资单和账单数据库。随着个人电脑的出现，计算机便宜到任何人都买得起，它们开始被用于个人数据处理、跟踪家庭财务状况和文字处理任务。之后不久，它们也开始用于娱乐，如播放音乐CD，尤其是玩游戏。当互联网出现时，我们的电脑也成为通信设备，提供邮件、网络和社交媒体等功能。

自20世纪40年代以来，计算机的基本结构——有哪些部件，它们的作用如何，以及它们如何相互连接——基本没有改变过。如果冯·诺依曼回来检视今天的计算机，我猜想他会为现代硬件的能力和应用所震惊，但他也会发现自己对其架构毫不陌生。

计算机曾经体积庞大，占据大型空调房间，但它们已经逐步变小。今天的笔记本电脑在保持可用的同时做得尽可能小。我们手机中的计算机同样功能强大，而手机也做得尽可能小。我们的电子产品里面的计算机也很小，大多数情况下，电子产品本身就很小。另一方面，我们经常要处理位于数据中心（再次回到空调房间）某处的计算机。我们用这些计算机购物、搜索、和朋友聊天，甚至没有把它们当成计算机，更不用操心它们可能在哪里——它们就在云里的某个地方。

　　20 世纪计算机科学的伟大见解之一是，无论是如今的数字计算机，还是最初的 PC，以及物理上更大但功能较弱的早期计算机，无处不在的手机、可作为计算机使用的设备以及提供云计算的服务器，它们的逻辑或功能特性都是一样的。如果我们忽略速度和存储容量等实际情况，它们都可以计算完全相同的东西。因此，硬件的改进对我们能做什么计算有很大的实际影响，但令人惊讶的是，硬件本身并没有对理论上哪些可以被计算产生根本性的改变。我们将在第 3 章详细讨论这个问题。

第2章

比特、字节和信息的表示

"如果以 2 为基数，所得的单位可以称为二进制数字，或者更简单地说，是由约翰·图基提出的'比特'。"

——克劳德·香农,《通信的数学原理》, 1948 年

本章我们将讨论计算机表示信息的三个基本原理。

首先，计算机是数字处理器。它们存储和处理离散的信息块，采用离散的值——基本上就是数字。相比之下，模拟信息意味着平滑变化的值。

其次，计算机采用比特（bit，又叫位）来表示信息。这里的比特是一个二进制数位，也就是说，这个数字取 1 或 0。计算机内部的所有东西都是以比特而不是人们熟悉的十进制数字来表示的。

最后，较大的信息以比特组表示。数字、字母、单词、名字、声音、图片、电影以及处理它们的程序中的指令，所有这些都是以比特组的形式表示的。

你可以忽略本章的数字细节，但是这里的思想很重要。

2.1　模拟和数字

让我们来区分一下模拟和数字。"analog"（模拟）和 "analogue"（类比）来自同一个词根，意思是随着其他事物的变化，数值也会随之平滑变化。我们在真实世界中应对的事物往往是模拟的，比如水龙头或者汽车的方向盘。如果想让车转一下，你就稍微转动一下方向盘。在模拟的情况下，你可以做出很小的改变。相比之下，开关信号只存在开和关，没有中间地带。一个事物（汽车转动的程度）成比例地随着另一事物（你转动方向盘的程度）的变化发生平滑而持续的变化。这里没有离散的步骤，一个事物的细微变化意味着另一个事物的细微变化。

数字系统处理的是离散值，所以只有固定数目的可能值：转向信号在一个方向或另一个方向上，要么关闭要么打开。某一事物的微小变化，要么不会导致另外一个事物变化，要么导致它从一个离散值到另一个离散值的突然变化。

以手表为例。指针式手表有时针、分针和一分钟转一圈的秒针。尽管现代手表是由内部的数字电路控制的，但随着时间的推移，时针和分针会平滑地通过每个可能的位置。相比之下，电子表或手机时钟用数字显示时间。显示的数字每秒钟都在改变，每分钟都会出现一个新的分钟值，并且永远不会有小数秒。

想想汽车速度计。我的车装有传统的模拟车速表，指针的指示值与车速成正比，从一种速度到另一种速度的转换是平滑无间断的。但它也有一个数字显示器，显示以每小时英里数或千米数为单位的整数速度值。开快一点，显示会从 65 到 66，稍微慢一点，它会回落到 65。从来不会显示 65.5 这样的值。

想想温度计。带有红色液体（通常是有色酒精）或水银柱的那种温度计是模拟的，液体的膨胀或收缩与温度变化成正比，因此温度的微小变化会使柱的高度产生类似的微小变化。但是位于建筑物外那种闪烁着37的数字告示牌是数字的，对于36.5到37.5之间的所有温度，它都显示37。

这可能会导致一些奇怪的情况。多年前，我在美国高速公路上收听汽车电台，这段高速公路在加拿大广播电台的接收范围之内，而加拿大使用公制系统。播音员试图为听众提供帮助，他说华氏温度在过去一个小时内上升了1度，但摄氏温度不变。

那为什么用数字代替模拟呢？毕竟，我们的世界是模拟的，而像手表和速度表这样的模拟设备更容易让人一目了然。然而，很多现代技术都是数字化的，在很多方面，这就是本书想讲的内容。来自外部世界的数据——声音、图像、位置变化、温度等，一输入就被转换为数字形式，而且最后输出时还会被转换回模拟形式。这么做的原因是数字数据对于计算机来说更容易处理。它可以以多种方式存储、运输和加工，而无论其来源如何。就像我们将在第8章看到的那样，数字信息可以通过压缩重复或不重要的信息的方式进行压缩。它可以为了安全和隐私目的而加密，与其他数据合并，精确地复制，通过互联网传输到任意地区，而且可以存储在无数不同种类的设备中。然而对于模拟信息，大部分这样的处理是不可行的，甚至根本无法做到。

数字系统与模拟系统相比还有另一个优势：它们更容易被扩展。在秒表模式下，我的数字手表可以百分之一秒的精度显示流逝的时间，而将这一功能添加到模拟手表中将是一个挑战。另一方面，模拟系统有时也具有优势：像泥板、石刻、羊皮纸、纸张和摄影胶片等旧媒体都以数字形式可能无法做到的方式经受住了时间的考验。

2.2　模数转换

如何将模拟信息转换成数字形式？我们看一些基本的例子，从图片和音乐开始，其中包含最重要的思想。

2.2.1　图像的数字化

将图像转换为数字形式可能是将模数过程可视化的最简单方法。假设我们拍了一张家猫的照片，如图 2.1 所示。

图 2.1　2020 年的一只家猫

模拟相机通过将化学涂层塑料薄膜的感光区域暴露在被拍摄物体发出的光线下来创建图像。不同的区域接收不同数量不同颜色的光，这会影响胶片中的染料。胶片通过一系列复杂的化学过程显影并印在纸上，不同数量的有色染料显示出不同的颜色。

在数码相机中，镜头将图像聚焦到红色、绿色和蓝色滤光片后面由微小光敏探测器组成的矩形阵列上。每个探测器存储的电荷量与照射到它的光的量成正比。这些电荷被转换成数值，结果数字序列可以表示光的强度，从而构成了图像的数字表示。如果探测器数量更多，电荷测量将更精确，那么数字化图像将更准确地捕捉原始图像。

传感器阵列的每个元素都是一个三合一检测器，用于测量红、绿和蓝光的量；对于图片元素，每组称为一个像素。如果是4 000×3 000像素的话，就是1 200万像素，这对于现在的数码相机来说是非常小的。一个像素的颜色通常由三个值来表示，这三个值分别记录了它所包含的红、绿和蓝的强度，所以一个1 200万像素的图像总共有3 600万个光强度值。屏幕上显示的图像是由微小的红、绿、蓝三联灯组成的阵列，其亮度级别由相应的像素决定。如果你用放大镜看手机、电脑或电视的屏幕，可以看到单个的彩色斑点，有点像图2.2。如果离得够近，就能在体育场屏幕和电子广告牌上看到同样的画面。

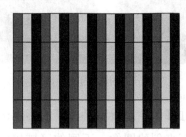

图2.2　RGB像素

2.2.2　声音的数字化

模数转换的第二个例子是声音，尤其是音乐。数字音乐是很好的例子，因为这是数字信息属性开始产生重大社会、经济和法律影响的首个领域之一。与黑胶唱片或磁带不同，数字音乐可以在任何家用计算机上免费地进行任意次数的复制，并且可以通过互联网将完美的副本无误地传送到世界任何地方，这同样是免费的。唱片业将其视为严重的威胁，并开始采取法律和政治行动，试图压制拷贝行为。这个战争还没有结束，法庭和政治舞台上的小冲突仍在继续，但 Spotify 等流媒体音乐服务的出现缓解了这个问题。我们将在第 9 章继续讨论这个问题。

那么声音是什么呢？声源通过振动或其他快速运动产生气压波动，我们的耳朵将这个气压变化转化为一种神经活动，从而大脑解释为声音。在 19 世纪 70 年代，托马斯·爱迪生（Thomas Edison）制造了一种他称之为留声机的设备，它将波动转换成蜡制圆柱体中的凹槽图案，这些图案可以在以后用来重现气压波动。将声音转换为凹槽图案就是录音；从图案转换为气压波动就是回放。爱迪生的发明很快得到改进，到 20 世纪 40 年代已经发展成 LP 唱片（见图 2.3）。这种唱片至今仍在使用，不过使用者主要是一些复古音乐爱好者。

LP 唱片是带有长螺旋槽的黑胶唱片，它可以编码随时间变化的声压。麦克风用于测量生成声音时声压的变化，这些测量值用于制造螺旋槽上的图案。播放 LP 唱片时，一根细针沿着凹槽的图案移动，它的运动转化为波动的电流，放大后用于驱动扬声器或耳机，而这些设备通过振动表面来产生声音。

图 2.3 LP 唱片（又称密纹唱片）

通过绘制气压随时间的变化，可以很容易地将声音可视化，如图 2.4 所示。我们可以用许多物理方法来表示压力：电子电路中的电压或电流，光的亮度，或者像爱迪生的原始留声机那样的纯机械系统。声压波的高度为声强或响度，水平维数为时间；每秒的波的数量就是音调或频率。

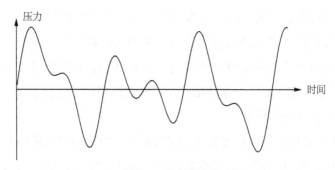

图 2.4 声音的波形

假设我们按一定的间隔测量麦克风处的气压，即曲线的高度，结果将如图 2.5 中的竖线所示。

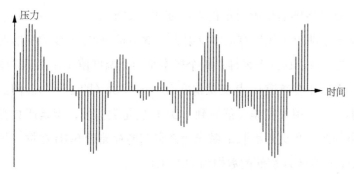

图 2.5　对声音的波形取样

　　这样的测量结果提供了一个数值序列来逼近该曲线。如果我们测量得越频繁或者越精确，则得到的逼近曲线就越准确。由此产生的数字序列是波形的*数字表示*，它们可以被存储、复制、操纵和传输到其他地方。我们还可以用一种设备进行回放，这种设备可以将数值转换成匹配的电压或电流模式，以驱动扬声器或耳机，从而将其还原为声音。从波形到数字的转换是模数转换，转换设备称为 A/D 转换器；另一个方向当然是数模转换，或称为 D/A。转换从来都不是完美的，每个方向都会丢失一些东西，对于大多数人来说，这种损失是难以察觉的，而发烧友则声称数字声音的质量不如 LP 唱片。

　　音频光盘或 CD 出现在 1982 年左右，它是第一个消费数字声音的例子。与 LP 唱片的模拟槽不同，CD 在磁盘一侧的长螺旋轨道上记录*数值*。沿着轨道的每一点的表面要么是光滑的，要么有一个小凹点。这些凹点或光滑点被用来对波的数值进行编码；每个点是一个比特，而一个比特序列表示二进制编码中的数值，这些我们将在下一节中讨论。当圆盘旋转时，一束激光照射在轨道上，光电传感器检测反射的光的变化。如果光线不够亮，表示这里是一个凹点；如果有很多反射光，就不是凹点。CD 的标准编码每秒进行 44 100 个采样；每个样本是两个幅度值（对应于立体声的左声道和右声道），其测量精度为 1/65 536（即 $1/2^{16}$）。凹点非常小，只有用显微镜才能看到。DVD 也是类似的，但是所具有的更小的凹点和更短波长的激光允许它们能存储近 5GB 数据，相比之下，一张 CD 存储的数据约 700MB。

　　音频 CD 几乎把 LP 唱片赶出了市场，因为它在很多方面都要好得多。它不会磨损，因为它没有和激光进行物理接触，也不会受到灰尘或划痕的干扰。它不脆弱，而且绝对紧凑。LP 唱片偶尔会稍微复兴，而流行音乐的 CD 则严重衰退，因为从互联网上下载音乐更容易，也更便宜。CD 的第二大用途是存储和分发软件和数据，但这一功能已被 DVD 取代，而 DVD 在很大程度上又被互联网存储和下载所取代。对许多读者来说，音频 CD 似乎和黑胶唱片一样古老。不过，我很高兴我的音乐收藏全部都放在了 CD 上（尽管它们也以 MP3 格式存储在可移动硬盘上）。我能够完全拥有它们，而收藏在云中的音乐则不是这样。制造出来的 CD 的寿命会比我的寿命长，但复制的 CD 可能不会，因为它们依赖于一种光敏染料的化学变化，这种染料的特性可能会随着时间的推移而发生变化。

　　因为声音和图像包含了许多人类无法感知的细节，所以它们可以被压缩。对于音乐来说，这是通过 MP3 和 AAC 高级音频编码（Advanced Audio Coding，AAC）等压缩技术实现的，这些技术可以将音乐的大小减小为原来的 1/10，几乎不会出现可察觉的品质降低。对于图像而言，最常见的压缩技术被称为 JPEG，这是以联合图像专家组（Joint Photographic Experts Group）的名字命名的，该组织定义了 JPEG，它能将图像缩小为原来的 1/10或更小。压缩就是可以对数字信息方便进行处理的一个例子，但对模拟信息的处理如果不是不可能的话，也是极其困难的。我们将在第 8 章中进一步讨论压缩。

2.2.3　电影的数字化

电影又是怎样的呢？ 19 世纪 70 年代，英国摄影师埃德沃德·迈布里奇（Eadweard Muybridge）展示了如何通过快速连续地展示一系列静止图像来创造动画的视觉感受。如今，电影是以每秒 24 帧的速度显示图像，而电视则以每秒 25 ～ 30 帧的速度显示图像，这已经快到足以让人眼把这个序列看作连续的运动。电子游戏通常是每秒 60 帧。老电影每秒只有十几帧，所以有明显的闪烁（flicker）。这个术语是从表示电影的单词 " flicks " 中演变而来的，其今天在网飞公司英文名称 " Netflix " 中仍然存在。电影的数字表示法结合并同步了声音和图像组件。压缩可用于减少所需的空间量，如在 MPEG（移动图像专家组）等标准电影表示方法中所做的一样。实际上，视频比音频的呈现更复杂，部分原因是它本质上更困难，但也因为它大多是基于广播电视的标准，而在广播电视的大部分发展历史中，信号都是以模拟形式进行处理的。模拟电视在世界上的大部分地区正在逐步被淘汰。在美国，电视广播在 2009 年转向了数字信号，其他国家正处于这一进程的不同阶段。

电影和电视节目是画面和声音的结合，其商业节目的制作成本比音乐节目高得多。然而，制作完美的数字拷贝并免费发送到世界各地也很容易。因此，其版权的风险比音乐要高得多，娱乐行业仍在继续与盗版行为做斗争。

2.2.4　文本的数字化

有些类型的信息很容易以数字形式表示，因为除了对表示的内容达成一致之外，不需要进行任何转换。想想普通的文本，比如书中的字母、数字和标点符号。我们可以给每个不同的字母分配一个唯一的数字——A 是 1，B 是 2，以此类推—这将是一个很好的数字表示方式。事实上，这正是实际所采用的方式。在实际的标准表示中, A ～ Z 是 65 ～ 90, a ～ z 是 97 ～ 122，数字 0 ～ 9 是 48 ～ 57，而其他字符，如标点符号则采用其他值表示。这种表示称为 **ASCII**，即美国信息交换标准代码（American Standard Code for Information Interchange），是于 1963 年发布的标准。

图 2.6 显示了部分 ASCII，我省略了前面四行，其中包含制表符、退格符和其他非打印字符。

32	space	33	!	34	"	35	#	36	$	37	%	38	&	39	'
40	(	41	)	42	*	43	+	44	,	45	-	46	.	47	/
48	0	49	1	50	2	51	3	52	4	53	5	54	6	55	7
56	8	57	9	58	:	59	;	60	<	61	=	62	>	63	?
64	@	65	A	66	B	67	C	68	D	69	E	70	F	71	G
72	H	73	I	74	J	75	K	76	L	77	M	78	N	79	O
80	P	81	Q	82	R	83	S	84	T	85	U	86	V	87	W
88	X	89	Y	90	Z	91	[	92	\	93	]	94	^	95	_
96	`	97	a	98	b	99	c	100	d	101	e	102	f	103	g
104	h	105	i	106	j	107	k	108	l	109	m	110	n	111	o
112	p	113	q	114	r	115	s	116	t	117	u	118	v	119	w
120	x	121	y	122	z	123	{	124	|	125	}	126	~	127	del

图 2.6　ASCII 字符及其数值

不同的地理或语言区域有不同的字符集标准，但世界或多或少都集中在一个称为 Unicode 的标准上，Unicode 为每种语言中的每个字符指定了一个唯一的数值。这是一个很大的集合，因为人类在他们创造的书写系统方面一直具有无穷无尽的创造力，但很少系统化。Unicode 有超过 140 000 个字符，而且这个数字还在稳步上升。可以想象，像中文这样的亚洲字符集占 Unicode 的很大一部分，但绝不是全部。Unicode 网站 unicode.org 有所有字符的图表，它很迷人，值得去看看。

最低要求是：数字表示可以表示所有这些类型的信息，甚至任何可以转换为数值的信息。因为它只是数字，所以它可以被数字计算机处理，正如我们将在第 9 章中看到的，它可以通过通用数字网络——Internet，复制到任何其他计算机上。

2.3　比特、字节和二进制

"世界上只有 10 种人，理解二进制的和不理解二进制的。"

数字系统用数值来表示所有信息，但令人惊讶的是，这里使用的却不是我们熟悉的以 10 为基数的十进制，而是二进制，也就是以 2 为基数的数制。

尽管每个人都或多或少地熟悉算术，但根据我的经验，他们对数字含义的理解有时是不可靠的，至少在以 10 为基数（完全熟悉）和以 2 为基数（大多数人都不熟悉）之间进行类比时是这样。我将在本节中尝试解决这个问题，但是如果事情令人困惑，就不断地对自己说："这就像普通的数字，只不过是逢 2 进 1 而不是逢 10 进 1 而已。"

2.3.1　比特

表示数字信息的最基本的方法是用比特。正如本章开头的引语所指出的，单词"bit"是二进制数字"binary digit"的缩写，由统计学家约翰·图基（John Tukey）在20世纪40年代中期创造。据说，被称为"氢弹之父"的爱德华·特勒更喜欢"bigit"这个词，可惜这个词并没有流行起来。

单词binary表示有两个值的东西（前缀bi表示2），事实确实如此：比特是一个数字，它的值是0或1，没有其他可能。这可以与十进制数字由0～9的10个可能值进行对比。使用单个比特，我们可以编码或表示涉及从两个值中挑选其中一个的任何选择。这样的二元选择比比皆是：开/关、真/假、是/否、高/低、进/出、上/下、左/右、北/南、东/西等。一个单位就足以确定选择了一对中的哪一个。例如，我们可以将0赋值为off，1赋值为on，反之亦然，只要每个人都同意哪个值代表哪个状态。

图2.7显示了我打印机上的电源开关和在许多设备上看到的标准开关符号。它也是Unicode字符。

图 2.7　开关和标准开关符号

单个比特就足以表示开/关、真/假和类似的二元选择，但我

们需要一种方法来处理更多选择或表示更复杂的事物。为此，我
们使用一组比特，为 0 和 1 的不同可能组合赋值。例如，我们可
以使用两个比特来表示美国大学的四年：大一（00），大二（01），
大三（10）和大四（11）。如果要增加一个类别，例如研究生，那
么两个比特是不够的：会出现五个可能的值，但两个比特只有四
个不同的组合。三个比特就足够了，然而实际上三个比特可以代
表多达八种不同的事物，因此我们还可以算上教师、职员和博士
后。组合将是 000、001、010、011、100、101、110 和 111。

有一种模式将比特数与可以用这些数量的比特标记的项数相
关联。关系很简单：如果有 N 个比特，则能表示的不同组合数量
为 2^N，即 $2 \times 2 \times \cdots \times 2$（$N$ 次），如图 2.8 所示。

比特数	值数	比特数	值数
1	2	6	64
2	4	7	128
3	8	8	256
4	16	9	512
5	32	10	1 024

图 2.8 2 的幂

这类似于十进制数字：如果有 N 个十进制数字，可以表示
10^N 种不同情况，如图 2.9 所示。

位数	值数	位数	值数
1	10	6	1 000 000
2	100	7	10 000 000
3	1 000	8	100 000 000
4	10 000	9	1 000 000 000
5	100 000	10	10 000 000 000

图 2.9 10 的幂

2.3.2 2 的幂和 10 的幂

由于计算机中的所有东西都是用二进制来处理的，所以像大小和容量这样的属性往往用 2 的幂表示。如果有 N 个比特，就有 2^N 个可能的值，所以知道 2 的某个值的幂是很方便的，比如 2^{10}。

一旦数字变大，它们当然不值得记住。幸运的是，有一个可以很好地近似的捷径：某些 2 的幂次值接近于 10 的幂次值，有一种易于记忆的规则，如图 2.10 所示。图 2.10 增加了一个描述大小的前缀 peta 或 10^{15}，它的发音像 "pet"，而不是 "Pete"。本书最后的词汇表中包含了一个更大的表，里面有更多的单位。

2^{10} = 1 024	10^3 = 1 000（千）
2^{20} = 1 048 576	10^6 = 1 000 000（兆）
2^{30} = 1 073 741 824	10^9 = 1 000 000 000（吉）
2^{40} = 1 099 511 627 776	10^{12} = 1 000 000 000 000（太）
2^{50} = 1 125 899 906 842 624	10^{15} = 1 000 000 000 000 000（拍）
...	

图 2.10 2 的幂和 10 的幂

随着数值的增大，近似值变得更不准确，但在 10^{15} 时，它也仅高出 12.6%，所以在很大范围内还是可用的。你会发现人们经常模糊 2 的幂和 10 的幂之间的区别（有时是朝着有利于他们试图达到的某个目标的方向），所以 1K 可能用于表示 1 000，也可能表示 2^{10} 或 1 024。这通常是一个很小的区别，所以采用 2 和 10 的幂是对包含比特的大数进行心算的好方法。

2.3.3 二进制数值

如果按照通常的进位法则来解释，那么一系列比特就可以表示一个数值，只不过此时的基数是 2，而不是 10。0 ～ 9 的 10 位数字，足以给最多 10 个条目分配标签。如果数量超过 10，则必须使用更多位数字，比如两位十进制数字可以表示的数值或标签能达到 100 个，即 00 ～ 99。多于 100 项的时候，就要用三位数字，其表示的范围是 1 000，即 000 ～ 999。对于普通的数字，我们通常不会写出数值前导的零，但这些零是隐含的。另外，我们平时计数也是从 1 而非 0 开始的。

十进位数是 10 的幂的和的简写；例如，1 867 是 $1×10^3+8×10^2+6×10^1+7×10^0$，也就是 $1×1\ 000+8×100+6×10+7×1$，即 1 000+800+60+7。在小学里，你可能称这些为个位数，十位数，百位数等。这些我们是如此熟悉，以至于我们很少去想它。

二进制数也是一样的，除了基数是 2 而不是 10，以及所涉及的数字只有 0 和 1。像 1 1101 这样的二进制数被解释为 $1×2^4+1×2^3+1×2^2+0×2^1+1×2^0$，我们以 10 为基数表示为 16+8+4+0+1，或 29。

比特序列可以被解释为数值，这意味着有一种自然的模式给条目分配二进制标签：将它们按数值顺序排列。前面我们看到了为大一、大二、大三、大四学生分配的标签 00、01、10、11，它们分别是十进制数值的 0、1、2、3。接下来的序列是 000、001、010、011、100、101、110、111，也就是十进制数值 0 ～ 7。

下面我们做个练习，看你理解了多少。我们都很熟悉用手指数到 10，但是如果你用手指（每个手指为一个数位！）代表一个二进制数，最多能数到多少？值的范围有多大？如果你数到 6 时发现它的二进制表示是一个似曾相识的手势，那说明我前面讲的你都理解了。

　　前面我们都看到了，把二进制转换成十进制很容易：只要把相应位置上值为 1 的 2 的对应次幂加起来即可。而把十进制转换成二进制要难一些，但也不会难太多。反复地用 2 除十进制数。每次除完，把余数写下来，余数要么是 0，要么是 1，然后再用 2 除商。这样反复除下去，直到原来的数被除到等于 0。最后得到的余数的序列，就是相应的二进制数，但顺序相反，所以最后要将其倒转。

　　举例说明，图 2.11 表示了将十进制数 1 867 转换成二进制数的过程。反向读取这些位，能得到 111 0100 1011，把相应位上为 1 的 2 的对应次幂加起来可以验算：1 024+512+256+64+8+2+1=1 867。

十进制	商	余数
1 867	933	1
933	466	1
466	233	0
233	116	1
116	58	0
58	29	0
29	14	1
14	7	0
7	3	1
3	1	1
1	0	1

图 2.11　将十进制数 1 867 转换为二进制数 111 0100 1011

　　整个过程的每一步都会产生剩余数值的最低有效位（即最右边的位）。其实，把一个很大秒数表示的时间转换成日、时、分、秒的过程与此类似：除以 60 得到分钟（余数是秒），结果除以 60 得到小时（余数是分钟），结果再除以 24 得到天数（余数是小时）。区别在于时间转换使用了不止一个基数，而是混合使用了 60 和 24。

你也可以按照降幂的顺序通过从原来的数字中逐个减去 2 的幂来将十进制转换为二进制。从小于此数的 2 的最高次幂开始，比如从 1 867 中减去 2^{10}。每减去 2 的一个幂，就写 1，如果 2 的幂大于剩下的值，就写 0，就像在上面这个例子中 2^7 或者 128 的情况。最终得到的由 "1" 和 "0" 组成的序列就是二进制值。这种方法可能更直观，但不那么机械化。

二进制算术很简单，因为总共才两个数字，加法和乘法表都只有两行两列，如图 2.12 所示。虽然你将来不太可能自己动手做二进制算术，但这两个表的简单性其实也说明了为什么相对于十进制算术，执行二进制计算的计算机电路要简单得多。

+	0	1		×	0	1
0	0	1		0	0	0
1	1	0　进位加 1		1	0	1

图 2.12　二进制加法和乘法表

2.3.4　字节

在所有现代计算机中，处理和存储组织的基本单位是作为一个单位来处理的 8 个比特。一组 8 个比特被称为 1 个字节，这个词是由 IBM 的计算机架构师沃纳·布赫霍尔兹在 1956 年创造的。1 个字节可以编码 256 个不同的值（2^8，8 个 0 和 1 的所有不同组合），可以是 0 到 255 之间的整数，或 7 位 ASCII 字符集中的一个字符（有 1 个多余的位），或其他东西。通常，1 个特定的字节是更大的字节组的一部分，这个字节组代表了一个更大或更复杂的事物。2 个字节加起来提供 16 比特，足以表示 $0 \sim 2^{16} - 1$（或 65 535）之间的一个数字。这也可以表述 Unicode 字符表中的任意字符，也许是

東京

这两个字符中的其中一个；每个字符占 2 个字节。4 个字节是 32 比特，这可能代表 4 个 ASCII 字符，或者 2 个 Unicode 字符，或者不大于 $2^{32} - 1$（约 43 亿）的一个整数。一组字节能表示的内容不受限制，然而处理器本身定义了适当的特定分组，例如大小不同的整数，并且有处理这些分组的指令。

如果我们想记下一个或多个字节所代表的数值，我们可以用十进制形式表示。它本身就是数字，这对于人类读者来说很方便。我们可以把它写成二进制来查看单个的位，尤其是如果不同的位编码不同种类的信息，这就很重要。但是，二进制很笨重，比十进制长三倍多，所以通常使用一种称为十六进制的替代记数法。十六进制以 16 为基数，所以它有 16 个数字（就像十进制有 10 个数位，二进制有 2 个数位），这些数字是 0、1、…、9、A、B、C、D、E 和 F。每个十六进制数字代表 4 个位，图 2.13 用十六进制表示这些数值。

除非你是程序员，否则你只会在少数地方看到十六进制。其中之一是网页颜色。之前提过，计算机中色彩的最通常的表示方式是使用 3 个字节来表示一个像素，分别代表红、绿和蓝的量，这称为 RGB 编码。每个组成都存储在 1 个字节中，所以红色、绿

色和蓝色的值各有 256 种可能，总共就是 256×256×256 种颜色，听上去很多。我们可以用 2 和 10 的幂来快速估计下到底有多少种。也就是 $2^8×2^8×2^8$，即 2^{24}，或是 $2^2×2^{20}$，或是 $16×10^6$，或者说 1 600 万。你大概看到过用来描述计算机显示器的数字："超过 1 600 万种颜色！"这个估算其实比实际低了百分之五，2^{24} 的实际数值为 16 777 216。

0	0000	1	0001	2	0010	3	0011
4	0100	5	0101	6	0110	7	0111
8	1000	9	1001	A	1010	B	1011
C	1100	D	1101	E	1110	F	1111

图 2.13　十六进制数位及对应二进制数值表

强烈的红色像素将被表示为 FF0000，即红色为十进制最大数 255，没有绿色，没有蓝色。而明亮但不强烈的蓝色，就像许多网页上的链接的颜色，将是 0000CC。黄色是红色加绿色，所以 FFFF00 可得到最亮的黄色，灰色的阴影有着等量的红色、绿色和蓝色，所以中等灰色像素为 808080，也就是等量的红绿蓝。黑和白则分别是 000000 和 FFFFFF。

十六进制值也用于 Unicode 编码表以标识字符：

東京

的十六进制编码是 67714EAC。第 8 章将会介绍用十六进制数表示的以太网地址，第 10 章会讨论用十六进制数表示 URL 中的特殊字符。

有时候你会在计算机广告中看到"64 位"这个词（"Windows

10家庭版64位"），这是什么意思呢？计算机内部是以不同大小的块处理数据的，这些块包含数值，这些数值用32位和64位表示比较方便。地址也是如此，也就是主存中信息的存储位置。前面提到的64位即指地址这个属性。30年前地址从16位升级到了32位，这样就足够访问4GB的内存了。现在，通用计算机从32位到64位的过渡也几乎完成了。我不会试图预测从64位到128位的过渡何时会发生，但64位应该会持续一段时间。

在所有这些关于比特和字节的讨论中，要记住的关键是一组比特的意义取决于它们的上下文，单独看它们自身数据是不知道其含义的。1个字节可以只用1个比特来表示真或假，另外7个空闲不用，也可以用来保存一个较小的整数，或者一个 # 之类的ASCII字符。它还可能是另一个书写系统中的一个字符的一部分，也可能是一个2字节、4字节或8字节的更大数字的一部分，或者是一幅画或一段音乐的一部分，甚至是供CPU执行的一条指令的一部分，还有很多其他的可能（这和十进制数的情况是一样的。根据具体情况，一个3比特十进制数可以代表美国地区代码、高速公路号码、棒球击球率或许多其他东西）。

一个程序的指令有时是另一个程序的数据。当你下载程序或手机应用时，它只是数据：一些被盲目复制的比特。但是当你运行这些程序时，处理器在处理时它们的比特就被当作指令处理。

2.4　小结

为什么用二进制而非十进制？答案很简单，制作只有像开与关这样两种状态的物理设备比有着 10 种状态的设备容易得多。这种相对简单性在许多技术中都得到了利用：电流（是否流动）、电压（高或低）、电荷（是否存在）、磁性（北向或向南）、光（亮或暗）、反射率（有光泽或暗淡）。冯·诺伊曼清楚地意识到了这一点。1946 年，他说："我们的基本内存单元自然地适合采用二进制，因为我们不试图测量电荷的逐渐变化。"

为什么每个人都应该知道或关心二进制数？一个原因是，在一个不熟悉的基数中处理数字是定量推理的一个示例，它甚至可以提高对数字在原来十进制中的工作原理的理解。除此之外，其重要性还在于比特数通常与所涉及的空间、时间或复杂性有关。从根本上说，计算机值得我们花时间去理解，而二进制是它们运行的核心。

可能是因为重量、长度等的加倍或减半对人们来说是一种很自然的操作，二进制也出现在与计算无关的现实环境中。例如，唐纳德·克努斯（Donald Knuth）的《计算机程序设计艺术》第 2 卷描述了 14 世纪英国的酒器单位，分为 13 个二进制量级：2 吉耳（gill）是 1 超品（chopin），2 超品是 1 品脱（pint），2 品脱是 1 夸脱（quart），依此类推，直到 2 桶（barrel）是 1 豪格海（hogshead），2 豪格海是 1 派普（pipe），2 派普是 1 坦恩（tun）。这些单位中差不多还有一半仍然在英制液体度量体系中使用。当然，其中一些迷人的词汇，比如费尔金（firkin）和基德尔钦（kilderkin，等于 2 费尔金或半桶），但今天已经难得一见了。

第 3 章

深入了解处理器

"然而，如果把对机器发出的命令归结为一个数值代码，如果机器能以某种方式把数字和命令区分开来，则可以用存储器同时存储数字和命令。"

——亚瑟·W.伯克斯、赫尔曼·H.戈德斯坦和

约翰·冯·诺依曼，

《电子计算机逻辑设计初探》，1946 年

在第 1 章中，我曾经提到处理器或 CPU 是计算机的"大脑"，尽管我也提醒到这样说并不真正具有意义。现在是详细了解处理器的时候了，因为它是一台计算机中最重要的组件，而且理解其特性对理解本书后面的内容也至关重要。

处理器如何工作？它处理什么，怎么处理？简而言之，处理器有一个小型指令系统，包含它能够执行的基本操作。它可以做算术——对数字进行加、减、乘、除，就像计算器一样。它可以从内存中提取数据进行操作，并且可以将结果存回内存中，与很

多计算器中的存储操作一样。处理器还控制着计算机的其他部分，它使用总线上的信号来控制和协调任何与它连接的输入和输出，包括鼠标、键盘、显示器和其他任何组件。

最重要的是，它可以做出决定，尽管是简单的决定：它可以比较数值（这个数比那个数大吗？）或者比较其他数据（这条信息与那条信息一样吗？），还能根据结果决定接下来做什么。这点是最重要的，因为这意味着处理器能做的虽然和计算器差不多，但它无需人的干预就可以完成工作。正如伯克斯、戈德斯坦和冯·诺依曼所说，"要让这种机器完全自动化，即让它在计算开始后不再依赖人工操作"。

由于处理器能根据其所处理的数据决定下一步做什么，因此它就能独立运行整个系统。虽然其指令系统并不庞大和复杂，但处理器每秒可以执行数十亿次运算，所以它能完成极为复杂的计算。

3.1 玩具计算机

让我通过描述一台并不存在的机器来解释处理器如何工作。这是一台编造的或者说"假想的"计算机，它与真实计算机的原理相同，只不过要简单得多。因为这台计算机只存在于纸上，所以我就可以随意设计它，让它能有助于解释真正的计算机是如何工作的。我还可以写一个真正的计算机程序，用它模拟我在纸上的设计，由此我可以针对假想的机器编写程序，看看这些程序是怎么运行的。

我把这个编造的机器称为"玩具"计算机，因为它不是真的，但又具有真实计算机的很多特性。实际上，它跟 20 世纪 60 年代末的微型计算机水平差不多，某种程度上与伯克斯、戈德斯坦和冯·诺依曼的论文中给出的设计相近。这个玩具计算机有用来存储指令和数据的内存，还有一块额外的存储区——**累加器**，其容量足以存储一个数值。累加器类似于计算器的显示屏，保存用户最近输入的数值，或者最近一次计算的结果。玩具计算机还有一个包含 10 个指令的指令表，类似于前文所述的基本操作。图 3.1 给出了前面 6 个指令：

```
GET      从键盘获取数值并放到累加器中，覆盖之前累加器中的值
PRINT    打印累加器中的内容（累加器的内容不变）
STORE M  把累加器中内容的副本保存到内存位置 M（累加器的内容不变）
LOAD M   把内存位置 M 的内容加载到累加器（内存位置 M 的内容不变）
ADD M    把内存位置 M 的内容与累加器中的内容相加（内存位置 M 的内容不变）
STOP     停止运行
```

图 3.1 玩具计算机的指令示例

每个内存位置都存有一个数字或一个指令，因此一个程序由存储在内存中的指令序列和数据项组成。运行时，处理器从第一个内存位置开始，重复一个简单的循环：

获取：从内存中取得下一条指令

译码：弄清楚该指令要做什么

执行：执行指令，返回"获取"

3.1.1 第一个玩具程序

为了给这个玩具计算机编写程序，就要写出一个完成相应任

务的指令序列，把它们放入内存中，然后通知处理器开始执行这些指令。作为示例，假设内存中有如下指令，它们会以二进制数值形式保存：

```
GET
PRINT
STOP
```

执行该指令序列时，第一条指令会要求用户输入一个数值，第二条指令会把该数值打印出来，而第三条指令通知处理器停止执行。这个过程似乎很无聊，但足以显示一个程序看起来是什么样子。如果有一个真的玩具计算机，这个程序就能运行。

幸运的是，真有这种玩具计算机。图 3.2 显示了其中一个运行时的例子，它是一个用 JavaScript 编写的模拟器，以便在任何浏览器中运行，我们将在第 7 章中看到。

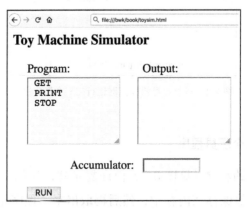

图 3.2　玩具计算机模拟器，正准备运行一个程序

当按下 RUN 按钮时，将执行 GET 指令，会弹出图 3.3 所示的对话框，用户键入数字 123。

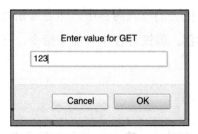

图 3.3 玩具计算机模拟器的输入对话框

用户键入一个数字并按下 OK 后，模拟器运行并显示结果，如图 3.4 所示。正如所预期的，程序要求用户输入一个数值，打印它，然后停止运行。

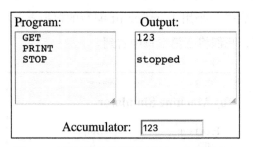

图 3.4 玩具计算机模拟器运行完一个短程序后

3.1.2 第二个玩具程序

接下来的程序（见图 3.5）稍许复杂些，添加了一个新的想法：将一个值保存在内存中，然后再取出来。程序先把一个数读到累加器中，然后把这个数保存到内存中，再把第二个数读到累加器中（覆盖前一个数），将其与第一个数相加（从保存该数的内存位置中取出），打印两个数的和，然后停止运行。

```
     GET                   取得第一个数并放到累加器中
     STORE FirstNum        把这个数保存到内存中的位置 FirstNum
     GET                   取得第二个数并放到累加器中
     ADD FirstNum          将第一个数与累加器中的值相加
     PRINT                 打印两个数的和
     STOP                  停止运行程序
FirsNnum:                  内存中的一个位置，用于保存第一个输入的数值
```

图 3.5　将两个数字相加并打印两个数的和的玩具计算机程序

　　CPU 从程序的起点开始，每次取得一条指令。执行完一条指令后，继续取得并执行下一条指令。每条指令后跟随着一条注释，也就是帮助程序员理解指令的说明性文字，注释本身对于程序不会产生影响。

　　唯一棘手的一点是，我们需要在内存中留出一个位置，好保存读到的第一个数值。但不能将其值留在累加器中，因为第二个 GET 指令会覆盖它。由于该数值是数据，而非指令，因此我们必须把它保存在内存中一个不会被当成指令解释的位置。如果我们将其放到程序末尾，所有指令后面，处理器将不会把它解释成指令了，因为 STOP 指令会让处理器达到那里之前停止运行。

　　我们还需要一种引用该位置的方法，这样程序指令才能在必要时找到它。或许可以把它放在内存的第七个位置（位于第六条指令之后），这样我们就可以写成“STORE 7”。事实上，程序最终将以这种形式存储。但这样的话，一旦修改了程序，位置可能也要随之变更。解决方案是给该数据项起个名字，如我们将在第 5 章看到的一样，让一个程序负责跟踪记录该数据项在内存中的实际位置命名，然后用实际的位置代替名字。FirstNum 这个名称意味着它是

"第一个数字"。名字可以任意起，但最好是起一个让人一看就明白该数据或指令含义的名字。我们在名称后使用冒号来表示它是一个标签。按照惯例，程序中的指令被缩进，而绑定到指令或内存位置上的名称则不缩进。玩具模拟器考虑到了所有这些细节。

3.1.3 分支指令

如何扩展图 3.5 程序，让它能计算三个数的和呢？当然可以很容易地再加一个 STORE、GET 和 ADD 指令序列（有两个位置可以插入这组指令），但这种方法不方便扩展到 1 000 个数相加。并且，在我们事先不知道有多少数的情况下也行不通。

解决方案是给处理器的指令集中增加一类新指令，从而能重用已有的指令序列。这就是 GOTO 指令，有时候也称为"分支"或"跳转"，它告诉处理器读取下一条指令时不要从序列中的下一个位置读，而要从 GOTO 指令自身指定的位置读取。

使用 GOTO 指令，我们可以让处理器返回到程序的前面部分并重复执行指令。一个简单的例子是，一个程序要打印每个输入的数值；这正是复制或者显示其输入的程序的核心，也能说明 GOTO 指令的作用。图 3.6 中的程序的第一条指令标记为 Top，一个能说明其角色的任何名字，而最后一条指令导致处理器返回到该第一条指令：

```
Top: GET        取得一个数并放到累加器中
     PRINT      打印该数值
     GOTO Top   返回 Top 以获取另一个数
```

图 3.6　将不停执行的数据拷贝程序

这让我们解决了一半问题——可以重用指令了，但还有一个
关键问题没有解决：没办法停止重复执行指令的序列（即循环），
的不断执行。要停止循环，我们还需要另外一类指令。该指令先
测试一个条件，然后决定接下来该做什么，而不是盲目往前运行。
这样的指令被称为条件分支，或条件跳转。所有计算机都提供的
一种做法是测试某个值是否等于零，如果为零则跳到某个特定的
指令。幸运的是，玩具计算机有一条称为 IFZERO 的指令，它会
在累加器的值等于零的时候转到一个指定的指令；否则继续顺序
执行下一条指令。

我们可以使用 IFZERO 指令来写这个程序（见图 3.7），该程
序会在输入值不等于零的情况下不断读取和打印输入的值。

除非用户觉得厌烦了并输入零，这个程序就会不断获取数据
并打印出来。如果用户输入了零，程序就会跳到标签为 Bot（代表
"bottom"）的 STOP 指令，然后退出。（如果写成 IFZERO STOP
并不能工作：IFZERO 后面必须跟一个位置，而不是一条指令。）

```
Top:   GET          取得一个数并放入累加器中
       IFZERO Bot   如果累加器中的值为零，跳到标签为 Bot 的指令
       PRINT        累加器中的值不为零，则打印出来
       GOTO Top     返回 Top，取得另一个数
Bot:   STOP
```

图 3.7　输入 0 时，数据拷贝程序将停止

注意，程序不会打印那个表示终止输入的零。怎么修改程序，
让它能在停止前打印这个零呢？这个问题不难——答案显而易
见——但它却很好地展示了一个现象：简单地交换两个指令的位

置，就能导致程序会做什么以及如何去做与预期不同的事。

组合使用 GOTO 和 IFZERO，可以让我们写出可以重复执行指令、直到指定条件为真的程序；而处理器也可以根据之前计算的结果改变计算过程。（你可能会思考，如果有了 IFZERO，GOTO 是否是绝对必要的——有没有方法使用 IFZERO 以及其他指令来模拟 GOTO？）虽然并不明显，但是这就是我们使用数字计算机来做任何计算所需要的所有东西——任何计算都可以分解为能使用基本指令完成的小步骤。

有了 IFZERO，玩具处理器原则上可以进行编程以执行任何计算。

之所以说"原则上"，是因为在实际中我们不能忽略处理器速度、存储容量、计算机中数字的有限大小等各种情况。我们将不时回到这个对于所有计算机等价的思想，因为它是一个很根本的概念。

作为 IFZERO 和 GOTO 的另外一个示例，图 3.8 展示了一个程序，它可以把大量的数加起来，直到输入零为止。使用一个特殊的值终止循环输入是一种常见的做法。因为当我们做求一些数字之和的计算时，加零没有意义，所以这里使用零作为结束标识很合适。

玩具模拟器对这个程序最后一行的"指令"是这样解释的："给一个内存位置命名，然后在程序运行前放入该位置一个值。"这不是一个真实的指令，而是一个"伪指令"，模拟器在处理程序文本的时候解释它，然后开始运行程序。

我们需要一个内存空间来储存累加的和。该内存位置的初始值应该是零，就像计算器中清除内存时一样。我们还需要为该内存位置命名，好让程序的其他部分可以引用它。可以任意取名，但是 Sum 是一个不错的选择，因为它表明了该内存位置的角色。

```
Top:    GET           获取一个数字
        IFZERO Bot    如果这个数是零，转到 Bot
        ADD Sum       把累加的和与这个数相加
        STORE Sum     把结果存储为一个新的累加和
        GOTO Top      返回 Top，再取得另一个数
Bot:    LOAD Sum      把累计和加载到累加器
        PRINT         然后打印该值
        STOP
Sum:    0             保存累加和的内存位置
                      （程序启动时的初始值为 0）
```

图 3.8 累加一系列数字的玩具计算机程序

怎么检验这个程序，确定它工作良好呢？表面上看它没有问题，并且在一些简单的测试案例中产生了正确的回答，但有些问题很容易被忽视，所以进行系统的测试很重要。注意这里说的是"系统的测试"，给程序输入几个随机值是不起作用的。

最简单的测试用例是什么呢？如果根本没有要相加的数，除了用来终止输入的零，则和应该为零，这就是第一个测试用例。然后要试试只输入一个数，则和就应该是那个数。接下来可以试试两个数，这两个数的和你是知道的，比如 1 加 2 等于 3。随着这些测试的进行，你基本上就可以确定程序没有问题了。假如你仔细的话，你可以一步一步地仔细过几遍指令，就可以在程序上机之前完成对代码的测试。优秀的程序员会对他们所写的每个程序做这种检查。

3.1.4 内存中的表示

到目前为止,我们一直没有讨论指令和数据在内存中是如何表示的。这到底是如何工作的呢?

这里有一种可能的做法。假设每条指令使用一个内存位置存储其数值代码,而在该指令引用内存或拥有一个数值的情况下,还使用紧随其后的位置。也就是说,GET 指令只要占据一个位置,而像 IFZERO 和 ADD 这样的指令因为引用了内存位置,所以要占用两个内存单元,其中第二个单元中保存的是它引用的位置。

同样假设任何数据的值也要占用一个位置。这是一种简化,但实际计算机中的情形也差不太多。最后,假设各个指令的数值代码(按它们在前几页中出现的先后顺序)分别为 GET=1、PRINT=2、STORE=3、LOAD=4、ADD=5、STOP=6、GOTO=7、IFZERO=8。

图 3.8 中的程序将一系列数字累加起来。在程序刚开始运行的时候,内存中的内容如图 3.9 所示。图中也给出了真实的内存位置,附在三个位置上的标签,以及对应于内存内容的指令和地址。

玩具模拟器是使用 JavaScript 编写的,我们将在第 7 章详细地介绍 JavaScript,尽管它可以用任何语言编写。扩展这个模拟器很容易。例如,即使你以前从未见过计算机程序,也可以直接添加乘法指令或其他的条件分支指令,这是一种测试你理解得如何的好方法。可以从本书的配套网站上得到代码。

位置	内存	标签	指令
1	1	Top:	GET
2	8		IFZERO Bot
3	10		
4	5		ADD Sum
5	14		
6	3		STORE Sum
7	14		
8	7		GOTO Top
9	1		
10	4	Bot:	LOAD Sum
11	14		
12	2		PRINT
13	6		STOP
14	0	Sum:	0[数据，初始化为 0]

图 3.9　累加数字程序的内存情形

3.2　真实的处理器

我们刚看到的是处理器的一个简化版本，但是与早期或者小型计算机相比运行情况相差不大。现代真实的处理器在细节上要复杂得多，主要体现在性能方面。

处理器反复执行取指令、译码、执行的周期。它从内存中取得下一条指令，该指令正常情况下保存在内存的下一个位置，但也可以是使用 GOTO 或 IFZERO 指定的位置。处理器对指令进行译码，也就是搞清楚这条指令要干什么，然后为执行该指令做好准备。然后它执行该指令，从内存中取得信息，完成算术或逻辑运算，并且保存结果，总之是执行与指令匹配的组合操作。然后处理器再回到循环中取指令的部分。真正的处理器也执行同样的"取指令—译码—执行"循环，只不过为了加快处理速度，还会配备精心设计的各种机制。但核心流程就是与前面我们所示累加数值的例子一样的循环。

真正的计算机拥有比我们的玩具计算机多得多的指令，但这些指令的基本类型相同。它们有更多的移动数据的指令，更多的完成算术运算以及操作不同大小和类型数值的指令，更多的比较和分支的指令，以及控制计算机其他组件的指令。典型的处理器有几十到数百个不同的指令；指令和数据通常占用多个内存位置，通常为 2～8 个字节。真正的处理器有多个累加器，通常是 16 或 32 个，所以它可以在速度极快的内存中保存多个中间结果。

真正的程序与我们的玩具示例相比庞大得多，有的甚至有数百万条指令。至于如何编写这样的程序，本书后面有关软件的章节会详细讨论。

计算机体系结构是研究处理器及其与其他计算机组件连接的一门学科；在大学里，它通常是计算机科学和电子工程的交叉领域。

计算机体系结构考量的一个问题是指令集，也就是处理器配备的指令表。是应该设计较多的指令去处理各式各样的计算，还是设计较少的指令以简化构建并提升运行速度？体系结构涉及复杂的权衡，要综合考虑功能、速度、复杂性、电源消耗及可编程能力。还是引用冯·诺依曼的话："一般来讲，算术单元内在的经济性取决于期望的机器运行速度……与期望计算机的简单性或低价位之间的权衡。"

处理器与内存以及计算机的其他组件是如何连接的呢？处理器非常快，通常执行一条指令只需要零点几纳秒。（回忆下，1 纳秒等于十亿分之一秒，或者 10^{-9} 秒。) 相对而言，内存的速度则慢得让人难以忍受——从内存中取数据或指令大概要 $10 \sim 20$ 纳秒。从绝对速度来看还是快的，但是相对于处理器而言则很慢。假如处理器不必等待数据到达，那它可能早就执行完数十条指令了。

现代计算机会在处理器和内存之间使用少量的高速缓冲存储器来保存最近使用过的指令和数据，这种高速缓冲存储器叫作缓存。如果可以从缓存中找到信息，那么就会比等待从内存中返回数据快得多。下一节我会详细介绍缓存及缓存机制。

设计师在设计体系结构的时候也有一套方法，能够让处理器跑得更快。比如，可以将处理器设计为能重叠地获取和执行指令，这样同一时刻可以有几个指令处于执行过程的不同阶段；这种设计叫作流水线，与汽车装配线很相似。结果呢，虽然某个特定的指令仍旧要花同样的时间完成，但其他指令都有机会得到处理，整体的完成率就会高许多。另一种选择是并行执行多条互不干扰和依赖的指令，就相当于多条平行的汽车装配线。有时甚至可以不按顺序执行，只要指令之间不会相互影响。

另外一种选择是同时让多台处理器同时执行。这在现今的笔记本电脑和手机中已经很普遍。我现在正在使用着的一台 2015 年的计算机中的英特尔处理器就在单块集成电路芯片上集成有两个内核，而在一块芯片上集成越来越多的处理器内核，并且一台计算机上拥有多个芯片已经成为明显的趋势。随着集成电路特征尺寸变得越来越小，可以在一个芯片上封装更多的晶体管，而这些晶体管往往被用于更多的内核和更多的缓存存储器。单个处理器的速度并没有提高，但由于内核的增加，有效计算速度仍在不断提高。

处理器应用的领域决定了设计者要权衡哪些要素。很长时间以来，处理器主要的应用目标是桌面计算机，这种情况下，电能和物理空间都相对充足。这意味着设计者只要专注于让处理器尽可能地快就好了，因为知道电能是很充分的，而且有办法采用风扇散热。笔记本电脑要求的权衡要素有了明显不同，因为空间紧张，并且在不插电源的情况下，笔记本要靠沉重又昂贵的电池供电。其他条件一样的情况下，笔记本处理器必然要相对慢一些，耗电少一些。

手机、平板以及其他高轻便设备进一步提高了设计要求，因为尺寸、重量和电源各方面都有了更多限制。在这些应用领域，单靠小范围调整设计是行不通的。虽然英特尔以及它的主要竞争者 AMD 是台式机和笔记本处理器的主要供应商，但大部分的手机都使用称为 "ARM" 的处理器设计，这是专为低功耗设计的。ARM 处理器的设计是由英国的 Arm Holding 公司授权的。

比较不同处理器的速度很难，并且不是特别有意义。即便是最基本的算术运算，其处理方式也可以完全不同，很难直接比较。比如，同样是计算两个数的和并保存结果，其中一个处理器需要用三条指令，如同我们的玩具计算机。另一个处理器则可能需要两条指令，而第三个处理器可能只需要一条指令来进行同样的计算。有的处理器也许可以并行处理多条指令，或者重叠执行多条指令，从而让这些指令在不同阶段上执行。为了降低耗电量，处理器可以牺牲执行速度，甚至根据是不是电池供电动态调整速度。有些处理器有一些快的内核和一些慢的内核，分别被分配不同的任务。对于某个处理器比另一个处理器"快"的说法，你应该谨慎对待；很多情况下都要具体问题具体分析。

3.3 缓存

"因此，我们被迫认识到可能要构建一个层次性的存储，每一个都比前一个有更大的容量，但访问速度更慢。"

——亚瑟·W. 伯克斯、赫尔曼·H. 戈德斯坦和

约翰·冯·诺依曼，《电子计算机逻辑设计初探》，1946 年

这里有必要简单介绍一下缓存，这是一个超越计算领域的广泛适用的思想。在处理器中，缓存是一种容量小但速度快的存储器，用于存储最近使用的信息，以避免访问容量大但是慢很多的主存。通常，处理器会在短时间内连续多次访问某些数据和指令。例如，图 3.9 程序中循环的 5 条指令，对每个输入值都要执行一遍。如果这些指令存储在缓存中，就不用在每次循环时都从主存中读取它们，这会让程序的速度快许多，因为处理器无需等待内存以产生指令。类似地，把 Sum 存储在数据缓存中也能提高访问速度，尽管这个程序的真正瓶颈在于获取数据。

典型的处理器有两到三个缓存，容量依次增大，但速度递减，一般称为一级缓存（L1）、二级缓（L2）和三级缓存（L3）；最大的缓存能存储以兆字节计的数据（我的笔记本电脑每个内核有 256 KB 的 L2 缓存，以及 4 MB 的单个 L3 缓存）。缓存之所以很有用，是因为最近使用过的信息很可能很快被用到——而把它们存储在缓存里就意味着减少对内存的等待时间。缓存通常会一次性加载

一组信息块，比如当只请求一个字节时，也会加载内存中一段连续的地址。这是因为相邻的信息也可能很快被用到，这样需要它们的时候就已经在缓存里了；换句话说，对邻近信息的引用也不需要等待。

除了发现性能提升之外，用户是感受不到这种缓存的。但缓存却是很通用的思想，只要你现在用到的东西不久还会用到，或者可能会用到与之邻近的东西，那缓存思维就会很有帮助。处理器中的多个累加器本质上也是一种缓存，只不过是高速缓存而已。内存也可以视为磁盘的缓存，而内存和磁盘又都可以视为网络数据的缓存。计算机网络经常会利用缓存加速访问来自远程服务器的信息流，而服务器本身也有缓存。

在使用浏览器上网的时候，你可能见过"清空缓存"的字眼。对于网页上的图片和其他相对较大的资源，浏览器会在本地保存一份副本，因为再次访问同一网页时，使用本地副本比重新下载速度快。缓存不能无限地增长，因此浏览器会悄悄地删除旧条目，以腾出空间给新的条目，并且也给你提供了删除所有缓存内容的方式。

你有时也可以自己检验缓存的效果。例如，打开 Word 或 Firefox 等大程序，看看从启动到加载完成并可以使用要花多长时间。然后退出程序，立即重新启动它。通常情况下，第二次启动的速度会明显加快，因为程序的指令还在内存里，而内存正充当磁盘的缓存。当你使用其他程序一段时间后，内存会被这些程序的指令和数据填满。原先的程序将不会再被缓存。

Word 或 Excel 等程序中最近使用的文件列表也是缓存的一种

形式。Word 会记住你最近使用过的文件，并将其名称显示在菜单上，这样你就不必通过搜索来找到它们。当你打开更多的文件时，那些有一段时间没有被访问的文件的名称将被最近访问的文件名所取代。

3.4　其他类型的计算机

人们很容易认为所有的计算机都是笔记本电脑，因为那是我们最常见到的。实际上，还有很多其他类型的计算机。这些计算机无论大小都具有逻辑上能进行计算的核心属性，并且都具有类似的体系结构，只不过在设计的时候会不同程度地权衡成本、供电、大小、速度等因素。

手机和平板电脑也是计算机，它们运行操作系统并支持更加丰富的计算环境。更小的系统嵌入到日常生活里能见到的几乎所有数字设备里，包括数码相机、电子书阅读器、健身追踪器、摄像机、家电、游戏机，等等。所谓的"物联网"——联网恒温器、安全摄像头、智能灯、语音识别器等——也依赖于这种处理器。

超级计算机往往有很多数目的处理器和大量的内存，这些处理器本身可能带有一些特殊指令，在处理某种数据时比通用的处理器速度更快。今天的超级计算机通常是高速计算机集群，但仍然使用普通的处理器，并没有什么特殊的硬件。网站 top500.org 每六个月就重新公布一次全世界最快的 500 台计算机。最快速度的纪录不断被打破，几年前还能跻身排行榜前几名的计算机，今天可能已经在榜单上找不到了。2020 年 11 月由日本富士通建造的最快的计算机有 760 万个内核，每秒可以执行 537×10^{15} 次数学运算。超级计算机的速度是由每秒可以进行的浮点运算的次数，或者称为 flops，来衡量的，也就是它们每秒可以对带有小数部分的数字进行的算术运算次数。因此，top500.org 列表的第一名是 537 petaflops，第 500 名是 2.4 petaflops。

图形处理单元（Graphics Processing Unit，GPU）是一种特殊的处理器，它执行某些图形计算的速度要比通用 CPU 快得多。GPU 最初是为游戏所需的高速图形计算而开发的，也用于手机中的语音和信号处理。GPU 还可以帮助普通处理器加速处理某些类型的工作负载。

GPU 可以并行处理大量的简单计算，因此，如果计算任务的某些部分涉及可以并行完成的操作，并且可以交给 GPU，那么整个计算可以更快地进行。GPU 对于一些机器学习（第 12 章）特别有用，在这些机器学习任务中，针对一个大数据集的不同部分的相同计算是独立完成的。

分布式计算是指很多更加独立的计算机——它们不共享内存，比如，它们在地理上更加分散，甚至位于世界的不同地方。这样一来，通信更加成为瓶颈，但却能够实现人们以及计算机之间的远距离协作。大规模的 Web 服务——搜索引擎、在线商店，社交网络，以及云计算——都是分布式计算系统。在这种系统中，数以千计的计算机协作，可以为海量用户迅速地提供结果。

所有这些类型的计算机都有着相同的基本原理。它们都基于通用处理器，可以通过编程完成无穷无尽类型的任务。每个处理器都有一个有限的简单指令表，能够完成算术运算、比较数据、基于前置计算结果选择下一条指令。通用的体系结构从 20 世纪 40 年代至今并没有太大的变化，但物理结构则持续以惊人的速度发展着。

或许令人想不到的是，暂且不论一些实用上的考虑，比如对速度和内存的要求，所有这些计算机都具有相同的逻辑功能，可以完成同样的计算。20 世纪 30 年代，这个结果就已经被几个人分别独立地证明过，其中包括英国数学家艾伦·图灵。对于非专业人员，图灵的手段最容易理解。他描述了一个非常简单的计算机，比我们的玩具计算机还简单，展示了它可以计算任何一般意义上可计算的东西。他描述的这种计算机，我们今天叫作图灵机。然后，他展示了如何创建一种可以模拟任何其他图灵机的图灵机；这种图灵机现在被称为通用图灵机。写一个模拟通用图灵机的程序很容易，写一个程序让通用图灵机模拟真实的计算机也是可能的（尽管不容易）。因此，从能够做什么计算任务的角度上讲，所有计算机都是等价的，尽管运行速度上明显不同。

第二次世界大战期间，图灵从理论转向实践：他是开发用于破译德军军事通信的计算机的核心人物。我们将在第 13 章再次提到这些。图灵的战时工作已经在几部电影中出现，有相当多的艺术授权，包括 1996 年的《破译密码》和 2014 年的《模仿游戏》。

1950 年，图灵发表了一篇名为"计算机器与智能"（Computing Machinery and Intelligence）的论文，其中提出一个测试（即今天所谓的图灵测试），人们可以通过该测试来评估计算机是否能表现出人类的智能。设想一台计算机和一个人分别通过键盘和显示器，与另一个提问者交流。通过问答，提问者能确定哪个是人，哪个是计算机吗？图灵的想法是，如果不能可靠地将二者区分开，那么计算机就表现出了智能的行为。正如我们将在第 12 章中看到的那样，计算机现在在某些领域的表现已经达到或超过了人类的水平，尽管在总体智能方面肯定没有达到。

缩写词 CAPTCHA（验证码）中包含图灵的名字，这个缩写词代表"Completely Automated Public Turing test to tell Computers and Humans Apart"（用以区分计算机和人的完全自动化的公共图灵测试）。CAPTCHA 就是如图 3.10 所示的一些扭曲变形的字母，广泛用于验证网站的用户是人而非程序。CAPTCHA 是一个反向图灵测试的示例，因为它利用了人比计算机更擅长识别文字这一事实，来达到区分人和计算机的目的。当然，验证码对于任何有视力障碍的人来说都是不适用的。

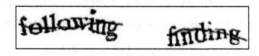

图 3.10　验证码

图灵是计算机领域最重要的人物之一，他对人类理解计算做出了重大贡献。计算机科学领域的诺贝尔奖——图灵奖，就以图灵的名字命名以对其致敬。后面几章将陆续介绍一些其发明者获得过图灵奖的重要计算机发明。

3.5　小结

计算机是一种通用的机器。它从内存中读取指令，而把不同的指令放到内存中就可以改变它执行的计算。要通过使用场景区分指令和数据，一个人的指令可以是另一个人的数据。

现代计算机的芯片上几乎都有多个内核，也可能有多个处理器芯片，并且在集成电路上有大量的缓存，以使内存访问更有效。缓存本身是计算的一个基本概念，从处理器到互联网的组织方式，所有层次都用到了这个概念。在大多数情况下，它总是利用时间或空间的局部性来获得更快的访问速度。定义一台计算机的指令集架构方式很多。这涉及速度、耗电和指令本身的执行难度等因素之间的复杂权衡，这些细节对硬件设计师来说至关重要，但对大多数编程人员来说就不那么重要了，而对那些仅仅在某些设备上使用它们的人来说就根本不重要了。

图灵证明，所有这种结构的计算机，包括你可能看到的任何计算机，都有完全相同的计算能力，从某种意义上说，它们可以计算完全相同的东西。当然，它们的性能可能相差很大，但除了速度和内存容量问题外，它们的能力都是一样的。

理论上，最小最简单的计算机可以计算出比它更大的"兄弟"能够计算出的任何东西。事实上，任何计算机都可以通过编程来模拟其他计算机，图灵就是这样证明他的结果的。

"没有必要设计各种新机器来完成各种计算过程。它们都可以用一台数字计算机完成，并为每种情况进行适当的编程。"

——艾伦·图灵，《计算机器与智能》，*Mind*，1950 年

硬件部分小结

关于硬件的讨论结束了，但后面偶尔还是会提到一些装置或设备。以下是你应该通过这一部分掌握的基本概念。

数字计算机，无论是台式机、笔记本电脑、手机、平板电脑、电子书阅读器，还是任何其他设备，都包含一个或多个处理器和各种类型的内存。处理器可以快速执行简单的指令，根据之前计算的结果和外界的输入来决定下一步要做什么。内存包含数据和决定如何处理数据的指令。

计算机的逻辑结构自20世纪40年代末之后并没有太大改变，但物理结构已经发生了巨大变化。摩尔定律已经应验了50多年，成为迄今为止几乎完全应验的预言。摩尔定律预言了在既定的空间和成本之下，单个组件的大小和价格呈指数级下降，而它们的计算能力呈指数级增长。几十年来，关于摩尔定律将如何终结的警告一直是科技预测的主要内容。很明显，当前的集成电路技术遇到了麻烦，因为设备的尺寸已经到了只有几个原子的大小，但人们已经多次证明了自己的创造力，也许会有新发明能让我们继续行进在既定轨道上。

数字设备以二进制方式运作，在底层，信息采用具有两个状态的设备表示，因为它们最容易构建，运行起来也最可靠。任何种类的信息都表示为比特的集合。各种类型的数字（整数、分数、科学记数法）都可以表示为 1、2、4 或 8 字节，这些是计算机硬件中可以自然处理的信息大小。这意味着在一般情况下，数字的大小和精度都是有限的。有了合适的软件，就可以支持任意大小和任意精度，不过使用这种软件的程序会运行得更慢。像自然语言中的字符这样的信息也表示为一些字节。ASCII 适用于英语，每个字符使用一个字节。而 Unicode 的适用性较广，它具有几种编码，可以处理所有字符集，但需要使用更多的空间。UTF-8 编码是一种可变长度的 Unicode 编码，用于在系统之间交换信息，它对于 ASCII 字符使用一个字节，对其他字符则使用两个或更多字节。

类似于度量这样的模拟信息被转换成数字形式，然后再转换回来。音乐、图片、电影和类似类型的信息通过特定形式的一系列采样转换成数字形式，然后再转换回来供人们使用。在这种情况下会有一些信息的丢失，我们可以利用丢失信息进行压缩。

阅读有关硬件的文章，了解它是如何做算术的时候，你可能会想：如果处理器不过是一个高速可编程计算器，那么这个硬件如何理解语音、推荐你可能喜欢的电影或在照片中标记朋友？这是个好问题。初步的答案是，即使非常复杂的过程也可以分解成微小的计算步骤。我们将在接下来关于软件的章节中更多地讨论这一点。

还有最后一个重要的主题，即它们都是**数字计算机**：所有一切最终都要化简为比特，单独或成组地以数字形式表示信息。这些比特的含义取决于它们的上下文。我们可以化简为比特的任何事物，都可以通过数字计算机来表示和处理。但是请记住，还是有太多太多的事物我们不知道怎么用比特来表示，更不必说怎么用计算机来处理了。这些大多数是日常生活中最重要的一些事物：创造力、真理、美、爱、荣誉和价值。我想在一定的时期内，这些事物仍将超出计算机的能力之外。你应该怀疑那些声称知道如何"用电脑"处理此类问题的人。

第二部分

软　件

好消息是，计算机是一种通用机器，能够执行任何计算。虽然它只有很少的指令，但执行这些指令的速度却极快，而且它能够在很大程度上控制自己的运行。

坏消息是，计算机自己不会做任何事情，除非有人极其详细地告诉它该做什么。计算机是魔法师的好学徒，能够不知疲倦地遵循指令而不出错，但需要极其精确给出关于具体如何做的说明。

软件是指令序列的总称，这些指令序列能让计算机做一些有用的事情。与"硬"的硬件相比，它是"软"的，因为它是无形的，不能用手触摸到。硬件是有形的，如果你的笔记本电脑掉下来砸到脚上，你会立刻有反应。但对软件来说则不是那么回事了。

在接下来的几章中，我们将讨论软件：如何告诉计算机做什么。第4章是对软件的抽象讨论，专注在算法上——算法是针对所聚焦的任务的理想化程序。第5章讨论编程和编程语言，我们用它来表达一系列计算步骤。第6章介绍我们每天都会使用的主

第二部分 软 件

要类型的软件系统。本部分的最后一章是第 7 章，介绍当今两门流行的编程语言 JavaScript 和 Python。

我们需要记住的是，现代技术系统越来越多地使用通用硬件——处理器、内存以及连接周边环境的设备——并通过软件创建特定的行为。传统观点认为，软件比硬件更便宜、更灵活、更容易更改，特别是在某些设备出厂后。例如，如果用一台计算机来控制汽车的动力和刹车，那么防抱死和电子稳定控制这样的不同功能显然都是软件的特色。

火车、轮船和飞机也越来越依赖软件。不幸的是，使用软件来改变物理行为并不那么简单。2018 年 10 月和 2019 年 3 月，波音 737 MAX 客机发生两起致命坠机事故，造成 346 人死亡。此后，飞机软件成为新闻热点。

波音公司从 1967 年开始生产 737 系列飞机，多年来这款飞机一直在稳步发展。737 MAX 于 2017 年投入使用，它配备了更大、更高效的发动机，是一项重大改进。

新发动机使飞机具有明显不同的飞行特性。波音公司没有进行空气动力学方面的修改以保持其性能接近早期型号，而是开发了一种自动飞行控制软件系统，称为机动特性增强系统（MCAS）。MCAS 的目的是让 MAX 像其他 737 一样飞行，因此不需要重新认证，飞行员也不需要重新培训——这两个过程都很昂贵，而软件会让新飞机就和老飞机一样。

为了简化复杂的情况，更重和重新定位的发动机改变了 MAX 的飞行特性。在某些情况下，当 MCAS 认为飞机的机头过高时，它会将其理解为潜在的失速，并将机头向下推。它的决定是基于

第二部分　软　件

一个可能存在潜在问题的输入传感器，尽管飞机有两个传感器。当飞行员试图将机头向上拉时，MCAS 会进行阻拦。结果是一系列的上下振荡最终导致了致命的飞机事故。更糟糕的是，波音公司没有透露 MCAS 的存在，所以飞行员没有意识到潜在的问题，也没有接受适当的培训来处理它。

在第二次致命的坠机事故发生后不久，世界各地的航空当局停飞了 MAX。波音的声誉受到严重损害，估计其损失超过 200 亿美元。2020 年 11 月底，在飞行员培训和飞机本身做出改变后，美国联邦航空管理局批准 MAX 再次飞行，但不清楚它何时将恢复正常服务。

计算机是关键系统的中心，而软件控制着它们。自动驾驶汽车，或者仅仅是现代汽车提供的辅助设备，都是由软件控制的。举个简单的例子，我的斯巴鲁森林人（Subaru Forester）牌汽车有两个摄像头，可以看到前挡风玻璃。如果我在没有打信号的情况下换道，或者当一辆车或一个人看起来离我太近时，它会利用计算机视觉向我发出警告。它经常出错，频繁地发出干扰性误报，但它也救了我几次。

医学成像系统使用计算机来控制信号并形成图像供医生解释，而胶片已经被数字图像所取代。空中交通管制系统、导航设备、电网和电话网络等基础设施也是如此。基于计算机的投票机曾经出现严重缺陷。2020 年初，在艾奥瓦州民主党初选的选票统计过程中，电脑系统出现了失误，花了几天时间才修复。网络投票是新冠肺炎疫情期间流行的一种做法，但其风险比选举官员承认的要高得多——创建一个既能让人们安全地投票又能保护投票方式隐私的系统是非常困难的。

军事武器和后勤系统完全依赖于计算机，世界金融系统也是如此。网络战和间谍活动是真正的威胁。2010年的震网蠕虫病毒摧毁了伊朗的铀浓缩离心机。2015年12月，乌克兰发生了一起大规模停电事件，媒体报道起因是源自俄罗斯的恶意软件，随后俄罗斯政府否认参与其中。两年后，使用名为Petya的勒索软件进行的第二轮攻击干扰了乌克兰的各种服务设备。2017年，被称为"想哭"（WannaCry）的勒索软件攻击在全世界造成了数十亿美元的损失，美国政府公开指责朝鲜应该对此负责。2020年7月，俄罗斯一个网络间谍组织被几个国家指控试图窃取潜在的新冠疫苗信息。

如果软件不可靠、不健壮，我们就有麻烦了，而且随着我们越来越依赖软件，情况只会变得更糟。正如我们将看到的，很难写出完全可靠的软件。逻辑或实现中的任何错误或疏忽都可能导致程序行为不正确，即使在正常使用中不会发生这种情况，也可能会给攻击者留下漏洞。

第4章

算　法

　　解释软件是什么的一个通俗的比方是菜谱。菜谱会列出做某道菜所需的原材料、烹饪步骤以及预期结果。类似地，程序也要描述待操作的数据，讲清楚要对数据做什么，以及产出什么结果。不过，菜谱比任何程序都含糊不明，容易产生歧义。所以这个比喻并不是非常恰当。例如，巧克力蛋糕的食谱上写着："在烤箱中烘烤 30 分钟或直到它凝固，将你的手掌轻轻放在蛋糕表面上进行测试。"测试人员从中可以读到什么？——摆动，阻力，或者其他什么东西？"轻轻"有多轻？烘焙时间应该至少 30 分钟还是不超过 30 分钟？

用纳税申报表来类比更准确一些：这些表格极其详尽地说明了你应该做什么（用第 29 行减去第 30 行，如果结果是 0 或小于 0，则输入 0。第 31 行乘上 25%……）。虽然这个类比也不完美，但与菜谱相比，纳税申报表在说明计算过程方面更胜一筹：要求进行数学计算，数据从一个位置被复制到另一个位置，测试了条件，以及后续的计算取决于之前计算的结果。

对于纳税来说，这个过程应该是完整的——无论什么情况下都应该得出一个结果，即应纳税额。此外，它应该是毫无疑义的——只要开始的数据相同，任何人都应该得到相同的最终结果，并且计算应该在有限的时间内完成。从我的个人经验来看，这几条都是理想化的，因为术语并不总是很明确，计算说明也比税务机关承认的含糊很多，而且经常不清楚要使用什么数据值。

算法就是保证特定计算过程正确执行的一系列步骤，它是计算机科学中的菜谱或纳税申报表，只不过编制得更仔细、更准确、更清楚。算法的每一步都表达为一种基本操作，其含义都是完全确定的，如"两个数相加"。任何事物的含义都没有歧义，输入数据的性质也是既定的。算法会涵盖所有可能的情况，绝不会遇到一种它不知道接下来该做什么的情况。计算机科学家有时候也不免书生气，因此通常会给算法多加一个限定条件：任何算法最终必须停止。根据这个标准，经典的洗发水使用说明"起泡、冲洗、重复"就不能说是算法了。

设计、分析和实现高效的算法是学院派计算机科学的核心工作，而在现实世界中也有很多非常重要的算法。我并不打算精确地解释或者说明算法，但是我确实想要详细且精确地描述一系列操作步骤，不管执行这些步骤的实体有没有智能或想象力，都能对这些步骤是什么意思以及如何执行做到毫无疑义。我们还将讨论算法效率，即计算时间与要处理的数据量之间存在什么关系。我们将针对一些熟悉且易于理解的基本算法进行讨论。

虽然你不必把本章中的所有细节或者偶尔出现的公式都搞明白，但其中的思想还是非常重要的。

4.1 线性算法

假设我们想找出谁是房间里个子最高的人。我们可以四下看看，然后猜一猜会是谁。然而，算法则必须精确地列出每一个步骤，从而让不会说话的计算机能遵照执行。最基本的做法就是依次询问每个人的身高，并记住到目前为止谁最高。于是，我们可能会依次询问每个人："约翰，你多高？玛丽，你呢？"。如果我们第一个问的是约翰，那么当时他是最高的。如果玛丽更高，则现在她是最高的人，否则，约翰仍然是最高的。无论如何，我们都会接着问第三个人。问完每个人之后，我们就会知道究竟谁最高以及到底有多高。类似的方法还可以找出最有钱的人，或者名字在字母表中最靠前的人，或者生日最靠近年底的人。

这里会有一些复杂的情况。我们如何处理重复的数据，比如有两三个人的身高一样怎么办？我们可以决定只记录第一个人，只记录最后一个人，或者随机记录其中某一个人，再或者记录他们所有人。请注意，找出同样身高的所有人是比较困难的。因为这意味着我们必须记住所有这些一样高的人的名字，不问完最后一个人，我们是无法知道这些信息的。这个例子涉及*数据结构*——如何表示计算过程中所需的信息，这对很多算法而言都是非常重要的，但在这里我们不会过多讨论。

如果我们想要计算所有人的平均身高，该怎么做呢？我们可以询问每个人的身高，每得到一个数据就累加起来（或许可以使用玩具程序来累计一系列数字），最后用累计和除以人数。假设一张纸上写着 N 个人的身高，我们以更像"算法"的方式来表达这个例子：

```
设置累计和 sum 为 0
对列表中的每一个身高值 height
    把 height 加到 sum 上
设置平均身高 average 为 sum/N
```

但是，如果我们让计算机来做这件事，就必须多加小心。例如，要考虑到假如纸上没有身高值怎么办？这对人来说不是问题，因为我们知道这意味着什么也不用做。但对计算机来说，我们必须告诉它如何测试这种可能性，出现这种情况该怎么办。假如不事先测试，那它就会尝试用零去除 sum，而这个操作是未定义的。算法和计算机必须处理所有可能的情况。如果你看到过"0 美元00 美分"的支票，或者收到过欠款额为 0 元的账单，你就看到过没有正确测试所有可能情况的例子了。

如果我们事先不知道有多少个数据项怎么办（这种情况很常见）？这时，我们可以让计算机在累计和的同时统计有多少项。

```
设置累计和 sum 为 0
设置项数 N 为 0
对于每个高度重复以下两步：
    把下一个 height 加到 sum 上
```

```
    给 N 加 1
如果 N 大于 0
    设置平均身高 average 为 sum/N
否则
    报告没有给出身高值
```

这展示了一种处理可能除以零的问题的方法，即明确地测试这种尴尬的情况。

算法的一个关键属性是其运行效率有多高——对于给定的数据量，它们的处理速度是快还是慢，它们很可能要花多长时间处理？对于上面给出的例子，计算机要执行的步数，或者需要花的时间，与其必须要处理的数据量成正比：如果房间里的人多出一倍，就要多花一倍时间才能找到最高的人或者计算出平均身高；如果人数是现在的十倍，就要花十倍的时间。如果计算时间与数据量成正比或线性比例，那该算法就称为**线性时间算法**或就是**线性算法**。如果我们以数据量为横坐标，以运行时间为纵坐标画一条线，得到的将是一条向右上方延伸的直线。我们平时遇到的大多数算法都是线性的，因为它们对某些数据所执行的基本操作是相同的，数据越多，工作量也会同比例增加。

许多线性算法的基本形式都一样。可能需要进行一些初始化，如把累计和的初值设置为 0，或者把最大的身高值设置为一个较小的值。然后依次检查每一项，对它完成一次简单的计算，如计数，与上一个值比较，进行简单的变换，并可能将其打印出来。最后，可能需要完成一些步骤来结束工作，如计算平均值、打印累计和或最大的身高值。如果对每一项执行操作所花的时间基本相同，那么总时间与数据项数就成正比。

4.2 二分查找

那我们还可以比线性时间做得更好一些吗？假设我们面前有一大堆打印出来的人名和电话号码，或者一沓名片。如果名字并没有特定的顺序，而我们想找到迈克·史密斯（Mike Smith）的号码，那就必须查找所有的名片，直至找到他的名字为止，或者没找到，因为根本就没有。然而，如果名字是以字母顺序排列的，那我们就可以做得更好。

想想我们是怎么从老式的纸质电话簿中查人名的。首先，我们会从接近中间的地方开始查。如果要找的名字比中间页上的名字在字母表中靠前，那后半本就不用看了，直接翻到前半本的中间（整本电话簿的四分之一处）；否则，前半本就不用看了，直接翻到后半本的中间（整本电话簿的四分之三处）。由于名字按字母顺序排列，每一步我们都知道接下来到哪一半里去找。最终，我们一定会找到那个名字，或者可以断定电话簿里根本就没有。

这个查找算法被称为**二分查找**，因为每次检查或比较都会把数据项分为两组，而其中的后一半就不用再考虑了。这其实也是常见的**分而治之**策略的一个应用。它的速度有多快呢？每一步都会舍弃一半数据项，因此所需要的步数就等于最初的项数不断除以 2，直到得到最后一个单一项所需要除的次数。

假设最初有 1 024 个名字，选择这个数是因为容易进行算术运算。一次比较，我们就可以舍弃 512 个名字。再比较一次则减少至 256 个，然后是 128 个，64 个，32 个，接着是 16 个，8 个，4 个，2 个，最后剩下 1 个。总共比较了 10 次。显然，2^{10} 等于

1 024 并非巧合。比较次数作为 2 的指数就能得到最初的数，而从 1 到 2 到 4 直到 1 024，每次都是乘以 2。

如果你还记得学校里讲过的对数（没有多少人会记得——谁还记得？），那你应该知道一个数的对数就是想要得到该数底数（这里是 2）需要自乘的次数。因此 1 024（以 2 为底）的对数等于 10，因为 2^{10} 等于 1 024。对于我们而言，这里的对数就是要把一个数变成 1，需要反复除以 2 的次数；或者，等价地，让 2 反复自乘，得到那个数所需的次数。在这本书里，log 总是以 2 为底。我们不需要考虑精度或者小数，近似的数字和整数值就足够了，这是一个真正的简化。

二分查找的关键是数据量的增长只会带来工作量的微小增长。如果有 1 000 个名字按字母顺序排列，那为了找到其中一个必须检查 10 个名字。如果有 2 000 个名字，也只要检查 11 个名字，因为看完第一个名字立即就能舍弃 2 000 个中的 1 000 个，而这又回到了从 1 000 个中查找的情形（检查 10 次）。如果有 100 万个名字，也就是 1 000 乘以 1 000，那么前 10 次测试就能减少到 1 000，另外 10 次测试即可减少到 1，总共 20 次测试。100 万是 10^6，约等于 2^{20}，因此 100 万（以 2 为底）的对数约等于 20。

由此，你就可以知道，在包含 10 亿个名字的名录（差不多是全地球的电话簿）中查找 1 个名字，也只需要 30 次比较，因为 10 亿约等于 2^{30}。这就是为什么我们说数据量的增长只会带来工作量的微小增长——数据量增长到 1 000 倍，只需要多比较 10 次。

作为一种快速验证，假设我要从一本旧的哈佛纸质电话通讯录中找到我的朋友 Harry Lewis，这本 224 页的通讯录中有大约 20 000 个人名（当然，纸质电话簿早就消失了，所以我今天不能重复这个实验了）。我首先翻到 112 页，看到了 Lawrence。Lewis 在它后面，它位于第二部分，所以我又翻到 168 页，即 112 页和 224 页中间，找到了 Rivera。Lewis 在它前面，于是我翻到 140 页（112 页和 168 页中间），看到了 Morita。再向前翻到 126 页（112 页和 140 页中间）找到 Mark。随后是 119 页（Little），然后是 115 页（Leitner），接着是 117 页（Li），最后翻到 116 页。这一页大约有 90 个名字，在同一页上又经过 7 次比较，我从几十位的 Lewis 中找到了 Harry。这个实验总共比较了 14 次，跟我们的预期差不多，因为 20 000 介于 2^{14}（16 384）和 2^{15}（32 768）之间。

这种二分法经常出现在现实世界中，比如许多体育运动中使用的淘汰赛。比赛开始时一般有很多选手，比如温布尔登网球公开赛男子单打比赛一开始有 128 位选手，每轮比赛都会淘汰一半，最后一轮剩下两个人，决出一名冠军。这并非巧合，128 是 2 的幂（2^7），所以温布尔登网球公开赛要打七轮。甚至可以想象举办一次全球规模的淘汰赛，即便有 70 亿个参赛者，也只要 33 轮就可以决出冠军。如果你还记得第 2 章讨论过的 2 和 10 的幂，通过心算也很容易验证这一点。

4.3　排序

不过，首先我们得把这些名字按照字母顺序排列起来，怎么做到呢？如果没有这个先行步骤，我们就不能使用二分查找。这就引出了另一种基本算法问题——排序，把数据按顺序排好，后续查找才能更快。

假设我们要把一些名字按照字母顺序排好，以便后面更有效地使用二分搜索。那么可以使用一个叫选择排序的算法，因为它会不断从未经排序的名字中选择下一个名字。这个算法基于的技术，就是前面讨论的找出房间里最高的那个人所用的方法。

让我们通过把下面这 16 个熟悉的名字按字母顺序排列进行展示：

Intel Facebook Zillow Yahoo Pinterest Twitter Verizon Bing
Apple Google Microsoft Sony PayPal Skype IBM Ebay

让我们从头开始。首先是 Intel，它是到目前为止按字母排序后的第一个名字。将其与下一个名字 Facebook 进行比较。Facebook 在字母表中更靠前，所以它暂时又成为新的第一个名字。Zillow 不在 Facebook 前面，而且直到 Bing 才取代 Facebook，但 Bing 随后又被 Apple 取代。我们接着比对其余名字，没有一个位于 Apple 之前。因此 Apple 是这个序列中真正的第一个。我们把 Apple 移到前面，剩下的名字保持原样。当前的列表看起来如下所示：

Apple

Intel Facebook Zillow Yahoo Pinterest Twitter Verizon Bing
Google Microsoft Sony PayPal Skype IBM Ebay

现在，我们重复上述过程以找到第二个名字，从 Intel 开始，Intel 是未排序名字中的第一个名字。同样，Facebook 取而代之，然后是 Bing 成为第一个元素。完成第二遍之后的结果如下：

Apple Bing

Intel Facebook Zillow Yahoo Pinterest Twitter Verizon
Google Microsoft Sony PayPal Skype IBM Ebay

在 14 个步骤之后，该算法生成了一个完全排好序的列表。

选择排序的工作量有多大？它每次都会重复遍历剩余的数据项，并且每次都会找到字母顺序中的下一个名字。对于 16 个名字，查找第一个名字时要检查 16 个名字。此后，查找第二个名字需要 15 步，查找第三个名字需要 14 步，依此类推，加起来总共要检查 16+15+14+…+3+2+1 个名字，总计 136。当然，一个聪明的排序算法可以发现名字已经是排好序的，但研究算法的计算机科学家是悲观主义者，他们假设最坏的情况，该情况下没有捷径，并且所有的工作都必须完成。

检查名字的遍数与最初的数据项数成正比（我们例子中的数据项有 16 个，或者用一般化的 N 表示）。而每一遍要处理的项数都比前一遍少一项，所以选择排序算法一般情况的工作量是：

$$N+(N-1)+(N-2)+(N-3)+\cdots+2+1$$

这个序列加起来等于 $N \times (N+1)/2$（把两头的项成对地加起来则显而易见），也就是 $N^2/2+N/2$。忽略除数 2，可见选择排序的工作量与 N^2+N 成正比。随着 N 不断增大，N^2 最终会比 N 大得多（例如，如果 N 是 1 000，则 N^2 就是 1 000 000）。因此，结果就是工作量近似地与 N^2 即 N 的平方成正比，而这个增长率叫作二次增长。二次增长比线性增长要差，事实上差得很远。如果要排序的数据项增加到原来的 2 倍，时间会增加到原来的 4 倍；数据项增加到 10 倍，时间会增加到 100 倍；数据项增加到 1 000

倍，时间会增加到 1 000 000 倍！这可不太好。

　　幸运的是，有办法让排序更快一些。让我们来看一种聪明的方法——**快速排序**（Quicksort）算法，这个算法是英国计算机科学家托尼·霍尔在 1962 年前后发明的（霍尔获得了 1980 年的图灵奖，获奖理由是包括快速排序在内的多项贡献）。快速排序是一种优雅的算法，也是分而治之的一个绝佳示例。

　　同样，下面还是那些未经排序的名字：

Intel Facebook Zillow Yahoo Pinterest Twitter Verizon Bing
Apple Google Microsoft Sony PayPal Skype IBM Ebay

　　要使用简化版的快速排序算法给这些名字排序，首先要遍历一次所有名字，把介于 A ～ M 之间的名字放到一组里，把介于 N ～ Z 之间的名字放到另一组里。这样就把所有名字分成了两个组，每个组里包含一半名字。这里假设名字的分布不会很不均匀，所以每个阶段大约有一半的名字落在每一堆。在我们的例子中，这两个组分别包含 8 个名字：

Intel Facebook Bing Apple Google Microsoft IBM Ebay
Zillow Yahoo Pinterest Twitter Verizon Sony PayPal Skype

　　现在，遍历 A ～ M 组，把 A ～ F 分成一组，G ～ M 分成另一组；遍历 N ～ Z 组，把 N ～ S 分成一组，T ～ Z 分成一组。到现在为止，我们遍历了所有名字两次，分成了四个组，每个组包含大约四分之一的名字：

Facebook Bing Apple Ebay
Intel Google Microsoft IBM
Pinterest Sony PayPal Skype
Zillow Yahoo Twitter Verizon

　　接下来再遍历每个组，把 A ～ F 分为 ABC 和 DEF，把 G ～ M

分成 GHIJ 和 KLM；同样，对 N～S 和 T～Z 也如法炮制。这样，我们就有了 8 个组，每组差不多有 2 个名字：

Bing　Apple
Facebook　Ebay
Intel　Google　IBM
Microsoft
Pinterest　PayPal
Sony　Skype
Twitter　Verizon
Zillow　Yahoo

当然，到最后我们不仅仅要看名字的第一个字母，比如要把 IBM 排到 Intel 前面，把 Skype 排到 Sony 前面，就得继续比较第二个字母。但就这样多排一两遍，即可以得到 16 个组，每组 1 个名字，而且所有名字都按字母顺序排好了。

整个过程的工作量有多大呢？每一遍排序我们都要检查 16 个名字。假设每次分割都很完美，则每一遍分成的组分别会包含 8 个名字，然后 4，然后 2，然后 1 个名字。而遍数就是 16 反复除以 2 直到等于 1 为止除过的次数。结果就是以 2 为底 16 的对数，也就是 4。因此，排序 16 个名字的工作量就是 $16 \log_2 16$。在遍历 4 遍数据的情况下，快速排序总共需要 64 次操作，而选择排序则需要 136 次。这是对 16 个名字而言，当数量更多时，快速排序的优势会更大，如图 4.1 所示。

该算法可以对任何数据进行排序，但只有在每次都能把数据项分割成大小相等的组时，它才是最有效的。对于真实的数据，快速排序必须猜测数据的中位值，以便每次都能分割出近似相同大小的组。实际情况中，只要对少量数据项进行采样，就可以估计出这个值。一般来说，快速排序在对 N 个数据项排序时，要执

行 $N \log N$ 次操作，即工作量与 $N \log N$ 成正比。这与线性增长比要差一些，但还不算太坏，在 N 特别大的情况下，它比二次增长或 N^2 增长则好太多了。

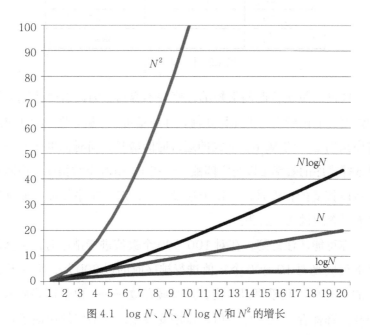

图 4.1　$\log N$、N、$N \log N$ 和 N^2 的增长

　　图 4.1 中的图显示了 $\log N$、N、$N \log N$ 和 N^2 如何随着数据量的增长而增长；它画出了 20 个值，但只有 10 个二次值，否则会画不下。

　　为此我做了个实验，随机生成了 1 000 万个 9 位数，用于模拟美国的社会保障号，记录了不同规模的分组排序下所花的时间，测试了选择排序（N^2 即二次增长）和快速排序（$N \log N$）。结果显示在图 4.2 中。下表中的短划线表示没有做该项测试。

数字数目 (N)	选择排序时间（秒）	快速排序时间（秒）
1 000	0.047	—
10 000	4.15	0.025
100 000	771	0.23
1 000 000	—	3.07
10 000 000	—	39.9

图 4.2　排序时间比较

精确测量运行时间很短的程序并不容易，因此这些测试数据的误差可能比较大。但无论如何，你还是可以（粗略地）看到快速排序预期之中的 $N \log N$ 式的运行时间增长，同时你也能看到尽管选择排序的效率难以与之匹敌，但在 10 000 个数据项以内时还是可以接受的；而且，在每个数量级上，选择排序都被快速排序毫无悬念地抛在了后头。

你可能还注意到，在对 100 000 个数值进行排序时，选择排序的时间是对 10 000 个数值进行排序时的近 200 倍，而不是预期的 100 倍。几乎可以肯定，这是缓存效应——由于这些数据并没有全部保存在缓存中，所以排序变慢了。这很好地说明了计算工作量的抽象与程序在实际中具体计算之间的差异。

4.4　难题和复杂性

刚才，我们对算法的"复杂性"或运行时间进行了简单的剖析。一个极端是 $\log N$，如在二分查找中所见，表示随着数据量的增加，工作量的增长非常缓慢。最常见的情况是线性增长，或者

说简单的 N，此时工作量与数据量是成正比的。然后是快速排序的 $N \log N$，比 N 差（增长更快），但在 N 值非常大的情况下仍然特别实用，因为对数因子增长得很慢。还有就是 N^2，或者二次增长，增长速度太快了，让人无法忍受，几乎不怎么实用。

还有其他很多种复杂性，有的容易理解，例如三次增长，或称为 N^3，比二次增长还差，但道理相同；有的则很难懂，只有少数专业人士才会研究。还有一个值得了解一下，因为它在实际应用中很常见，而且从复杂性上说特别糟糕，并且它很重要。这就是所谓的指数级增长，数学表达式为 2^N（与 N^2 可不一样）。指数级算法的工作量增长极快：增加一个数据项，工作量就会翻一番。从某种意义上讲，指数级算法与 $\log N$ 算法是两个极端，后者数据项翻一番，工作量才增加一步。

指数级算法应用于这样的场景中，那就是我们必须一个一个地尝试所有可能性。幸运的是，指数级算法总算是有点用武之地了。有些算法，特别是密码学中的算法，都是让特定计算任务具有指数级难度的。对于这样的算法，只要选择了足够大的 N，大到除非有人知道某个秘密捷径，否则是不可能通过计算直接解决问题的——这将花费太长的时间——这提供了免受攻击的保护。我们在第 13 章还会再介绍密码学。

现在你应该有了直观的理解，知道有些问题容易解决，而有些问题则要难得多。实际上，关于解决问题的难易程度，也可以表达得更加精确一些。所谓"容易"的问题，都具有"多项式"级复杂性。换句话说，解决这些问题的时间可以用 N^2 这样的多项式来表示，但如果指数大于 2，它们可能会很有挑战性。（如果你忘了什么是多项式——这里可以将其认为是一个表达式，其中变量只有整数次幂，比如 N^2 或 N^3。）计算机科学家称这类问题为"P"（即 Polynomial，多项式），因为它们可在多项式时间内求解。

现实中大量的问题或者说很多实际的问题似乎都需要指数级算法来解决，也就是说，我们还不知道对这类问题有没有多项式算法。这类问题被称为"NP"问题。NP 问题的特点是，我们可以快速验证某个提出的解决方案是否正确，但要想迅速找到一个解决方案却很难。NP 代表"非确定性多项式"（nondeterministic polynomial），这个术语大概的意思是：这些问题可以在多项式时间内通过一种算法来解决，当它必须做出选择时，这种算法总是猜测正确。在现实生活中，没有什么能幸运到始终都能做出正确的选择，所以这只是理论上的一种设想而已。

很多 NP 问题都是技术性很强的，但有一个问题很容易解释，其实际应用也比较广。这就是旅行推销员问题（Traveling Salesman Problem，TSP）。一个推销员必须从他居住的城市出发，以任意次序访问其他指定的一些城市，然后再回家。目标是每个城市只到一次（不能重复），而且走过的总距离最短。这个问题跟有效安排校车或者垃圾车路线的想法一样。很早以前我在研究这个问题的时候，该问题经常被应用于设计电路板上孔洞的位置，或者部署船只到墨西哥湾的特定地点采集水样。

图 4.3 显示了一个随机生成的 10 个城市的 TSP，其解决方案是通过直观上具有说服力的"最近的邻居"启发式方法找到的：从某个城市开始，在到访这个城市后，下一步都要前往最近的未被访问的城市。本次旅行的长度是 12.92。请注意，不同的出发城

市可能会导致不同的旅程，图 4.3 中的旅程是其中最短的。

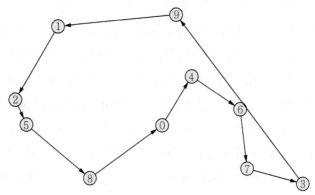

图 4.3　10 个城市的 TSP 的最近邻解决方案（长度为 12.92）

旅行推销员问题在 19 世纪首次被描述，并一直是多年来深入研究的主题。尽管我们现在已经擅长解决更大的问题，但解决方案技术的核心仍然是在所有可能路径中寻找最短路径。为了进行比较，图 4.4 是通过对所有 180 000 次旅行的穷举搜索找到的最短的路径；它的长度为 11.86，比最近的最佳旅游线路短了约 8%。

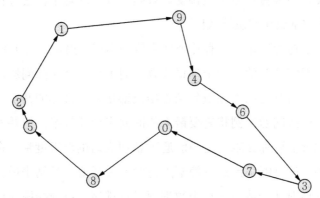

图 4.4　10 个城市的 TSP 的最佳解决方案（长度为 11.86）

同样，有许多的其他各种类型的问题，除去穷举所有可能的解决方案，我们没有什么好办法有效地解决它们。这对于研究算法的人来说，实在令人沮丧。我们不知道到底是这些问题本质上就很难解决呢，还是因为我们不够聪明，所以至今都没有找到更好的解决办法。当然，现在人们更愿意相信它们"本质上就很难解决"。

1971 年，斯蒂芬·库克证明了一个重要的数学结论，显示了所有这些问题其实都是等价的，只要我们找到一个多项式时间算法（复杂性类似 N^2）解决其中一个问题，那我们据此就能找到所有问题的多项式时间算法。库克因为这项工作获得了 1982 年的图灵奖。

2000 年，克雷数学研究所（Clay Mathematics Institute）公布了 7 个悬而未决的问题，解决其中一个就可以获得 100 万美元奖金。而问题之一是确定 P 是否等价于 NP？换句话说，这些难题跟那些简单的问题到底是不是一类？7 个问题中的另一个，可以追溯到 20 世纪初的"庞加莱猜想"。俄罗斯数学家格里高利·佩雷尔曼（Grigori Perelman）解决了这个问题，该奖项于 2010 年颁发，但佩雷尔曼拒绝接受。只剩下六个问题了，最好在别人抢在你之前赶快解决掉哦！

对于这种复杂性，有几个地方值得牢记。虽然 P=NP 问题很重要，但它更多的是一个理论问题，而不是一个实际问题。计算机科学家所陈述的大多数复杂性结果都是针对最坏的情况。也就是说，一些问题实例将需要最大的时间来计算答案，但并不是所有实例都需要那么难。这些也是 N 值很大时的渐近度量。在现实生活中，N 可能小到足以使渐近行为无关紧要。举例来说，如果你只需要对几十或者几百个数据项进行排序，那选择排序可能就足够快了，尽管其复杂性是二次方的，而且与快速排序的 $N \log N$ 渐近相比是要差很多。如果你只需造访 10 个城市，要尝试所有可能的路线也是可行的，但如果是 100 个城市，就有点不可行了，而 1 000 个城市则根本就是不可能的。最后，在大多数情况下，一个近似的解决方案可能就足够好了，完全没有必要追求一个绝对的最佳方案。

另一方面，一些如加密系统的重要应用，则完全是建立在认为某个特定的问题确实极难解决的基础之上的。因此，若能发现出一种攻击方法，无论其在短时间内是多么不切实际，也都是意义非凡的。

4.5　小结

计算机科学这个领域花了多年时间来细化"我们能计算多快"的概念。使用如 N、$\log N$、N^2 或 $N \log N$ 的数据量来表示运行时间，是对这些思考结果的升华。它不去考虑这台计算机是不是比那一台更快，或者你是不是一个比我更优秀的程序员之类的问题，而是抓住了程序或算法背后的复杂性。正因为如此，才非常合适比较或推断出某些计算是否可行。（一个问题固有的复杂性和解决这个问题的算法的复杂性并不相同。比如，排序是一个 $N \log N$ 问题，但快速排序是一个 $N \log N$ 算法，而选择排序则是一个 N^2 算法。）

算法和复杂性的研究是计算机科学的一个重要组成部分，无论是理论还是实践。我们感兴趣的是什么可以计算，什么不能计算，以及如何在不占用不必要内存的情况下快速计算，或者在速度和内存之间进行权衡。我们在寻找全新的、更好的计算方法，快速排序是一个很好的例子，尽管它是很久以前的例子了。

有许多算法比我们这里介绍的简单搜索和排序更专业更复杂。例如，压缩算法旨在让文本，音乐（MP3，AAC）、图像和图片（PNG，JPEG）以及电影（MPEG）占用更少的存储空间。错误检测和校正算法也很重要。数据在存储和传输过程中可能会损坏，例如，通过嘈杂的无线信道，或者被划过的 CD，为数据添加受控冗余的算法可以检测甚至纠正某些类型的错误。我们将在第 8 章继续讨论这些算法，因为介绍通信网络的时候将涉及它们。

密码学，一种发送秘密信息使其只能被目标接收者读取的艺术，在很大程度上依赖于算法。我们将在第 13 章讨论密码学，因为它与通过计算机交换私密信息密切相关。

对于必应和谷歌等搜索引擎而言，算法同样至关重要。从原理上讲，搜索引擎所做的大量工作都很简单：收集 Web 页面，组织信息，使其易于搜索，然后高效搜索信息。问题在于数据的规模。如果每天有数十亿次查询，要搜索数十亿个网页，那么即使 $N \log N$ 的复杂性也是不够好的。为了跟上日益发展的 Web，以及满足我们通过它进行搜索的需求，人们在改进算法和编程方面投入了大量聪明才智，以确保搜索引擎能够足够快。我们将在第 11 章更详细地讨论搜索引擎。

算法也是语音理解、人脸及图像识别、语言机器翻译等服务的核心。这些都依赖于能够挖掘出相关特征的大量数据，因此，算法必须是线性的或更优的，通常必须是并行的，以便不同的部分能在多个处理器上同时运行。关于这一点，在第 12 章有更多的介绍。

第5章

编程与编程语言

"我充分意识到，我生命中剩下的大部分时间将花在寻找我自己程序中的错误上。"

——莫里斯·威尔克斯，《计算机先驱回忆录》，1985 年

到目前为止，我们已经讨论了算法，它是一种抽象或理想化的过程描述，忽略了细节和具体实例。算法是一个精确而没有歧义的"菜谱"。它是用一组确定的基本操作来表达的，这些操作的含义是完全已知并且明确的。算法列出了使用这些操作的一系列步骤，涵盖了所有可能的情况，并确保算法最终会停止。

相比之下，程序绝不是抽象的，它是对真正的计算机为了完成一项任务必须执行的每一步的具体表述。算法和程序之间的区别就像图纸和建筑物之间的区别：一个是理想化的，另一个是具体存在的。

换一个角度看，程序又是以计算机能够直接处理的某种形式表达出的一个或多个算法。程序必须考虑实际的问题，比如内存不足、处理器速度不快、无效或恶意的输入数据、错误的硬件、网络

连接中断，以及（在幕后，却经常会导致其他问题恶化的）人性的弱点。因此，如果说算法是理想化的菜谱，那程序就是让烹饪机器人冒着敌人的炮火，为军队准备一个月的食物的详细指令集。

当然，打比方就到此为止了，然后我们将讨论真正的编程，以使你能够理解编程是怎么回事，尽管这并不足以使你成为一名专业的程序员。编程是很困难的——有很多细节需要处理好，微小的失误也可能导致大错——但这不是不可能做到，它可以带来很多乐趣，同时也是一项有市场价值的技能。

世界上没有足够的程序员来完成如此大量的编程工作，以使得计算机能完成我们想要或需要的一切。因此，计算机领域一个持续的主题就是利用计算机来处理越来越多的编程细节。这导致了关于编程语言的讨论：这些语言让我们以一种对人类来说或多或少比较自然的形式来表达执行某些任务所需的计算步骤。

同样，管理一台计算机的资源也十分困难，尤其是在现代硬件越来越复杂的情况下。因此，我们也需要让计算机来掌控自己的操作，而由此就有了所谓的操作系统。编程和编程语言是本章的主题，而软件系统，特别是操作系统将会在下一章讨论。第7章将更详细地介绍两种重要的编程语言——JavaScript 和 Python。

当然，你可以跳过本章编程示例中的语法细节，但是它们在表达计算方面的异同点还是值得一读的。

5.1　汇编语言

对于第一台真正可编程的电子计算机来说，编程实在是一个费力的过程。程序员必须将指令和数据转换成二进制数，通过在卡片或纸带上打孔使得这些数字能被机器读懂，然后将它们装入计算机存储器。用这种方式编程将面临难以置信的困难，即使是写一个很小的程序。首先是很难一次就编程正确，其次是发现错误后很难增加或修改指令。

莫里斯·威尔克斯在本章开篇引言中的评论表明了这一挑战。威尔克斯是 EDSAC 的设计者和实施者，EDSAC 是最早的存储程序计算机之一，于 1949 年投入使用。莫里斯·威尔克斯于 1967年获得了图灵奖，并在 2000 年被封为爵士。

早在 20 世纪 50 年代，程序被创造出来以处理一些简单的文书工作，这样程序员就可以使用有意义的单词来表示指令（例如，ADD 而不是 5），并使用名称来表示特定的内存位置（Sum 而不是14）。这个强大的想法——用一个程序操纵另一个程序——一直是软件领域重大进步的核心。

这种执行具体操作的程序被称为汇编器（assembler），因为它最初也用来组装（assemble）程序中由其他程序员事先写好的部分。相应的语言叫作汇编语言，而这个层次上的编程叫作汇编语言编程。第 3 章中我们用来描述玩具计算机并对玩具计算机进行编程的就是一种汇编语言。汇编器使得修改程序变得容易许多，因为汇编器会跟踪每条指令和数据值在内存中的位置，程序员就不必手工来记录了。

针对特定处理器架构的汇编语言只能用于该架构，汇编语言通常与处理器的指令一一对应，它知道指令以二进制编码的特定方式，以及信息如何存储在内存中，等等。这意味着，用某种特定处理器（比如 Mac 或 PC 中的 Intel 处理器）的汇编语言编写的程序，与针对不同 CPU（比如手机中的 ARM 处理器）的完成相同任务的汇编程序差别很大。如果要将汇编语言程序从这些处理器中的一个转换到另一个，程序必须完全重写。

具体来说，在玩具计算机中，需要三条指令来将两个数字相加并将结果存储在内存中：

```
LOAD  X
ADD   Y
STORE Z
```

这个过程在当前各种处理器上都是类似的。但是，在带有另一种不同指令表的 CPU 上，这种计算可能通过两个访问内存位置的指令序列来完成，而不需要使用累加器：

```
COPY X, Z
ADD  Y, Z
```

为了让这个玩具程序能在另一台计算机上运行，程序员必须非常熟悉两种处理器，并小心翼翼地把它们从一个指令集转换到另一个指令集。这可不是件容易的事。

5.2 高级语言

20 世纪 50 年代末到 60 年代初，计算机在代替程序员做更多事方面又前进了一大步，而这无疑也是人类编程史上最重要的一步，那就是独立于特定处理器架构的**高级编程语言**问世了。高级语言使人们能够使用更接近人类表达的方式来表达计算。

用高级语言编写的代码经过一个翻译程序，可被翻译为特定目标处理器的汇编指令。这些汇编指令则会进一步被转换为比特，从而能够加载到内存中执行。这个翻译程序通常被称作*编译器*，同样是一个不能传达太多洞见信息的老术语。

上面计算 X、Y 两个数之和并把结果保存在 Z 中的例子，在一个典型的高级语言中可以写成这样：

Z = X + Y

这行代码的意思是：从存储器中的位置 X 和 Y 中取得值，将它们相加，然后把结果保存到存储器中的位置 Z。操作符"＝"表示"替换"或"存储"，而不是"等于"。

一个用于玩具计算机的编译器可能将其转换成三条指令的序列，另一个编译器则可能把它转换为两条指令。而相应的汇编器将负责把各自的汇编语言指令转换为真实指令的比特模式，同时为 X、Y、Z 这几个量在内存中留出位置。对于这两台计算机，产生的比特模式几乎肯定是不同的。

该过程如图 5.1 所示，对于相同的输入表达式，通过两个不同的编译器和它们各自的汇编器，产生了不同的指令序列。

在实际情况下，编译器内部可能划分成一个"前端"和多个"后端"。"前端"负责把高级语言的程序转换为某种中间形式，而"后端"则负责把中间表现形式转换成针对特定体系结构的汇编指令。这种组织方式要比使用多个完全独立的编译器更简单。

相比汇编语言，高级语言拥有很大优势。因为高级语言编程接近人类的思维方式，因此更易于学习和使用；人们不需要熟悉特定处理器的指令表，就可以使用高级语言高效地编程。因此，它们使更多的人能够为计算机编程，并且更快地进行编程。

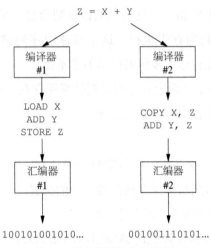

图5.1 两个编译器的编译过程

其次，高级语言程序独立于各种体系结构，通常同一个程序无需任何修改即可在不同的体系结构上运行，只要像图5.1所示使用不同编译器进行编译就行了。于是，程序可以只编写一次，便能在不同计算机上运行了。这也大幅降低了为多种计算机开发程序的成本，即使针对那些当前还不存在的计算机。

而编译环节也为发现各种拼写错误、语法错误（如少写括号或操作未定义的量）等疏漏提供了机会。通常程序员必须在生成可执行程序之前纠正这些错误。有些这样的错误在汇编语言程序中是很难检测到的，因为在汇编语言程序中，任何指令序列都必须被认为是合法的。（当然，语法正确的程序仍有可能充斥着各种编译器检测不出来的语义错误。）高级语言的重要意义无论怎么强调都不过分。

接下来我想用六种最重要的高级语言（Fortran、C、C++、

Java、JavaScript 以及 Python）来编写同样的程序，好让大家一窥它们之间的异同。每个程序完成的操作都与第 3 章中我们为那个玩具计算机写的程序一样。它将一系列输入值加起来，如果读到的输入值为 0，则打印累计和并停止运行。这些程序拥有相同的结构：命名程序要使用的量，把保存累计和的量初始化为 0，读取数值，并将其加到正在累计的和中，直到遇到了 0，则打印累计和。不要太过关注语法细节；这主要是为了给你一个编程语言的大致印象。我尽量让示例保持相似，尽管这可能不是单独编写它们的最佳方式。

第一类高级语言专注于特定的领域。最早的一门语言之一叫作 FORTRAN，这个名字来源于"公式翻译"，现在写成"Fortran"。Fortran 是由约翰·巴库斯（John Backus）领导的 IBM 团队开发的，在科学和工程计算方面非常成功。许多科学家和工程师（包括我）学习的第一门编程语言就是 Fortran。Fortran 在今天仍然很流行，自 1958 年以来，Fortran 经历了几次大的变革，但其核心仍是同一种语言。巴库斯 1977 年获得图灵奖，其中部分原因就是他关于 Fortran 方面所做的工作。

图 5.2 显示了一个累加一系列数字的 Fortran 程序。

```
    integer num, sum
    sum = 0
10  read(5,*) num
    if (num .eq. 0) goto 20
    sum = sum + num
    goto 10
20  write(6,*) sum
    stop
    end
```

图 5.2　计算数字相加的 Fortran 程序

这是用 FORTRAN 77 写的，如果用它较早的版本或者最新版本如 FORTRAN 2018 来写，看起来可能会有些不同。你可以想象如何将算术表达式和操作顺序翻译成玩具汇编语言。read和 write 操作显然对应于 GET 和 PRINT，第四行显然是一个IFZERO 测试。

20 世纪 50 年代末的第二个主要的高级语言是 COBOL(Common Business Oriented Language，面向商业的通用语言)，格蕾斯·霍普（Grace Hopper）对汇编语言高级替代品的研究对它产生了重大影响。霍普与霍华德·艾肯（Howard Aiken）当时使用的是哈佛 Mark I 和 II 这些早期的机械计算机，后来又使用过UNIVAC I。她是认识到高级语言和编译器具有巨大潜力的先驱之一。COBOL 是专门针对商业数据处理的语言，其语言特征非常适合表达管理库存、准备发票、计算工资等方面的数据结构和计算。COBOL 现在也有人在使用，虽然发生了很多变化，但仍然能看出其特点。有很多遗留的 COBOL 程序，但 COBOL 程序员不多。2020 年，新泽西州政府发现，他们处理失业申请的古老程序无法应对新冠肺炎造成的申请数量增加，但该州无法找到足够多有经验的程序员来升级 COBOL 程序。

BASIC（Beginner's All-purpose Symbolic Instruction Code，初学者通用符号指令代码）是约翰·凯梅尼（John Kemeny）和汤姆·库尔茨（Tom Kurtz）于 1964 年在达特茅斯开发出来的同时代的另外一门语言。BASIC 当初的设计目标是要成为教授编程的简易语言。它特别简单，只需要非常有限的计算资源，因此也成为第一批个人计算机上可用的第一门高级语言。

事实上，微软公司的创始人比尔·盖茨和保罗·艾伦的发迹，也是始于为 1975 年的 Altair 微型计算机编写 BASIC 编译器，这个编译器是微软公司的第一个产品。今天，Microsoft Visual Basic 作为 BASIC 的一个主要分支，仍然由微软公司积极地维护。

在计算机价格昂贵、速度又慢而且功能有限的时期，人们担心用高级语言写出来的程序效率太低，因为编译器生成的汇编代码远不如一个熟练的汇编程序员写得精简而高效。编译器作者付出了很大努力，使得生成的代码能够达到手写代码一样好，而这有助于高级语言的流行。今天，计算机速度提升了上百万倍，而且有了充足的内存，程序员很少需要担心单个指令层面的效率问题，尽管编译器和编译器作者仍然很关心。

FORTRAN、COBOL 和 BASIC 获得成功的部分原因，是它们都专注于某个特定的应用领域，而且有意不去试图处理所有可能的编程任务。20 世纪 70 年代，出现了专门为"系统编程"开发的语言。所谓系统编程，就是编写汇编器、编译器、文本编辑器乃至操作系统等程序员使用的工具。迄今为止，这些语言中最成功的是 C，由丹尼斯·里奇（Dennis Ritchie）于 1973 年在贝尔实验室开发，至今仍然是最流行和广泛应用的编程语言之一。从那时到现在，C 的变化不大，今天的一段 C 程序与 30 或者 40 年前的相比，几乎没有多大差别。为了比较，图 5.3 显示了使用 C 语言写的相同的"累加数字"程序。

20 世纪 80 年代 C++ 语言问世，C++ 语言由比雅尼·斯特劳斯特鲁普（Bjarne Stroustrup）同样在贝尔实验室开发，定位是应对大型程序开发过程中的复杂性。C++ 由 C 发展而来，大多数情况下，C 程序也是有效的 C++ 程序，比如图 5.3 中的程序，但反过来就不一定成立了。图 5.4 展示了用 C++ 写的累加数字的例子，这是许多写法中的一种。

```
#include <stdio.h>
int main() {
    int num, sum;
    sum = 0;
    while (scanf("%d", &num) != EOF && num != 0)
        sum = sum + num;
    printf("%d\n", sum);
    return 0;
}
```

图 5.3 计算数字累加和的 C 程序

```
#include <iostream>
using namespace std;
int main() {
    int num, sum;
    sum = 0;
    while (cin >> num && num != 0)
        sum = sum + num;
    cout << sum << endl;
    return 0;
}
```

图 5.4 计算数字相加的 C++ 程序

今天，我们在计算机中使用的主要软件都是用 C 或 C++ 编写的。我写这本书所用的 Mac，其中安装的大多数软件都是用 C、C++ 和 Objective-C（C 的一种方言）写的。我最开始的草稿是用 Word 写的，Word 也是使用 C 和 C++ 语言编写的程序；今天，我使用 C 和 C++ 程序编辑，格式化并且打印，备份则放在 UNIX 和 Linux（都是 C 程序）操作系统上，而我上网使用的是 Firefox、Chrome 和 Edge（都是用 C++ 写的）。

20 世纪 90 年代期间，随着互联网和万维网的发展，更多语言被开发出来。计算机处理器的速度不断加快，内存容量也不断增大，而编程是否高效和便捷变得比机器效率更重要；此时诞生的 Java 和 JavaScript 就是做了这些方面的权衡。

20 世纪 90 年代初，詹姆斯·高斯林（James Gosling）在 Sun Microsystems 公司开发了 Java。Java 最初的目标是开发小型嵌入式系统，例如家用电器和电子设备中的系统，因此对速度要求不高，但对灵活性的要求很高。Java 后来被重新定位为在网页中运行，虽然最终没有流行起来，但它被 Web 服务器广泛使用：当你访问 eBay 之类的网站，虽然你的计算机在运行 C++ 和 JavaScript 程序，但 eBay 可能正在用 Java 来生成网页，然后发送给你的浏览器。Java 也是编写 Android 程序的主要语言。Java 比 C++ 简单（但复杂度有越来越接近的趋势），但比 C 复杂。它也比 C 更安全，因为它消除了一些危险的特性，并具有处理容易出错的任务（如管理内存中的复杂数据结构）的内置机制。出于这个原因，Java 通常作为编程课上学习的第一门语言。

图 5.5 展示了用 Java 写的累加数字的程序。这段程序比其他语言写的稍微长一点，这对 Java 而言算正常情况。不过，通过组合几个计算，可以减少两三行代码。

这也引出了程序和编程方面一个非常重要的共识：针对某个特定的任务，通常会有多种写程序的方法。从这个意义上说，编程就像是文学创作。风格以及恰如其分地运用语言对写作至关重要，对写程序同样至关重要，而且还是区分真正伟大的程序员与普通程序员的标志。因为有这么多种方法可表达同样的计算，所以通常不难发现一个程序是从另一个程序复制过来的。我每次开始上编程课的时候都会强调这个观点，但有时候还是有学生认为修改变量名或者代码的位置就可以掩盖抄袭的事实。很抱歉，这是行不通的。

```java
import java.util.*;
class Addup {
  public static void main (String [] args) {
    Scanner keyboard = new Scanner(System.in);
    int num, sum;
    sum = 0;
    num = keyboard.nextInt();
    while (num != 0) {
      sum = sum + num;
      num = keyboard.nextInt();
    }
    System.out.println(sum);
  }
}
```

图 5.5　计算数字相加的 Java 程序

JavaScript 同样是 C 衍生语言大家族的一员，但它与 C 的差别非常大。它是布兰登·艾奇（Brendan Eich）于 1995 年在网景公司开发的。除了共享部分名称外，JavaScript 与 Java 没有任何关系。最初，设计 JavaScript 的意图是在浏览器中实现网页的动态效果，而今天，几乎每个网页里都会包含一些 JavaScript 代码。关于 JavaScript，我们在第 7 章还会详细讨论。但为了便于放一起比较，图 5.6 给出了使用 JavaScript 编写的累加数字的程序。

```javascript
var num, sum;
sum = 0;
num = prompt("Enter new value, or 0 to end");
while (num != '0') {
   sum = sum + parseInt(num);
   num = prompt("Enter new value, or 0 to end");
}
alert(sum);
```

图 5.6　计算数字相加的 JavaScript 程序

JavaScript 可以很方便地进行实验。这门语言本身也简单。你不需要下载编译器；每个浏览器都内置了一个。你的计算结果可以立刻展现。我们很快就会看到，给这个程序添上几行代码，然后把它放到网页中，世界上的所有人就都可以使用它了。

Python 由吉多·**范罗苏姆**（Guido van Rossum）于 1990 年在阿姆斯特丹的荷兰国家数学和计算机科学研究学会（Centrum Wiskunde & Informatica，CWI）开发并推出。它在语法上与 C、C++、Java 和 JavaScript 有些不同，最明显的一点是，它使用缩进来指示语句如何分组，而不是花括号。

Python 从一开始就注重可读性。它很容易学习，并且已经成为所有语言中使用最广泛的语言之一，拥有丰富的软件库集合，几乎可以用于任何可以想到的编程任务。如果我必须选择一种语言来学习或教授，我会选择 Python。我们将在第 7 章详细讨论 Python。图 5.7 是用 Python 编写的数字相加的程序。

```
sum = 0
num = input()
while num != '0':
  sum = sum + int(num)
  num = input()
print(sum)
```

图 5.7 计算数字相加的 Python 程序

以后的语言将何去何从？我猜想，我们将通过使用更多的计算机资源让编程变得更容易。而且我们还会继续发展那些对程序员来说更安全的语言。比如，C 语言就像一种非常锋利的工具，在使用时很容易在无意中犯一些编程错误，而等到被发现时已为时已晚，也许是在它们被恶意利用之后。用较新的语言更容易防止或至少能检测到某些错误，虽然有时其代价是运行速度变慢或占用更多内存。大多数时候，取舍的方向是正确的；然而仍然有很多应用程序——例如汽车、飞机、宇宙飞船和武器上的控制系统——紧凑、快速的代码很重要，所以像 C 这样高效的语言仍然会被使用。

虽然所有语言在形式上都是等价的，因为都可以用于模拟图灵机或者被图灵机所模拟，但这绝不是说它们都适用于所有的编程任务。写一个控制复杂网页的 JavaScript 程序，与写一个实现 JavaScript 编译器的 C++ 程序仍有天壤之别。同时可以被称为这两种编程任务专家的程序员并不多见，经验丰富的专业程序员也可能熟悉或略懂十几门语言，但他们不会对多种语言都同样精通。

多年来，成千上万的编程语言被发明出来，但目前被广泛使用的还不到一百种。为什么会这么多？如我前面提到的，每种语言都代表了对效率、表达能力、安全性和复杂性的一种权衡考虑。许多语言显然是为了弥补之前语言的不足才被发明的，它们不仅吸取了之前语言的教训，还能利用提升的算力，通常也会受到设计者个人偏好的强烈影响。新的应用领域也会催生专门面向该领域的新语言。

无论将发生什么，编程语言都是计算机科学的一个重要而迷人的部分。正如美国语言学家本杰明·沃尔夫（Benjamin Whorf）所说："语言塑造我们的思维方式，决定我们可以思考什么。"这个论断是否适用于自然语言还存在争议，但这对于我们发明的用来告诉计算机该做什么的人工语言确实非常适用。

5.3　软件开发

　　现实中的编程往往是大规模的。应对的策略与一个人想写一本书或承担任何大项目时一样：先搞清楚要做什么，然后从大概的规程着手，将其一级一级分解为较小的任务，再分别完成这些小任务，同时保证它们能够组合在一起。在编程中，每个小任务意味着一个人用某种编程语言可以写出来的精确计算步骤。确保不同的程序员编写的代码能够在一起运行很有挑战性，而做不到这一点则是错误的主要来源。例如，1999 年美国航空航天局发射的火星气象卫星的坠毁，就是因为飞行系统软件在计算推动力时使用的是公制单位，但输入的路线校正数据使用的则是英制单位，导致了错误的轨道计算，使得该飞行器太过接近火星表面。

　　前面演示不同语言的示例大多都没有超过 10 行代码。在入门的编程课程中编写的那种小程序可能有几十到几百行代码。我曾经写过的第一个"真正的"程序（所谓真正，指的是供很多人用过），是大约有 1 000 行的 FORTRAN 代码。那是一个简单的文字处理器，用于排版和打印我的论文，我毕业后这个程序就由一个学生组织接管，随后又被人使用了差不多五年之久。真是美好的旧时光！

　　如今，要完成一项有用的任务，一个更实际的程序可能有数千到数万行代码。在我的项目课程中，学生们分成小组，通常在 8 ～ 10 周内写出两三千行代码，包括设计他们的系统和学习一到两门新语言的时间，同时他们还要跟上其他课程以及课外活动。他们的作品通常是一些便于访问大学数据库的 Web 服务，或者是用于促进社交生活的手机应用程序。

编译器或 Web 浏览器可能有几十万到一百万行代码。然而，大型系统则可能有几百万甚至上千万行代码，由数百或数千人共同开发，其使用期以几十年为单位计算。公司通常都很谨慎地透露他们的项目规模，但可靠的信息偶尔会浮出水面。例如，根据谷歌在 2015 年的一次会议报告，谷歌总共有大约 20 亿行代码；而现在可能至少是这个数字的两倍了。

这种规模的软件需要由程序员、测试人员、文档编写人员组成团队协同工作，具有开发计划、最终期限，层层管理，还有无穷无尽的会议用于保证项目的进展。据我的一位同事说，他曾参与过一个重要系统的开发，针对该系统的每一行代码都要开一次会。那个系统有几百万行代码，所以他说得可能太夸张了，但有经验的程序员可能会说："这话说得不过分。"

5.3.1　库、接口和开发工具包

现如今，如果你要盖一间房子，你不必自己伐木取材、烧土做砖了。你可以去买各种预制件，比如门、窗、卫浴器具、火炉和热水器。盖房起屋仍然是一个艰巨的任务，但却是你完全能够做到的，你可以依靠他人的工作成果和基础设施，甚至是整个行业的各个方面，这些都可能为你提供帮助。

编程也是如此。所有重要的程序几乎没有从零开始写的，有许多别人已经写好的组件可以拿来直接用。举个例子，如果你在为 Windows 或 Mac 写程序，那么有很多库都能提供预制的菜单、按钮、图形计算、网络连接、数据库访问功能等。你的主要

工作是理解这些组件，然后再以自己的方式把它们"粘"在一起。
当然，这些组件反过来又依赖于其他更简单和更基本的组件，通
常分成几层。而在最下层，所有程序运行在操作系统之上，它是
负责管理硬件并确保一切井然序的程序。下一章我们会讨论操作
系统。

　　在最基本的层次上，编程语言提供了一种叫作函数的机制，
这样程序员就可以写出一段执行某个有用操作的代码，然后将它
打包成其他程序员可以在他们的程序中使用的形式，而不必知道
它是如何工作的。比如，前几页中的 C 程序包含以下几行代码：

```
while (scanf("%d", &num) != EOF && num != 0)
    sum = sum + num;
printf("%d\n", sum);
```

　　这里的代码"调用"（也就是使用）了两个 C 语言内置的函数：
scanf 用于从输入源读取数据，类似我们玩具程序中的 GET；而
printf 打印输出，类似 PRINT。函数有一个函数名，接收完成
任务所需的输入数据值；它完成计算后把结果返回给调用它的程
序。这里的语法及其他细节都是 C 语言特有的，可能会与其他语
言不一样，但其思想是统一的。函数使我们可以基于组件搭建程
序，而这些组件则是分别创建并且可以提供给任何程序员按需使
用的。

　　一组相关的函数集合通常称为库。例如，C 有一个标准函数
库，用于读写磁盘和其他地方的数据，scanf 和 printf 就是这
个库里的函数。

　　函数库提供的服务是采用应用程序编程接口（Application
Programming Interface，API）向程序员描述的，API 会列出所

有函数，说明其用途，如何在程序中使用它们，需要的输入数据，以及生成什么值。API 也会描述数据结构，也就是来回传递的数据的组织形式，和其他各种各样的片段，它们一起定义了程序员请求服务需要做什么，以及计算将返回什么结果。这种说明书必须详细而且精确，因为基于它编写的程序最终会由一台不会说话的计算机而不是一个随和友善的人去解读。

API 不仅包括简单的语法需求声明，还包括说明文档，以帮助程序员有效地使用函数库。今天的大型系统开发通常都会用到**软件开发工具包**（Software Development Kit，SDK），因此程序员可以浏览日益复杂的软件库。例如，苹果公司为编写 iPhone 和 iPad 代码提供了编程环境和支持工具；谷歌也为 Android 手机开发提供了类似的 SDK；微软则为使用不同的语言、针对不同的设备编写 Windows 代码提供了各种开发环境。SDK 本身就是大型软件系统。例如，Android 的开发环境 Android Studio 有 1.6 GB，而苹果开发者的 SDK Xcode 则更是大许多。

5.3.2　bug

可惜的是，没有多少程序第一次就能正常运行。生活太复杂了，而程序也反映了其复杂性。编程要求对细节极端关注，而能做到这一点的人却不多。正因为如此，任何大小的程序都会包含错误，也就是说，它们在某些情况下会做错一些事或者得出错误的答案。这些缺陷被称为**漏洞**（bug），这个词是因前面提到的格蕾斯·霍普而流行起来的。1947 年，霍普的同事在哈佛 Mark Ⅱ（他们当时使用的一种机械计算机）中发现了一只虫子（死了的蛾子），她就说他们是在给这台机器"除虫"（debug）。那只死虫子后来被保存下来，还做成了标本供后人参观。你可以在华盛顿的史密森尼美国历史博物馆里看到它，下图 5.8 就是它的照片。

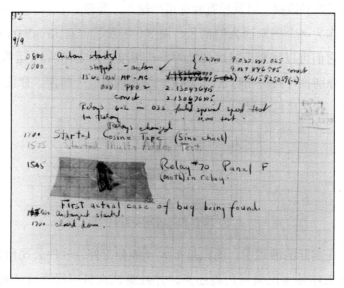

图 5.8　来自哈佛 Mark Ⅱ 的 bug

然而，用"bug"代指错误并不是霍普的发明，这个用法可以追溯到 1889 年。以下是摘自《牛津英语词典》(第 2 版) 的解释：

bug：机器、图纸等类似物品中的缺陷或错误。起源：美国。

1889 年《蓓尔美街报》，3 月 11 日，1/1 我听说啊，爱迪生先生连续两个晚上都在找他留声机里的"bug"——其实就是在排除故障，但听起来好像所有问题都是因为有个虫子偷偷钻进去引起的。

导致 bug 的原因多种多样，甚至可以写出一本书来专门论述

（确实有这类书）。其中比较常见的原因包括：忘记处理可能发生的情况，在测试某个条件时编写了错误的逻辑或算术测试，用错了公式，访问了分配给程序或者其中一部分范围外的内存，错误地操作了某种数据，以及没有验证用户输入，等等。

作为一个刻意而为的例子，图 5.9 展示了一对 JavaScript 函数，它们可以将摄氏温度转换为华氏温度，反之亦然。（运算符 * 和 / 分别执行乘法和除法。）其中一个函数有一个错误。你能看出来吗？我回头再讲解。

```
function ctof(c) {
    return 9/5 * c + 32;
}
function ftoc(f) {
    return 5/9 * f - 32;
}
```

图 5.9 在摄氏温度和华氏温度之间转换的函数

在实际的编程中，测试是很大一部分工作。软件公司所做的测试工作经常比编写代码还多，并且测试人员比程序员还要多，就是希望尽可能在把产品交给用户之前发现更多的 bug。这很不容易，但是至少可以达到不经常遇到 bug 的状态。

你怎么测试图 5.9 中的温度转换函数呢？你肯定会想用几个知道结果的简单测试用例试一试，比如 0℃ 和 100℃，结果应该是 32 ℉ 和 212 ℉。这两个测试都没有问题。

但相反方向，即从华氏温度转换为摄氏温度则情况不那么好了：函数会报告 32 ℉ 等于 -14.2℃，而 212 ℉ 等于 85.8℃。错得离谱了。问题在于，在乘 5/9 之前，必须把华氏温度值减 32 用括号括起来。ftoc 中正确的表达式应该是：

```
return 5/9 * (f - 32);
```

　　还好，测试这个函数并不难。不过由此你可以想见，要测试和调试一个上百万行的大程序，从中找出并不那么明显的问题，将会是多大的工作量。

　　顺便说一下，这两个函数是彼此的逆函数（如同 2^n 和 $\log n$），这使得一些测试变得容易。如果依次向每个函数传递任意值，结果应该是原始的数字，除了可能由于计算机不能以完美的精度表示非整数而引起的微小差异。

　　软件中的漏洞通常允许对手用自己的恶意代码覆盖内存，从而使系统容易受到攻击。关于可利用的漏洞有一个活跃的市场：白帽解决问题，黑帽利用问题，中间有一个灰色地带，像美国国家安全局这样的政府机构会利用库存漏洞，稍后再使用或修复。

　　漏洞的普遍存在解释了为何重要程序要频繁更新，比如浏览器，这是许多黑客关注的焦点。编写健全的程序是很难的，而且坏人总是在寻找机会；对于普通用户来说，更新我们的软件是很必要的，因为安全漏洞会在新版本中完成修补。

　　现实中软件面临的另一个复杂性在于外界环境一直在改变，因此程序必须不断适应新情况。新的硬件被开发出来，它所需要的软件可能得进行系统的改动。新的法律法规出台，程序的规范可能就必须调整，例如，税法每次有什么变化，相关软件如 TurboTax 都要相应地做出改进。计算机、工具、语言以及物理设备过了时，就需要有新的替代品。数据格式也会过时——例如，今天的 Word 版本打不开 20 世纪 90 年代初写就的 Word 文档。而随着人的退休、死亡或被公司解雇，相关专业知识也会消逝。

学生在校期间开发的系统随着他们的毕业，也面临相同的遭遇。

必须持续不断地稳步更新，这是软件开发和维护的一大问题，但是不得不这样做。否则，程序就会遭遇"比特腐烂"，一段时间之后，也许就不能用了，或者无法更新，因为重新编译无法通过，或者它所依赖的库已经变化太大。与此同时，修复已有的问题或者添加新功能有可能会造成新的程序 bug 或改变用户熟悉的行为。

5.4　知识产权

知识产权一词指的是由于个人创造性努力而产生的各种无形财产，如发明或著作权——书本、音乐、绘画、照片。软件就是一个重要的例子。它是无形的，但很有价值。创建和维护大量的代码需要持续的努力工作。与此同时，软件可以无限量复制，并以零成本在世界范围内分发，它很容易修改，最终它是无形的。

软件所有权引发了很多棘手的法律问题，我认为比硬件的问题还要多，但这也可能是我作为一个程序员的偏见。与硬件相比，软件是一个比较新的领域；1950 年之前还没有软件。软件成为经济发展的一个重要产业，还只是近四十年的事。作为结果，相关的法律、商业实践和社会规范等机制还来不及完善。在本节中，我将讨论其中的一些问题，从而提供足够的技术背景，使你至少能够从多个角度来理解这种情况。我也是从美国法律的角度进行写作的，其他国家也有类似的制度，但在许多方面会有所不同。

一些保护知识产权的法律机制适用于软件，并取得了不同程度的成功。这些包括商业秘密、商标、版权、专利和许可。

5.4.1　商业秘密

商业秘密是最明显的。产权所有人要对专利保密，只有在签订了有法律约束力的合同（如保密协议）之后才能对他人公开。签保密协议比较简单，通常效果也不错，但果真发生了泄密事件，帮助也不大。商业秘密在另外一个领域中最典型的一个例子是可口可乐的配方。理论上讲，就算它的秘密配方变得尽人皆知，任何人都可以生产相同的产品，但却不能把这些产品命名为"可口可乐"或"可乐"，因为这些都是注册商标，是另一种形式的知识产权。在软件领域，像 PowerPoint 或 Photoshop 这样的主要系统的代码就是一个商业秘密。

5.4.2　商标

商标是一个词或短语，一个名字，一个标志，甚至是一种独特的颜色，用来区分一个公司提供的商品或服务。例如，想想广告中出现的"可口可乐"这几个字的流畅字体，以及经典的可乐瓶的形状；两者都是商标。麦当劳的金色拱门就是一个商标，这使他们区别于其他快餐公司。

计算机有无数的商标，比如 Mac 笔记本电脑上的发光图案，这是苹果的商标。微软操作系统、电脑和游戏控制器上的四色标识也是一个例子。

5.4.3　版权

版权保护创造性的表达。在文学、艺术、音乐和影视领域，版权是深入人心的。版权保护创意产品不被他人抄袭，至少在理论上，保护作者在有限时期内通过自己的作品获益的权利。在美国，过去版权的保护期为 28 年加上一次续期，而现在是作者生前时间加死后 70 年。许多其他国家中，该期限是有生之年加上 50 年。2003 年，美国最高法院裁定作者死后 70 年是一个"有限的"概念。技术上而言没错，而实际上跟"永久"没有太大区别。美国的版权所有者正努力在全球范围内延长版权条款，以和美国法律一致。

保护数字产品的版权是很困难的，任何数量的电子副本都可以在网络世界中免费制作和分发。通过加密或其他形式的**数字版权管理**（Digital Rights Management，DRM）等手段保护具有版权的资料的尝试无一例外都失败了。有加密就有破解，即便破解不了，也可以在播放的同时重新录制（所谓"模拟方式的漏洞"），例如，偷偷地在剧院拍摄。针对盗版的法律追究对个体而言是很困难的，就算是大型组织要有效地打击盗版也并非易事。这个话题我会在第 9 章继续讨论。

版权也适用于程序。如果我写了一个程序，我就拥有了它，就像我写了一本小说一样。其他人未经我的许可都不能使用我这个有版权的程序。这听起来很简单，但别忘了那句话：魔鬼在细节里。假如你研究了我这个程序的行为，自己又写了一个功能相同的，那么该如何把握两者的相似程度才能不致侵犯版权呢？如果你只改了改代码格式，重新命名了每个变量，那还是算侵权。然而，对于一些更微妙的改变，就不明显了，要解决问题恐怕只能通过昂贵的法律程序来解决。而如果你研究了我的程序，完全理解了其行为，然后名副其实地重新实现了一次，那应该是可以的。

事实上，技术上这叫净室开发（clean room development），也就是说，程序员完全没有接触或者不了解自己正在仿制软件的代码。虽然他们自己写的新代码与原始程序有相同的行为，但是可以证明没有抄袭。这样，法律问题变成了证明洁净室确实是干净的，没有人因为接触过原始代码而被污染。

5.4.4　专利

专利为发明提供法律保护。专利与版权形成鲜明对比，版权只保护表达，即代码是怎么写的，而不保护代码中包含的原创思想。硬件专利很多，有轧棉机、电话、晶体管、激光，当然还有各种各样的加工方法、设备以及对它们的改进。

最初，软件——算法和程序——是不能申请专利的，因为它被认为是"数学"，故而不在专利法管辖范围内。作为一个还算有数学背景的程序员，我觉得这种说法似乎不妥。尽管算法要用到数学，但算法并不是数学。（就说快速排序算法吧，放到现在就很可能可以申请专利。）另一种观点认为，很多软件专利都是显而易见的，只不过是使用计算机来完成一个既定或明确的过程而已，这些软件不应该取得专利，因为它们缺乏原创性。我更赞同这种立场，虽然我不是专家，当然也不是律师。

亚马逊的"一键购买"（1-click）专利或许能作为软件专利的典型代表。1999 年 9 月，美国第 5 960 411 号专利被授予 Amazon.com 的四位发明人，包括创始人和 CEO 杰夫·贝索斯（Jeff Bezos）在内。这项专利涵盖"通过互联网下订单完成购买的方法和系统"，所声明的创新之处是允许注册用户单击一次鼠标即可下订单购买（见图 5.10）。顺便说明一下，"1-Click"是一个注册的亚马逊商标，用 1-Click® 表示。

图 5.10　Amazon 1-Click®

"1-Click"专利成为了将近 20 年的争论或法庭辩论的主题。公平地讲，大多数程序员都会认为这个想法很显而易见，但法律规定的却是一项发明在发明当时应该对"具有一般专业技能的人"是"不显而易见的"。当时还是 1997 年，电子商务才刚刚萌芽。美国专利局拒绝了这项专利的一些说法，另外一些则仍在持续申请中。与此同时，该项专利已授权给其他公司，包括苹果的 iTunes 在线商店。亚马逊已取得强制令，禁止其他公司未经允许使用"一键购买"。当然，其他国家的情况有所不同。所幸，这在今天已经毫无意义了，因为专利的有效期是 20 年，现在已经过期了。

获得软件专利如此容易的缺点之一是所谓的"专利流氓"（patent troll）或"非执业实体"（non-practicing entities）的兴起。专利流氓获得专利的权利，不是为了使用该发明，而是为了起诉他所声称的侵犯了该发明的其他人。诉讼通常选在判决偏向原告，也就是专利流氓的地方提出。专利诉讼的直接成本很高，如果一个人输掉诉讼，其成本可能非常高。特别是对于小公司来说，向"专利流氓"支付许可费是更容易、更安全的做法，即使他们的专利要求很弱，侵权行为也不明确。

法律环境正在改变，尽管还很缓慢，这类专利活动可能不再会是一个议题，但它仍然是一个主要问题。

5.4.5 许可

许可是批准使用某种产品的法律协议。在安装某些新版本软件过程时，大家都熟悉有一个步骤："最终用户许可协议"（End User License Agreement，EULA）。一个对话框中显示着一个小窗口，里面密密麻麻全都是小字，在进行下一步之前你必须先同意这个法律文本。多数人看到这个对话框，为了快点安装都会直接点过去，而这样一来，从原则上来说，或许从实践来讲也是如此，你就受到了协议条款的限制。

如果你真的阅读了这些条款，不难发现整个协议都是单方面的。供应商声明不承担任何保证和责任，事实上，甚至不承诺该软件会做任何事情。下面摘录的是在我的 Mac 电脑上运行的操作系统 macOS Mojave 的 EULA 的一小部分

B. YOU EXPRESSLY ACKNOWLEDGE AND AGREE THAT, TO THE EXTENT PERMITTED BY APPLICABLE LAW, USE OF THE APPLE SOFTWARE AND ANY SERVICES PERFORMED BY OR ACCESSED THROUGH THE APPLE SOFTWARE IS AT YOUR SOLE RISK AND THAT THE ENTIRE RISK AS TO SATISFACTORY QUALITY, PERFORMANCE, ACCURACY AND EFFORT IS WITH YOU.

C. TO THE MAXIMUM EXTENT PERMITTED BY APPLICABLE LAW, THE APPLE SOFTWARE AND SERVICES ARE PROVIDED "AS IS" AND "AS AVAILABLE", WITH ALL FAULTS AND WITHOUT WARRANTY OF ANY KIND, AND APPLE AND APPLE'S LICENSORS (COLLECTIVELY REFERRED TO AS "APPLE" FOR THE PURPOSES OF SECTIONS 7 AND 8) HEREBY DISCLAIM ALL WARRANTIES AND CONDITIONS WITH RESPECT TO THE APPLE SOFTWARE AND SERVICES, EITHER EXPRESS, IMPLIED OR STATUTORY, INCLUDING, BUT NOT LIMITED TO, THE IMPLIED WARRANTIES AND/OR CONDITIONS OF MERCHANTABILITY, SATISFACTORY QUALITY, FITNESS FOR A PARTICULAR PURPOSE, ACCURACY, QUIET ENJOYMENT, AND NON-INFRINGEMENT OF THIRD PARTY RIGHTS.

D. APPLE DOES NOT WARRANT AGAINST INTERFERENCE WITH YOUR ENJOYMENT OF THE APPLE SOFTWARE AND SERVICES, THAT THE FUNCTIONS CONTAINED IN, OR SERVICES PERFORMED OR PROVIDED BY, THE APPLE SOFTWARE WILL MEET YOUR REQUIREMENTS,

THAT THE OPERATION OF THE APPLE SOFTWARE OR SERVICES WILL BE UNINTERRUPTED OR ERROR-FREE, THAT ANY SERVICES WILL CONTINUE TO BE MADE AVAILABLE, THAT THE APPLE SOFTWARE OR SERVICES WILL BE COMPATIBLE OR WORK WITH ANY THIRD PARTY SOFTWARE, APPLICATIONS OR THIRD PARTY SERVICES, OR THAT DEFECTS IN THE APPLE SOFTWARE OR SERVICES WILL BE CORRECTED. INSTALLATION OF THIS APPLE SOFTWARE MAY AFFECT THE AVAILABILITY AND USABILITY OF THIRD PARTY SOFTWARE, APPLICATIONS OR THIRD PARTY SERVICES, AS WELL AS APPLE PRODUCTS AND SERVICES.

大多数 EULA 规定，如果软件对你造成了伤害，你不能就损害赔偿提起诉讼。软件的使用是有条件的，而且你必须同意不会对它进行逆向工程或者反汇编。你不能把它带到某些国家，也不能用它来开发核武器（的确是这样！）。我的律师朋友们说，只要相应的条款不是特别不合理，这种许可一般都是有效的，而且是可以强制执行的，这似乎引出了什么是合理的问题。

另一项条款可能会让你感到有些意外，特别是如果你是在实体店或在线商店购买的软件时看到："本软件仅授权使用，并不销售。"对于大多数购买行为，一种被称为"首次出售"的法律原则表示，一旦你买了某样东西，你就拥有了它。如果你买了一本书，那这本书就是你的，你可以把它送给别人或转售给别人。当然，你不能侵犯作者的版权而去复制和传播副本。然而，数字产品供应商几乎都是以许可的形式"销售"他们的产品，从而保留拥有权并限制你对"你的"副本能做些什么。

2009 年 7 月发生了一件事，可以说是这方面一个典型的例子。亚马逊向其 Kindle 电子书读者"出售"了大量书籍，而事实上这些书都是授权阅读，并非销售出去。后来，亚马逊知道自己分发了一些未经授权的书，于是就远程删除了 Kindle 中的这些书以"取消出售"。巧合的是，被他们召回的书中有一本是乔治·奥威尔的反乌托邦小说《1984》，这真是绝妙的讽刺。我敢肯定，乔治·奥威尔一定会喜欢这个关于 Kindle 的故事。

　　API 也会引发一些有趣的法律问题，主要集中在版权方面。假设我是一个可编程游戏系统（类似于 Xbox 或 PlayStation）的制造商。我希望人们能买我的游戏机，而如果有很多为它开发的好游戏，那它一定会更好卖。我不可能自己来写所有程序，所以就精心设计了一套 API（应用编程接口），以便其他程序员可以为我的游戏机写游戏。我可能也会发布一个软件开发包，或称为 SDK，类似于微软为 Xbox 发布的 XDK，以方便程序员开发。运气好的话，我能卖出一大批机器，赚上一大笔钱，然后就高高兴兴地退休了。

　　API 实际上是服务用户与服务提供者之间的契约。它规定了接口两端都该做些什么，不是它的实现细节，而是明确规定每个函数被程序调用时可以做什么。这意味着其他人，比如一个竞争者，也可以作为服务提供者的角色，只要制造一个与之竞争的游戏机并提供一样的 API 即可。如果他们使用了净室技术，这将确保他们没有以任何方式复制我的实现。做得好的话，那么所有效果都是一样的。而如果竞争者的机器在某方面更有优势，比如售价更低、物理设计更酷，那我恐怕就要破产了。这对一心想致富的我来说可不是个好消息。

　　我有什么合法权益呢？我不能为 API 申请专利，因为它不是一个原创的想法；它也不能是一个商业秘密，因为我必须向人们展示它，这样他们才能使用它。然而，如果定义 API 是一种创造性行为，所以我应该能够通过版权保护它，其他人只有在获得我许可的前提下才能使用它；同样，对于我发布的 SDK 也应该如此。

这样就有足够的保障了吗？这个方面的法律问题，以及其他各种类似的问题，实际上并没有得到真正的解决。

API 的版权状况不是一个假设性的问题。2010 年 1 月，甲骨文公司收购了发明 Java 编程语言的太阳微系统公司（Sun Microsystems），并在 2010 年 8 月起诉谷歌，指控谷歌公司在运行 Java 代码的 Android 手机上非法使用了 Java API。

为了简化这个复杂的案件，一个地区法院判决 API 不受版权保护。甲骨文公司提出上诉，判决被推翻。谷歌公司之后请求美国最高法院审理此案，但于 2015 年 6 月遭到拒绝。在接下来的一轮谈判中，甲骨文要求超过 90 亿美元的损害赔偿，但陪审团认为谷歌公司对 API 的使用是"合理使用"，因此没有违反版权法。我认为大多数程序员在这个特定的情况下会支持谷歌公司的立场，但问题还没有解决。[作为免责声明，我曾两次在电子前沿基金会（Electronic Frontier Foundation）提交的支持谷歌公司立场的"法庭之友"摘要上签字。]经过之后几轮法律程序后，最高法院于 2020 年 10 月再次审理此案。

5.5 标准

标准是对某个工件如何构建或应该如何工作的精确而详细的描述。有些标准是事实标准，比如 Word 的 .doc 和 .docx 文件格式。它们不是官方标准，但每个人都在使用它们。"标准"这个词最好留用于正式的说明书中，通常是由准中立方（如政府机构或财团）开发和维护的，它们定义了事物是如何建造或运行的。该定义足够完整和精确，使得分离的实体可以交互或提供独立的实现。

我们一直都得益于各种硬件标准，尽管我们根本没有注意到有那么多硬件标准。如果我买了一台新电视，我之所以可以把它的电源插头插到我家的插座上，就是因为有标准规定插头的大小和形状以及它们所提供的电压（当然，在其他国家会有不同，去欧洲度假时，我不得不带上几个设计巧妙的适配器，以便把我在北美使用的电源插到英国和法国的不同插座上）。电视可以自己接收信号并显示画面，是因为广播和有线电视也有标准。而使用标准的 HDMI、USB、S-Video 数据线和连接器，我还可以把其他设备连接到电视上。然而，每台电视都有它自己的遥控器，所谓"通用"遥控器仅在某些时候有效。

有时候甚至还有相互竞争的标准，这似乎适得其反。[正如计算机科学家安迪·特南鲍姆（Andy Tanenbaum）所说："多个标准的好处在于让人有多个选择。"] 历史上的案例有录像带的 Betamax 和 VHS 标准，以及高清视频磁盘的 HD-DVD 和 Blu-ray 标准。这两个例子中，最终都以一种标准胜出而结束，但在其他一些情况下，很可能多种标准共存，就像直到 2020 年，美国依然存在两种不兼容的手机技术一样。

软件领域也有各种各样的标准，字符集有 ASCII 和 Unicode，编程语言有 C 和 C++，用于加密的和压缩的各种算法，还有通过网络交换信息的各种协议。

标准对于互操作性和开放的竞争环境至关重要。有了标准，独立创造的各种东西才能合作，多个供应商才能同台竞技，而专有系统则会把每个人限定死。专有系统的所有者自然愿意把人们都限制在它的平台上。标准也有缺点——如果标准本身质量不高或者已经过时，但所有人又都被迫使用它，那它就会阻碍进步。但与优点相比，这些缺点还不算大。

5.6 开源软件

程序员编写的代码，无论使用的是汇编语言还是（更有可能）某种高级语言，都被称为源代码。而编译源代码得到的适合某种处理器执行的结果，叫作目标代码。正如之前介绍的它们之间的其他区别一样，区别源代码和目标码看起来有点迂腐，但却非常重要。源代码是程序员可以读懂的，尽管可能得费点时间和精力。因此源代码是可以仔细研究并加以改编的，它所包含的任何创新和思想也是可见的。相对而言，目标代码则经过了很大程度的转换，一般不太可能再恢复为类似源代码的形式，也无法从中提取出什么结构再加以改造，甚至连理解它都是不可能的。正因为如此，大多数商业软件只以目标代码的形式分发，而源代码是重要的机密，因此说比喻也好，事实也罢，反正它会被锁得严严实实的。

开放源代码则是指另一种做法，即源代码可以被任何人自由阅读、研究和改进。

早期，大多数软件由公司开发，源代码是一般人得不到的，那是属于开发者所有的商业秘密。在麻省理工学院工作的理查德·斯托曼（Richard Stallman），曾经希望能够修改和改善自己所使用的某些程序，但这些程序的源代码是别人专有的，自己根本看不到。为此，斯托曼感到很懊恼。1983 年，他发起了一个叫

GNU（即"GNU's Not Unix"，gnu.org）的项目，致力于开发一些重要软件（比如操作系统和编程语言的编译器）的免费和开放版本。他还创办了一个非营利组织，叫自由软件基金会（Free Software Foundation），目标是开发永远"自由"的软件，也就是说这些软件不是专有的、不会受到所有权的限制。自由软件是通过获得一个名为 GNU 通用公共许可证（General Public License，GPL）的独创版权证书来实现的。

GPL 的序言这样提到：

"大多数软件及其他实用作品的许可，目的都是剥夺你分享和修改作品的自由。相比而言，GNU 通用公共许可则旨在保证你分享和修改程序所有版本的自由，也就是确保它对所有用户来说仍然是自由软件。"

GPL 规定，基于该许可的软件可以被免费使用，而如果再把它分发给其他人，则必须同样遵守"所有用户都可以免费使用"的许可下公开源代码。GPL 是一种强有力的许可，一些违反其条款的公司已经被禁止使用其代码，或者发布基于许可代码的源代码。

GNU 项目由很多公司、组织和个人支持，发布了大量采用 GPL 许可的软件开发工具和应用程序。其他开源程序和文档也有类似的许可，例如维基百科中许多图片附带的知识共享协议。在某些情况下，开源软件为专有商业软件设立了标杆。比如，Firefox 和 Chrome 浏览器是开源的，两个最常用的 Web 服务器上运行的 Apache 和 NGINX 服务器软件也是开源的，Android 手机操作系统也是开源的。

编程语言和支持工具现在几乎都是开源的；事实上，很难构建一种严格具有专利性的新的编程语言。在过去的十年里，谷歌创造并发布了 Go，苹果创造并发布了 Swift，Mozilla 创造并发布了 Rust，而微软则发布了 C# 和 F#，这些都是多年来的专利。

Linux 操作系统或许是最广为人知的开源系统了，它被个人和大型商业企业广泛使用，比如谷歌的全部基础设施都运行在 Linux之上。你可以通过访问网站 kernel.org 免费下载得到 Linux 内核源代码。你既可以自用，也可以对它进行任意修改。不过，要是你想以任何形式再次发布，比如，把它作为操作系统放到一个新的工具里，那必须遵守相同的 GPL 协议来开放你的源代码。我的两辆来自不同制造商的车上都运行着 Linux；深入屏幕菜单系统的下层菜单可以看到一个 GPL 声明以及一个链接。使用这个链接，我可以从互联网上（而不是从车上！）下载将近 1 GB 左右的 Linux 源代码。

开源具有启发性。把源代码送人还怎么赚钱呢？为什么程序员愿意为开源项目做贡献呢？志愿者编写的开源软件比大型专业团队协作开发的专有软件更好吗？源代码可以随便下载会不会威胁到国家安全？

这些问题持续吸引着经济学家和社会学家，也有一些答案逐步变得清晰。例如，红帽（Red Hat）是一家 1993 年成立，1999年在纽约证券交易所公开上市的公司；2019 年，它被 IBM 以 340亿美元收购。红帽发布的 Linux 源代码可以在网上免费下载，但公司通过支持、培训、质量保证、集成和其他服务可以赚取利润。许多开源程序员本身就在那些使用并支持开源软件的企业工作，IBM、Facebook 以及 Google 都是明显的例子，但绝非特例。微软现在是开源软件项目的最大贡献者之一。这些公司通过帮助引导开源软件的发展，通过让其他人修复 bug 和改进功能而获得收益。

并不是所有开源软件都能独领风骚，开源版本不如它所模仿的商业版本的情况也比比皆是。但是，对于一些核心的程序员工具和系统来说，开源软件的确无可匹敌。

5.7　小结

编程语言是我们告诉计算机做什么的方式。尽管这个想法可以延伸得太远，但自然语言和我们发明的使代码编写更容易的人工语言之间存在着相似之处。一个明显的相似之处是，有数千种编程语言，尽管经常使用的编程语言可能不超过几百种，而今天运行的大多数程序都是由 20 多种语言构建的。当然，对于哪种语言是最好的，程序员有自己的看法，而且往往是很主观的观点，但有这么多语言的原因之一是没有一种语言适合所有的编程任务。人们总有一种感觉，一种合适的新语言会让编程变得更加简单和高效。语言也在不断进化，以利用稳步增长的硬件资源。很久以前，程序员不得不努力将程序压缩到可用内存中，这在今天已经不是什么问题了，而且语言提供了自动管理内存使用的机制，因此程序员不必考虑太多。

软件的知识产权问题颇具有挑战性，尤其是专利问题。在专利领域，专利流氓是一种非常消极的力量。版权问题似乎更易于处理一些，但即便如此，API 的情况等主要法律问题仍未解决。通常情况下，法律不会（可能也无法）对新技术做出迅速反应，而当反应出现时，各国的反应也各不相同。

第 6 章

软 件 系 统

"程序员，就像诗人一样，几乎仅仅工作在单纯的思考中。他通过发挥想象力在空中建造他的城堡。很少有创作媒体如此灵活，如此容易精炼和重建，如此容易实现宏大的概念设想。"

——弗雷德里克·P. 布鲁克斯，《人月神话》，1975 年

本章介绍两种主要的软件：操作系统和应用程序。正如我们将看到的，操作系统是基础软件，它负责管理计算机硬件，并为其他被称作应用程序的程序运行提供支持。

当你在家、学校或办公室使用电脑时，电脑中都会装有各种各样的程序，比如浏览器、文字处理器、音乐播放器、所得税计算器、病毒扫描程序、大量的游戏，还有搜索文件或查看目录的工具软件。你手机上的情况与此类似，只是细节不同。

这些程序有一个专业的叫法，即应用程序（application）。大概源于"这个程序是计算机在某些任务上的应用"的含义。这是一个标准术语，指的是或多或少独立的、专注于单一工作的程

序。"App"一词曾经是计算机程序员的专属词汇，但随着销售iPhone 应用程序的苹果应用商店（App Store）取得巨大成功，"应用"的简写形式（App）已经成为大众词汇。

新买的电脑或手机通常都会预装大量程序。而随着时间的推移，你还会不断购买或从网上下载程序。对我们这些用户来说，应用非常重要，而且从不同的技术角度来看，它们还具备很多有意思的特点。本章会先简单介绍一些应用，然后再聚焦到一个具体的例子，例如浏览器。浏览器是一个很有代表性的例子，大家都很熟悉，但它仍然有一些令人惊讶之处，包括它与操作系统已经呈现出分庭抗礼的态势。

还是让我们从使应用程序得以使用的幕后程序——操作系统开始吧。在此过程中，请记住，几乎每台电脑，无论是笔记本电脑、手机、平板电脑、媒体播放器、智能手表、相机还是其他小玩意，都有某种类型的操作系统来管理硬件。

6.1　操作系统

20 世纪 50 年代初，还没有应用程序与操作系统之分。计算机的能力非常有限，每次只能运行一个程序，这个程序会占据整台机器。而程序员要使用计算机运行自己的程序，必须事先预约时间段（身份低微的学生只能预约在半夜）。随着计算机变得越来越复杂，再靠非专业人员使用它们效率就会很低。于是，操作计算机的工作就交给了专业操作员，由他们将程序输入计算机，然后分发计算结果。操作系统最初就是为了将人工操作员的上述工作自动完成才诞生的。

　　硬件不断发展，控制它们的操作系统也日益完善。而随着硬件越来越强大和复杂，就有必要投入更多的资源来控制它们。第一批广泛使用的操作系统诞生于 20 世纪 50 年代末、60 年代初，通常由制造硬件的同一家公司提供，并通过汇编语言与之紧密结合。IBM 以及更小一些的公司如 Digital Equipment 和 Data General 都为自己的硬件提供过他们自己的操作系统。弗雷德·布鲁克斯（Fred Brooks），在上面的题词中曾引用到他的话，曾在 1965 年至 1978 年间管理 IBM 的 System/360 系列计算机和 OS/360（该公司的旗舰操作系统）的开发。1999 年，布鲁克斯因其对计算机架构、操作系统和软件工程的贡献而获得图灵奖。

　　操作系统也是很多大学和业界实验室的研究目标。MIT（麻省理工学院）作为这方面的先驱，在 1961 年开发了一个名为 CTSS（Compatible Time-Sharing System，兼容分时系统）的系统，该系统在当时非常先进，并且和与之竞争的其他产品相比而言，使用体验也很好。1969 年，贝尔实验室的肯·汤普森（Ken Thompson）和丹尼斯·里奇（Dennis Ritchie）开始着手开发 UNIX。他们曾开发过 Multics 系统，这是一个延续自 CTSS，较之更完善但却不那么成功的系统。今天，除了微软开发的那些操作系统之外，大多数操作系统要么源自当初贝尔实验室的 UNIX 系统，要么是与 UNIX 兼容但独立开发的 Linux 版本。里奇和汤普森因为开发了 UNIX 而一起荣获 1983 年的图灵奖。

　　现代的计算机实在是一个复杂的"怪物"。它由很多部件组成，包括处理器、内存、二级存储、显示器、网络接口等，如我们在图 1.2 中所见。为了有效地使用这些部件，需要同时运行多个程序，其中一些程序等待某些事件发生（如网页下载），另一些程序则必须实时做出响应（跟踪鼠标移动或在你玩游戏的时候刷新显器），还有一些会干扰其他程序（启动一个新程序，需要在已经很拥挤的内存中再开辟空间来运行）。简直一片混乱。

要管理如此复杂的局面，唯一的办法就是用程序来管理程序，这是让计算机自己执行操作的又一个例子。这个程序就叫作操作系统。家用和工作中使用的计算机中最常见的操作系统是微软开发的各种版本的 Windows。我们日常见到的台式计算机和笔记本电脑 90% 都运行着 Windows。苹果电脑运行的是 macOS。很多做幕后工作的计算机（当然也有前台运行的计算机）运行的是 Linux。手机中也有操作系统，开始运行的是特定的系统，不过现如今通常是精简版的 UNIX 或 Linux。例如，iPhone 和 iPad 运行的 iOS 就源自 macOS，其核心是一种 UNIX 的变体。而 Android 手机运行的是 Linux，我的电视机、TiVo、亚马逊的 Kindle 和 Google Nest 运行的也是 Linux。我甚至可以登录自己的 Android 手机，在上面运行标准的 UNIX 命令。

操作系统控制和分配计算机资源。首先，它负责管理处理器，调度和协调当前运行的程序。它控制处理器在任意时刻执行着的程序间切换，包括应用程序和后台进程，如杀毒软件。它会将一个等待某个事件，比如等待用户在上面单击的对话框的程序挂起。它会阻止个别程序占据资源。如果一个程序占用处理器时间太多，操作系统会进行限制，以便其他任务也获得合理的资源。

一个典型的操作系统会同时运行数百个进程。其中有些是由用户启动的程序，但大多数还是一般用户看不到的系统任务。你可以通过 macOS 上的活动监视器（Activity Monitor）和 Windows 上的任务管理器（Task Manager），或者你手机上的类似程序，看到系统当前都运行着哪些程序。图 6.1 显示了我正在上面打字的 Mac 中运行的 300 左右个进程的一些。其中大多数都是相互独立的，因此非常适合于多核架构。

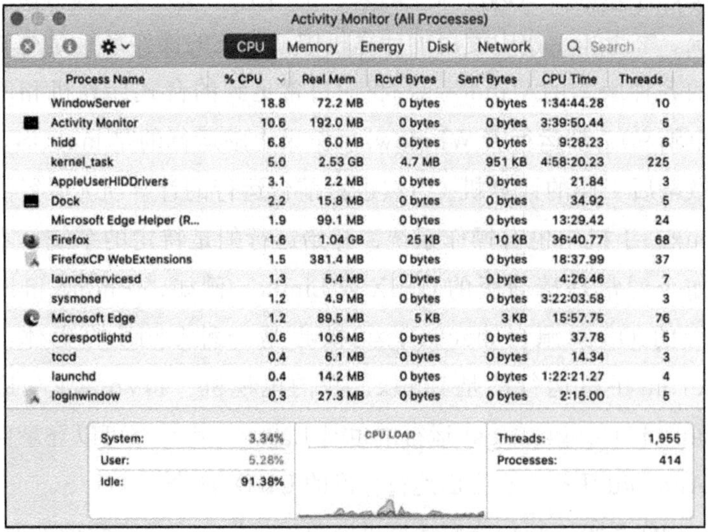

图 6.1 显示 macOS 上处理器活动的活动监视器

其次，操作系统管理主存储器。它把程序加载到内存中以便执行指令。如果内存空间不足以让所有程序同时运行，它就会将某些程序暂时挪到磁盘上，等有了空间之后再挪回来。它确保不同的程序相互分离、互不干扰，从而一个程序不能访问分配给另一个程序或操作系统自身的内存。这样做既是为了保持清晰，同时也是一种安全措施，谁也不想让一个流氓程序或错误百出的程序出现在不该出现的地方。Windows 中常见的"蓝屏死机"现象就是因为这种保护不够充分造成的。

有效利用主存储器需要良好的工程技术。一种技术是在需要时仅将程序的一部分加载到内存，而在程序处于非活动状态时再把它转存回磁盘，这个过程称为交换（swapping）。编写程序时就好像整台计算机都归它自己使用一样，并且拥有无限的主存。软件和硬件的结合提供了这种抽象，使编程变得非常容易。操作系统必须支持这种"假象"，方法就是硬件的帮助下，在程序内存地址和真实内存的真实地址间转换，将程序块换入换出。这种机制被称为*虚拟内存*（virtual memory）。就像"虚拟"这个词的大多数用法一样，它的意思是给人一种现实的错觉，但不是真实的东西。

图 6.2 显示了我的计算机如何使用它的内存。进程根据它们所使用的内存数量排序。在本示例下，浏览器进程占用了大部分的内存，这是典型的一种情况，浏览器往往需要大量的内存。一般来说，你拥有的内存越多，你的电脑就感觉越快，因为它在内存和二级存储之间交换的时间就越少。如果你想让电脑运行得更快，增加主存可能是最划算的做法，不过通常会有物理上的上限，另外有些电脑无法升级。

第三点，操作系统管理存储在二级存储上的信息。*文件系统*是操作系统中的一个主要组成部分，提供了我们在使用计算机时所看到的文件夹和文件的熟悉层次结构。我们将在本章的后面部分回到文件系统，因为它们有足够多有趣的属性，值得进行更深入的讨论。

图 6.2　活动监视器显示 macOS 上的内存使用情况

　　最后，操作系统管理和协调计算机外接设备的活动。一个程序可以假设它有完全属于自己的非重叠窗口。操作系统维护屏幕上的多个窗口的复杂任务，确保每个窗口都能显示正确的信息，而且在这些窗口被移动、缩放或隐藏后再次显示时，都能准确地恢复原貌。它把键盘和鼠标的输入送往需要这些输入的程序。它处理通过有线或无线网络连接进进出出的流量。它将数据发送给打印机，以及从扫描仪取得数据。

　　注意到我说过操作系统也是一种程序。它跟我们在上一章讲到的其他程序一样，都是用同一类编程语言编写的，最常用的是 C 和 C++。早期的操作系统很小，因为内存小，并且工作比较简单。最早的操作系统每次只运行一个程序，所以仅需要进行有限的交换。没有太多内存可供分配，通常少于 100KB。而且也没有太多外部设备需要管理，跟今天我们拥有的外设比起来显然要少得多。今天的操作系统已经非常庞大，动辄包含数百万行代码，也非常复杂了，因为它们执行的任务本身就非常复杂。

就以 UNIX 操作系统第 6 版为例进行比较，它是今天很多操作系统的鼻祖。它在 1975 年的时候是一个包含 9 000 行 C 语言和汇编语言的程序，由两个人编写。今天的 Linux 已经有超过 1 000 万行的代码，是几千人历经几十年工作的成果。Windows 10 被猜测大约有 5 000 万行，尽管没有权威公布的数据。当然，就这么直接拿来比也不太合适，毕竟现在的计算机要复杂得多，而且处理更复杂的环境和更多的设备。操作系统包含的组成部分同样也有差别。

既然操作系统也是一种程序，那么从理论上说你也可以写出自己的操作系统来。事实上，Linux 最早就是由芬兰大学生林纳斯·托瓦兹（Linus Torvalds）在 1991 年写出来的，他当时的想法就是从头编写一个自己的 UNIX 版本。他在互联网上发布了自己写的一个早期草稿程序（仅小于 1 万行代码），邀请别人试用和帮助开发。自那时起，Linux 就逐渐成为软件业中一支重要的力量，很多大大小小的公司都在使用。上一章提到过，Linux 是开源软件，所以任何人都可以使用它并做出贡献。今天，Linux 除了核心的全职开发人员之外，还有成千上万的贡献者。托瓦兹仍然保持着整体的控制权，并且是技术决策的最终仲裁者。

你可以在硬件上运行不同于最初预期的操作系统，在原本打算安装 Windows 的计算机上运行 Linux 就是一个很好的例子。你可以在磁盘上存储多个操作系统，并在每次打开计算机时决定运行哪个操作系统。这种"多重引导"功能可以在苹果的 boot Camp 中看到，它使运行 Windows 而不是 macOS 的 Mac 成为可能。

你甚至可以在一个操作系统的控制下运行另一个**虚拟操作系统**。使用 VMware、VirtualBox 和 Xen（开源的）等虚拟操作系统软件，可以在一台 macOS 主机上运行另一个客户操作系统，比如 Windows 或 Linux。主机操作系统会拦截客户操作系统的请求，代替它执行那些需要具备操作系统级权限才能执行的操作，如访问文件系统或网络。主机在执行完操作后，将结果返回给客户机。当主机和客户都为相同的硬件编译时，客户系统在大多数情况下以完全的硬件速度运行，并且感觉几乎与在裸机上一样快。

图 6.3 显示的是一个虚拟操作系统在主机操作系统上运行的示意图。对宿主机操作系统而言，客户机操作系统就是一个普通的应用程序。

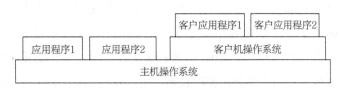

图 6.3 虚拟操作系统组织结构

图 6.4 是我的 Mac 运行 VirtualBox 的屏幕截图，VirtualBox 运行着两个客户操作系统：左边的 Linux 和右边的 Windows 10。

云计算（我们将在第 11 章继续讨论）依赖于虚拟机。云服务提供商拥有大量的物理计算机，具有足够的存储和网络带宽，用来为客户提供计算能力。每个客户使用一定数量的虚拟机，这些虚拟机由少数物理机器支持；多核处理器非常适合这种操作。

图 6.4　在 macOS 上运行 Windows 和 Linux 虚拟机

　　亚马逊网络服务（AWS）是最大的云计算提供商，其次是微软 Azure 和谷歌云平台；AWS 尤其成功，占亚马逊营业利润的一半以上。它们都提供了一种服务，针对任何给定客户的容量都可以随着负载的变化而增长或收缩；具有足够的资源可以让单个用户随时增加或减少运算规模。许多公司，包括像 Netflix 这样的大公司，发现使用云计算比运行自己的服务器更划算，这要归功于规模经济、对负载变化的适应性，以及需要较少的内部员工。

　　虚拟操作系统引发了一些有趣的所有权问题。如果某公司在一台实际的计算机上运行大量的虚拟 Windows 实例，它需要从微软购买多少 Windows 许可证？忽略法律问题的话，只要买一个就可以。但微软的 Windows 许可中限制了可以合法运行的虚拟实例数，超过这个数目就得额外掏钱。

这里有必要提下"虚拟"这个词的另一种用法。一个模拟计算机的程序，无论它模拟的是真实的计算机还是假想的计算机（比如本书前面提到的玩具计算机），经常也被称为虚拟机。换句话说，计算机只以软件形式存在，而这种软件将其行为仿真得如同硬件一般。

这种虚拟机很常见。浏览器都有一个虚拟机用于解释 JavaScript 程序，还可能有另一个虚拟机用于运行 Java 程序。Android 手机上同样有一个 Java 虚拟机。使用虚拟机是因为编写和分发程序比构建和交付物理设备更容易、更灵活。

6.2　操作系统是如何工作的

处理器的构造是这样设计的：当计算机启动时，处理器首先执行存储在永久存储器中的一些指令。这些指令继而从一小块闪存中读出足以运行某些设备的代码。这些代码在运行过程中再从磁盘、USB 存储器或网络连接的既定位置读出更多指令。这些指令再继续读取更多指令，直到加载了足够完成有效工作的代码为止。这个开始的过程最初被称为引导（bootstrapping），源于"自力更生"这个古老的表达，现在简称为*启动*（booting）。具体细节可能不同，但基本思想是一样的，即少量指令足以找到更多指令，后者依次再找到更多的指令。

计算机启动过程中通常还要检查硬件，以便知道有哪些设备接入了计算机，比如有无打印机或者扫描仪。还会检查内存和其他组件，以确保它们都可以正常工作。启动过程还会为连接的设备加载软件组件（驱动程序），以便操作系统能够使用这些设备。上述过程都需要时间，而我们从开机到计算机能做点有用的工作的这段时间内通常都会等得不耐烦。令人沮丧的是，虽然电脑比以前快了很多，但它们仍然需要一两分钟才能启动。

一旦操作系统运行起来，它就会转而执行一个简单循环，依次把控制权交给准备运行或需要关注的每个应用程序。如果我在字处理程序中输入文字，接收邮件，又到网上逛了逛，同时还在后台播放音乐，那么操作系统会让处理器依次关注这些进程，并根据需要在它们之间切换。每个程序会获得一段短的时间片，在程序请求系统服务后或者分配给它的时间用完时结束。

操作系统会响应各种事件，比如音乐结束、邮件或网页到达，或者键盘上的按键被按下。对这些事件，操作系统都会做出必要的处理，通常是把相应的事件转发给相关的应用程序。如果我重新排列屏幕上的窗口，操作系统会告诉显示器把窗口放在什么地方，并告诉每个应用程序它们各自窗口的哪一部分可见，以便重新绘制窗口。如果我选择"文件 | 退出"或单击窗口右上角的"×"按钮退出应用程序，系统就会通知应用程序它要挂掉了，这样它就有机会把它的事务整理好，比如，弹出对话框询问用户"您想保存这个文件吗？"。然后，操作系统会回收该程序占用的所有资源，并告诉那些窗口变得可见的其他程序，必须重绘各自的窗口了。

6.2.1　系统调用

操作系统提供硬件和其他软件之间的接口。它使硬件看起来提供了比实际更高层次的服务，使得编程变得更容易。用这个领域的行话来说，操作系统提供了一个可以在其上构建应用程序的平台。它是抽象的另一个例子，提供了一个接口或层面，隐藏了不规范之处，以及无关的实现细节。

操作系统为应用程序定义了一组操作，或称为服务，比如将数据存储至文件或者从文件中读取数据，建立网络连接，获取键盘的任何输入，报告鼠标移动和按钮点击，绘制屏幕。

操作系统以标准化的或者说协商一致的方式提供这些服务，而应用程序通过执行一种特殊的指令来请求这些服务，并将控制权移交给操作系统中特定的地址。操作系统根据请求完成计算，然后再将控制权和结果返回给应用程序。操作系统的这些入口被称为系统调用（system call），而对这些系统调用的详细规范实际上恰恰定义了操作系统是什么样子。现代操作系统通常有几百个系统调用。

6.2.2 设备驱动程序

设备驱动程序是一种沟通操作系统与特定硬件设备（如打印机和鼠标）的程序。驱动程序的代码具有怎么让特定设备执行自己的工作的详细知识，比如从特定的鼠标或触摸板得到运动和按钮的信息、让磁盘通过集成电路或旋转的磁表面读写信息、让打印机在纸上留下标识、让特定的无线芯片发送和接收无线电信号。

驱动程序将系统的其他部分与特定设备的特性隔离开来——同一类型的所有设备（如键盘）都具有操作系统关心的基本属性和操作——而驱动程序接口允许操作系统以统一的方式访问设备，

因此可以很容易地切换设备。

考虑打印机的情形。操作系统希望发出的是标准的请求，比如"在纸张的这个位置上打印这段文本""绘制这幅图像""移到下一页""描述你的能力""报告你的状态"等。是以适合所有打印机的标准方式发出这些请求。然而，打印机的功能是有差别的，比如支不支持彩色打印、双面打印或者不同纸张大小，还有标记如何转移到纸上的机制。打印机专属的驱动程序，要负责把操作系统请求转换为特定设备完成相应任务必需的指令，比如，对于一个黑白打印机来说，需要将颜色转换为灰色。一句话，就是操作系统发送通用的请求，而具体的驱动程序为自己的硬件实现这些请求。如果给定的计算机有多个打印机，你可以看到这种机制：打印对话框为不同的打印机提供不同的选项。

通用的操作系统都包含很多驱动程序。例如，Windows 为满足各种用户的可能需要，在发行时就已经带有各种各样的设备驱动程序。每个设备的制造商都有自己的网站，提供新版本或更新的驱动程序下载。

启动过程中有一个环节就是把当前可用设备的驱动程序加载到运行的系统中。可用的设备越多，加载要花的时间就越长。新设备随时有可能出现。在把外部磁盘插入 USB 插槽后，Windows会检测到这个新设备，确认它是一个磁盘，然后加载 USB 磁盘驱动程序与这个磁盘通信。通常不需要寻找新的驱动程序，因为所有设备的接口都是标准化的，操作系统本身已经包含了必要的代码，而驱动设备的特殊程序也已经包含在设备自身的处理器中。

图 6.5 展示了操作系统、系统调用、驱动程序和应用程序之间的关系。

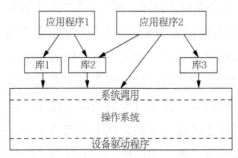

图 6.5 操作系统、系统调用和设备驱动程序接口

6.3 其他操作系统

随着各种电子元器件越做越小，价格越来越便宜，一台设备所能包含的电子元器件数量也越来越多。于是，很多设备都具有了强大的处理能力和充足的内存空间。将一部数码相机称为"一台带镜头的计算机"也不为过。随着处理能力和内存容量的增加，相机的功能也越来越多。我的廉价傻瓜相机可以录制高清视频，并通过 Wi-Fi 将图片和视频上传到电脑或手机上。手机本身就是另一个很好的例子，当然，手机和相机现在都已经合二为一了。今天，随便一部手机上的相机所拥有的像素解析度，都远远超出了我的第一个数码相机，尽管镜头质量则是另一回事。

总体的结果是，这些设备与我们在第 1 章中讨论过的那种主流通用计算机一般无二。它们都有强劲的处理器、大容量的内存，以及一些外围设备，比如数码相机上的镜头和显示屏。它们可能有复杂的用户界面。它们可以通过网络连接与其他系统通信，手机使用电话网络和 Wi-Fi，游戏机手柄使用红外线和蓝牙，不少还提供 USB 接口，以支持移动硬盘的临时接入。"物联网"也是基于此：恒温器、灯光、安全系统等由嵌入式计算机控制，并与互联网相连。

随着这种趋势的不断发展，选择现成的操作系统要比自己从头写一个来得更实际。除非用途特殊，否则在 Linux 基础上改一改是成本最低的，Linux 非常稳定、容易修改、方便移植，而且免费。相对而言，自己开发一个专有系统，或者取得某个商业系统的许可，会需要很大成本。当然，改造 Linux 的缺点在于必须把改造后的操作系统部分代码按照 GPL 许可发布，由此可能引发如何保护设备中知识产权的问题。不过，从 Kindle 和 TiVo 等许多案例来看，这并不是不可逾越的障碍。

6.4 文件系统

文件系统是操作系统的一个组成部分，它能够让硬盘、CD 和 DVD，以及其他移动存储设备等物理存储媒介，变成看起来像是由文件和文件夹组成的层次结构。文件系统是逻辑组织和物理实现之间区别的一个很好的例子。文件系统能够在各种不同的设备上组织和存储信息，但操作系统则为所有这些设备都提供相同的接口。文件系统存储信息的方式可能具有实际甚至法律含义，因此研究文件系统的另一个原因是了解为什么"删除文件"并不意味着其内容永远消失。

　　大多数读者都用过 Windows 的资源管理器或者 macOS 的 Finder，这两个工具都能列出自最顶层（比如 Windows 中的 C 盘）开始的文件系统的层次结构。在这个层次结构里，一个文件夹（folder）可以包含其他文件夹和文件；点开一个文件夹，就可以看到更多文件夹和文件。[UNIX 系统则一直使用目录（directory）而不是文件夹这一词汇。] 文件夹提供了一种组织结构，而实际的文档内容、图片、音乐、电子表格、网页等，则保存在文件中。在计算机中，所有这些信息都存储在文件系统内，你四处浏览的时候很方便通过文件系统找到这些信息。文件系统中不光存储着你的数据，还存储着可以执行的程序，比如 Word 和 Chrome 浏览器、库文件、配置文件、设备驱动程序，以及构成操作系统自身的文件。这些文件的数量大得惊人，就说我这个普通的 MacBook 吧，其中存储的文件已经超过了 90 万个；一个朋友告知我他的 Windows 电脑上有超过 80 万个文件。图 6.6 显示了我的计算机上的五层层次结构的一部分，向下延伸到我的主目录中的一些图片。

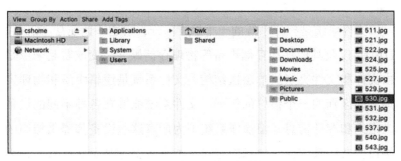

图 6.6　文件系统层次结构

尽管名称不同，Finder 和 Explorer 在你已经知道文件所在位置时很有用：你总是可以从文件系统层次结构的根或顶部开始浏览。但是，如果你不知道文件的位置，你可能必须使用搜索工具，比如 macOS 上的 Spotlight。

文件系统管理所有这些信息，方便其他应用程序和操作系统的其他部分读写这些信息。它统筹安排所有的读写操作，确保这些操作有效进行，而不会相互干扰。它记录数据的物理位置，确保它们相互隔离，不会让你的电子邮件意外地窜到你的电子表格或纳税申报单里面去。在支持多用户的系统中，还要保证信息的隐私权和安全性，不能让一个用户在未经允许的情况下访问另一个用户的文件，并且可能还需要限制每个用户有权使用的空间量。

在底层，文件系统服务是通过系统调用来提供的。程序员通常要借助代码库来使用这些系统调用，以简化编程过程中常见的文件处理操作。

6.4.1 二级存储文件系统

文件系统是一个很好的例子，说明了如何使各种各样的物理系统呈现统一的逻辑外观，即文件夹和文件的层次结构。它是如何工作的呢？

一个 500GB 的硬盘包含 5 000 亿个字节，但硬盘上的软件可能会将其表示为 5 亿个或每个 1 000 字节的块。（真实的计算机中，块的大小应该是 2 的幂。这里我使用十进制数字是为了便于说明其中的关系。）这样，一个 2 500 字节大的文件，比如一封普通的小邮件，就需要 3 个这样的块来存储。因为 2 个块存不下，而 3 个块则足够了。

文件系统不会在同一个块内存储不同文件的信息，因而就免不了有一些浪费。因为存储每个文件的最后一个块不会完全用完：在我们举的这个例子中，最后一个块就会闲置 500 字节。考虑到简化记录工作所节省的工作量，这点代价还是值得的，更何况磁盘存储器已经很便宜了。

这个文件所在的文件夹条目中会包含该文件的名字、2 500 字节的文件大小、创建或修改的日期和时间，以及其他各种相关信息（权限、类型等，取决于操作系统）。所有这些信息都可以通过资源管理器或者 Finder 看到。

这个文件夹条目中还会包含文件在磁盘上的位置信息，也就是 5 亿个块中的哪个块存储着这个文件的字节。管理这些位置信息的方法有很多种。比如，文件夹条目可以包含一个块编号列表；也可以引用一个自身包含一个块编号列表的块；或者只包含第一个块的编号，第一个块又包含第二个块的编号，依此类推。

图 6.7 描绘了一个文件夹引用块列表的概况，就像在一个传统的硬盘驱动器上一样。这些块在磁盘上不一定连续。事实上，这些块一般都不挨着，至少存储大文件的块是这样的。兆字节级别的文件需要占用上千个块，这些块通常会分散在磁盘的各个地方。尽管从这幅图中看不出来，但文件夹及块列表本身也存储在块中。

固态硬盘的物理实现会有很大的不同，但基本思想是一样的。如前所述，现在大多数计算机使用 SSD，因为尽管平均下来每字节价格更昂贵，但它们体积更小，提供更大的可靠性、更小的重量和更低的功耗。从 Finder 或 Explorer 这样的程序来看，两者没有任何区别。但是 SSD 设备有不同的驱动程序，设备本身有复杂的代码来记住信息在设备上的位置。这是因为 SSD 设备受限于每个部件的使用次数。驱动器中的软件跟踪每个物理块的使用情况，并移动数据，以确保每个块的使用大致相同，这一过程称为**磨损均衡**。

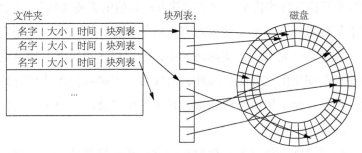

图 6.7　硬盘上的文件系统组织

　　文件夹也是一个文件，其中包含着文件夹和文件的位置信息。由于涉及文件内容和组织的信息必须精准、一致，所以文件系统保留了自己管理和维护文件夹内容的权限。用户和软件只能请求文件系统来间接地修改文件夹内容。

　　从某个角度来看，文件夹也是文件。从存储方式上讲，它们跟文件没有任何区别。只不过文件系统会全权负责管理文件夹内容，任何应用软件都不能直接修改该内容。但在最底层，它只保存在块中，都由相同的机制进行管理。

　　在应用程序要访问已有的某个文件时，文件系统必须从其层次的根部开始搜索该文件，在相应文件夹里查找文件路径中的每

一部分。举个例子，假设要在 Mac 中查找 /Users/bwk/book/
book.txt。文件系统首先要在其顶层搜索 Users，然后在该文
件夹里搜索 bwk，接着在找到的文件夹里搜索 book，最后再在
找到的文件夹里搜索 book.txt。在 Windows 中，文件名可能是
C:\My Documents\book\book.txt，但搜索过程相似。

这是一种有效的策略，因为路径的每个组成部分都将搜索范
围缩小到该文件夹内的文件和文件夹；其他的都被排除了。因此，
对于某些组件，多个文件可以有相同的名称；唯一的要求是完整
路径名是独一无二的。实际场景中，应用程序和操作系统会追踪
当前正在使用的文件夹，因此，文件系统不必每次都从根开始搜
索，此外，为了加快处理速度，系统还可能会缓存频繁用到的文
件夹。

应用程序在创建新文件时会向文件系统发送请求，文件系统
会在相应的文件夹中增加一个新条目，包含文件名、日期等项，
还有文件大小为零（因为还没有为这个新文件分配磁盘块）。接下
来，应用程序要向文件中写入某些数据时，比如向一封邮件中添
加一些文本，文件系统会找到足够多的当前没有使用的或者"空
闲"的块来保存相应信息，并把数据复制过去。然后把这些块插
入到文件夹的块列表中，最后返回给应用程序。

这表明文件系统维护了驱动器上当前未使用的所有块的列表，
也就是说，这些块不是某个文件的一部分。每当应用程序请求新
磁盘块，它就可以从这些空闲的块中拿出一些来满足请求。这个
空闲块的列表同样也保存在文件系统的块中，但只能由操作系统
访问，应用程序是访问不到的。

6.4.2 删除文件

删除文件时，过程恰好相反：文件占用的块会回到空闲列表，而文件夹中该文件的条目会被清除，结果就好像文件被删除了一样。事实上，情况并非如此，其中蕴含着许多有趣的含义。

当在 Windows 和 macOS 中删除一个文件时，这个文件会跑到"回收站"或"垃圾桶"里去，这些不过是另外一个文件夹，但具备某些略微不同的属性。事实上，这正是回收站的作用。删除文件时，相应的文件夹条目和完整的名字将从当前文件夹被复制到名叫"回收站"或"垃圾桶"的文件夹里，然后会清除掉原来的文件夹条目。这个文件占用的块以及其中的内容没有丝毫变化！从"回收站"里还原文件的过程正好相反，就是把相应条目恢复到它原来所在的文件夹中。

"清空回收站"倒是跟我们本节一开始描述的过程很相似。此时"回收站"或"垃圾桶"里的文件夹条目会被清除，相应的块会真正添加到空闲块列表中。不管是明确地执行这个操作，还是文件系统因为空闲空间过少而在后台静默地清空，这个过程都将实实在在地发生。

假设是你明确地点击"清空回收站"或者"清空垃圾"来清空垃圾。那么这个操作首先清除回收站文件夹中的条目，然后把其中文件占用的块回写到空闲块列表，但这些文件的内容并没有被删除。换句话说，原始文件的每个块的所有字节仍然保持不变。它们不会被新内容覆盖，直到该块从空闲列表中删除并留给一个新文件。

这种延迟意味着，你认为已经删除的信息仍然存在，而且如果你知道如何找到它，就可以很容易地访问它。任何通过物理块读取驱动器的程序，也就是说，不经过文件系统层次结构，都可以看到原来的内容是什么。在 2020 年中期，微软发布了 Windows File Recovery（文件恢复），这是一个免费的工具，可以对各种文件系统和媒介进行这种类型的恢复。

这样有一个潜在的好处。就是在硬盘出问题的情况下，还有可能恢复其中的信息，即使文件系统可能已经混乱了。可是不能保证数据真正被删除也有问题。假如你想删除的文件里包含隐私，或你在做些不希望为人所知的事情，你肯定希望它们被删除后永远销声匿迹。一个有能力的敌人或执法机构可以毫不费力地找到它。如果你正在计划一些恶作剧，或者如果你只是由于偏执而写下一些内容，那么你必须使用一个程序来彻底删除被释放的块中的信息。

在实践中，你可能需要做得更好，因为即使新信息已覆盖原有内容，一个具有大量资源并且有职业精神的对手可能能够提取信息的痕迹。军用级文件擦除会用随机的 1 和 0 对要被释放的块进行多次覆盖。更好的方法是将硬盘放在强磁铁附近，使其退磁。最好的办法是在物理上摧毁它；只有这样才能确保里面的内容都没了。

然而，如果你的数据一直在自动备份（就像我在工作时那样），或者你的文件保存在网络文件系统或"云"中，而不是在你自己的硬盘上，即使这样也可能不够。（如果你出售或赠送一台旧电脑或旧手机，你可能需要确保其中的任何数据都是不可恢复的。）

文件夹条目本身也存在类似的问题。删除一个文件时，文件系统会注意到相应文件夹条目不再指向有效的文件。为此，它可能只会设置一个表示"本条目不再使用"的比特位。这样就有可能恢复关于文件的原始信息，包括没有重新分配的任何块的内容，直到该文件夹条目本身被重新使用。这种机制是 20 世纪 80 年代微软 MS-DOS 系统商业文件恢复程序的核心，它通过将文件名的第一个字符设置为一个特殊值来标记空闲条目。这样，如果用户删除文件后不久尝试恢复文件，实现起来就会很容易。

文件的内容可以在其创建者认为它们已经被删除后长期保存着，这对揭发事实和档案保管等法律程序产生了影响。这种案例屡见不鲜。例如，一封旧的电子邮件信息以某种方式令人尴尬或被判有罪。如果这些记录只存在于纸面上，那么很有可能小心翼翼地粉碎会毁掉所有的副本。但数字化记录是会扩散的，可以很容易地复制到可移动设备上，并可以隐藏在许多地方。在网上搜索"电子邮件泄露"或"泄露的电子邮件"等短语的结果应该让你相信，要谨慎对待你在邮件中说的话，以及你向电脑提交的任何信息。

6.4.3 其他文件系统

我一直在讨论二级存储驱动器上的传统文件系统，因为大部分信息都在二级存储驱动器上，这也是我们在自己的计算机上最常看到的。但是文件系统抽象也适用于其他媒体。

CD-ROM 和 DVD 同样以文件系统的方式提供访问接口，同样由不同层次的文件夹和文件组成。USB 和 SD（"安全数字"，见图 6.8）驱动器上的闪存文件系统也是广泛适用的。当插入

Windows 电脑时，闪存驱动器会显示另一个磁盘驱动器。它可以通过文件资源管理器进行探索，可以像内置的磁盘那样准确地读取和写入文件。唯一的区别是它的容量可能更小，访问速度可能更慢。

图 6.8 SD 闪存卡

如果同一个设备插到一台 Mac 上，它同样显示为分层的文件系统，可以通过 Finder 浏览，文件也可以拷来拷去。把它们插到 UNIX 或 Linux 计算机上也一样，它们还是表现为文件系统。让这些硬件在不同操作系统中看起来具有同样的文件系统和同样的文件夹 / 文件抽象的是软件。但在内部，文件组织采用的可能是微软的 FAT 系统——被广泛使用的事实标准。但我们不确定，我们也不需要知道。抽象的实现非常完美。（顺便说一句，FAT 是 File Allocation Table 的缩写，即文件分配表，而不是"肥胖的"，所以大家不要误以为这是对系统质量的评论。）硬件接口和软件结构的标准化使之成为可能。

我的第一台数码相机都把照片存在自己内部的文件系统中。为了拷照片，必须用数据线把相机连接到计算机，并运行特有的软件来取得。从那以后，每台相机都有一个可拆卸的 SD 存储卡，就是图 6.8 显示的那张，把这张卡从相机里拔出来插到计算机上，我就可以上传照片。不仅上传速度比以前要快得多，而且另一个意想不到的附加好处是，它把我从相机制造商的笨拙和古怪的软件中解放了出来。熟悉而统一的界面以及标准的媒介代替了笨拙而专有的软硬件。我想制造商也很高兴不再需要提供专门的文件传输软件。

值得一提的是，同样的思想也体现在网络文件系统上。在学校和公司里，把文件保存到服务器上是非常常见的做法。借助相应的软件，我们访问其他计算机上的文件系统时，就如同访问本地的硬盘一样。同样只要使用资源管理器、Finder 或者其他软件就可以访问信息。远端的文件系统可能与本地相同，比如都是 Windows 计算机，也可能不同，比如其中一台是 macOS 或 Linux 计算机。但与闪存设备一样，软件把它们的差异隐藏了起来，提供统一的界面，因此看起来和本地计算机中常规文件系统一样。

网络文件系统经常用于备份，当然也可以作为主文件存储系统。可以将文件的多个旧副本复制到归档媒体上，以便存储在不同的站点上；这可以防止像勒索软件攻击或火灾这样的灾难破坏关键记录的唯一副本。有些磁盘系统会依赖一种叫独立磁盘冗余阵列（Redundant Array Of Independent Disks, RAID）的技术，它通过一个纠错算法将数据写入多个磁盘，即使其中一个磁盘损坏，也可以恢复信息。当然，这种系统也会增加彻底销毁数据的难度。

我们将在第 11 章中进一步讨论云计算系统，它也有一些相同的属性，但通常不会用文件系统接口来显示其中的内容。

6.5　应用程序

"应用程序"是一种统称，表示以操作系统作为平台完成某种任务的各种程序或软件系统。应用程序可大可小，可以只完成特定的任务，也可以囊括大量功能。可以是购买的，也可以是免费送的。它的代码可以高度保密，也可以开放源码，甚至没有任何限制。

应用程序规模大小各异，从只做一件事的小型独立程序到做一组复杂操作的大型程序，如 Word 或 Photoshop。

作为一个简单应用程序的例子，考虑一个名为 date 的 UNIX 程序，它打印当前日期和时间：

```
$ date
Fri Nov 27 16:50:00 EST 2020
```

date 程序在所有类 Unix 系统中的行为完全一样。包括 macOS 并且 Windows 中也是类似的。date 的实现代码很少，因为它构建在一个系统调用（time）之上，该调用以内部格式提供当前日期和时间，以及调用了格式化日期（ctime）和打印文本（printf）的库。以下就是实现它的 C 代码，这样你可以看到它有多短：

```
#include <stdio.h>
#include <time.h>
int main() {
    time_t t = time(0);
    printf("%s", ctime(&t));
    return 0;
}
```

UNIX 系统有一个列出目录中文件和文件夹的程序称为 ls，它是 Windows 资源管理器和 macOS Finder 的纯文本版。对文件执行复制、移动、重命名等操作的程序，在 Finder 和资源管理器中也都有对应的图形用户界面版。同样，这些程序也使用系统调用来提供文件夹包含内容的基本信息，也依赖于库函数去读、写、格式化和显示信息。

Word 之类的应用程序比探索文件系统的程序要大得多。但很明显，Word 一定包含某种类似的文件系统程序，以便用户能够在文件系统中打开文件、读取文件内容和保存文档。Word 也包含复杂的算法，随着文本变化持续更新显示界面的算法就是一例。它还提供精心设计的用户界面，用于显示信息和让用户调整字号、字体、颜色、布局等。这可能是程序的主要部分。随着新特性的添加，Word 以及其他具有巨大商业价值的大型程序都经历了不断改进。我不知道 Word 有多少行源代码，但要说它有 1 000 万行 C、C++ 和其他语言的代码，特别是包含针对 Windows、Mac、手机和浏览器的版本，应该一点都不奇怪。

浏览器是大型、免费、有时是开源的应用程序的一个例子，在某些方面甚至更复杂。你肯定至少使用过下列浏览器之一：Firefox、Safari、Edger 或者 Chrome，相信不少人用过多个。在第 10 章我们会更详细地介绍 Web，以及浏览器如何获取信息。这里我们关注它是因为它是一个大而复杂的程序。

从外部来看，浏览器会向 Web 服务器发送请求，从那里取得信息后再把它们显示出来。那它复杂在哪里呢？

首先，浏览器必须处理**异步**事件。所谓异步事件，就是在非预测时间发生、没有特定次序的事件。举个例子，你点击一个链接，浏览器就会发送一个对相应页面的请求。但发送完请求后，但它不能只是等待回复。它还得准备响应你的其他操作，比如滚动当前页面，或者在你点击"后退"按钮或另外一个链接时中断之前的请求，不管请求的页面是否已经到达。在你调整窗口大小时，它必须不断更新窗口中的内容，可能是在数据到达时你正来回调整窗口大小，它必须持续更新。如果页面中包含音频和视频，那它还要负责管理它们。编写异步系统一直是非常困难的，而浏览器就必须处理很多异步操作。

　　浏览器必须支持很多种内容，从静态文本到具有交互性的程序，这些程序可以动态改变网页中包含的内容。对某些内容的支持可以委托给辅助程序，这是处理 PDF 文档和电影的标准做法，但浏览器必须提供启动这些辅助程序的机制，为它们发送和接收数据和请求，并将它们集成到显示中。

　　浏览器必须管理多个标签页或窗口，每个标签页和窗口都可能需要执行前述操作。它要为每个标签页和窗口单独保留一份历史记录，还要保存书签、收藏夹等数据。它要支持访问本地文件系统，以便上传和下载，以及缓存图像。

　　浏览器自身还是一个平台，提供不同层次的扩展：比如，要支持 QuickTime 插件、运行 JavaScript 的虚拟机，以及诸如 Adblock Plus 和 Ghostery 的扩展程序。在底层，它必须在多个操作系统的多个版本上工作，包括移动设备。

　　由于这些复杂的代码，浏览器很容易因为自身实现或所支持的程序中的 bug 受到攻击。并且由于用户的天真、无知和不明智的行为，大多数人（除了本书的读者）几乎不知道发生了什么，也不知道可能会有什么风险。这并不容易。

如果现在再回头读一读本节内容，你会不会想到些什么？没错，现在的浏览器非常类似操作系统。它要管理资源，控制和协调同时发生的活动，它存储和检索来自多个源的信息，并提供一个可以运行应用程序的平台。

多年来的实践表明，把浏览器当成操作系统是可行的。换句话说，浏览器本身就是一个独立的系统，与什么操作系统在控制底层硬件无关。10 年或 20 年前，这是一个不错的想法，但存在太多实际障碍。如今，这是一个可行的选择。大量服务都可以只通过浏览器界面来访问了——邮件、日历、音乐、视频和社交网络就是很明显的例子，而这个趋势还在继续。谷歌提供了一个名为 Chrome OS 的操作系统，它主要依赖于基于 Web 的服务。为此，谷歌还推出了运行 Chrome OS 的计算机 Chromebook。它只有有限的本地存储空间，大部分存储空间都在网络上，而且它只运行基于浏览器的应用程序，比如谷歌 Docs。第 11 章讨论云计算的时候，我们还会再探讨这个话题。

6.6　软件层次

与计算领域的很多其他东西一样，软件也是分层组织的。类似于地质学中的分层，软件中的不同层次可以隔离不同的关注点。在程序员的世界里，分层是解决复杂问题的一个核心思想。每一层都实现了一些东西，并提供了上面一层可以用于访问服务的抽象。

一般而言，计算机的最底层是硬件。它几乎可以看成固定的，除非因为总线的原因，使得即使在系统运行时也可以添加和删除设备。

接下来一层是操作系统本身，通常称为**内核**，以显示其核心功能。操作系统介于硬件和应用程序之间。无论底层是什么硬件，操作系统都要负责隐藏其特性，并向应用程序提供统一的接口或界面，这个接口或界面不因硬件的种种差别而变化。在接口设计得当的情况下，相同的操作系统接口可以在不同类型的处理器上使用，也可以由不同的供应商提供。

UNIX 和 Linux 操作系统的接口就是这样的。UNIX 和 Linux可以在各种处理器之上运行，在每个处理器上都能提供相同的操作系统服务。实际上，操作系统已经成为一种商品；底层的硬件除了价格和性能之外，其他方面都影响不大。而且，上层的软件也不依赖于它。（一种显而易见的证据是，我经常交替使用"UNIX"和"Linux"，因为对于大多数目的来说，两者的区别是无关紧要的。）注意，将程序移动到新处理器所需要做的就是使用合适的编译器对其进行编译。当然，一个程序与特定硬件属性的联系越紧密，这项工作就越困难，但对于许多程序来说，这是非常可行的。

举个大规模转换的例子，苹果公司在 2005 年到 2006 年，用了不到一年时间，就把它们的软件从 IBM 的 PowerPC 处理器转换到了 Intel 处理器上。在 2020 年中间，苹果宣布它将再次做同样的事情，从此在所有的手机、平板电脑和电脑上使用 ARM 处理器，而不是英特尔的处理器。这是软件如何在很大程度上独立于特定处理器架构的另一个演示。

对 Windows 来说，问题就没有那么简单了。从 1978 年的 Intel 8086 CPU 开始，Windows 的开发就与 Intel 架构紧密结合，包括后续演化过程中出现的产品。(处理器系列一般称为"x86",是因为 Intel 的处理器很多年都以"86"这个编号结尾,包括80286、80386、80486 等。)这种联系如此紧密,以至于在英特尔上运行的 Windows 有时被称为"Wintel"。然而现在 Windows也可以运行在 ARM 处理器上了。

操作系统再往上的一层是一套函数库,它提供通用的服务,这样一来,程序员就不必各自重复实现这些功能。这些函数库是通过它们的 API 访问的。有些库位于底层,能够完成一些基本功能(完成数学计算,比如开方和求对数,或者像前面 date 命令一样计算日期和时间)。另外一些库的功能更复杂(加密、图形处理、压缩等)。用于图形用户界面的组件,包括对话框、菜单、按钮、复选框、滚动条、选项卡面板等,都需要编写很多代码。为此,只要把这些代码封装成函数库,任何人就都可以使用它们,而且还能保证统一的外观和体验。这就是为什么大多数 Windows 应用(至少它们的基本图形组件)看起来那么相似的原因。同样的情况在 Mac 上更是如此。对于大多数软件供应商来说,重新发明和重新实现的工作量太大,而且毫无意义的不同视觉外观会让用户感到困惑。

有时候,内核、函数库和应用程序之间并不像我说的那么界限分明。毕竟,编写及连接软件组件的方式多种多样。例如,内核可以提供少量服务,而依赖上层的库来完成大部分工作。或者,它也可以自己承担大部分任务,而较少地依赖于库。操作系统和应用程序之间的边界也并没有明确界定。

那该如何区分它们呢?一个简单但可能不够完美的方法,就是把任何确保一个应用程序不会干扰另外应用程序的代码看成是操作系统的一部分。内存管理需要决定在程序运行的时候把它们放到内存的什么位置，它是操作系统的一部分。类似的，文件系统需要决定把信息保存到二级存储上的什么位置，是一个关键功能。设备管理也是，需要确保两个应用程序不会同时占用打印机，也不能在没有协商的情况下就向显示器输出内容。最核心的，处理器的控制是一个操作系统功能，因为这是确保所有其他属性所必需的。

浏览器不属于操作系统，因为你可以运行任意浏览器，甚至同时运行多个浏览器，都不会干扰共享的资源或者控制。这听起来像是一个技术上的关键点，但它已经产生了重大的法律后果。美国司法部从1998年开始到2011年结束的对微软的反垄断诉讼，就涉及微软的Internet Explorer浏览器到底是操作系统的一部分，还是仅仅是一个独立应用程序的问题。如果浏览器是操作系统的一部分，按照微软的主张的那样，它不能被合理地删除，微软有权要求使用IE。如果浏览器是一个独立的应用程序，那么微软就涉嫌以非法手段强迫用户在非必要情况下使用IE。当然，这个官司本身要复杂得多，但如何界定浏览器的归属问题确实非常重要。最终诉讼的结果是，法院认定浏览器是一个独立的应用程序，不属于操作系统。用法官托马斯·杰克逊（Thomas Jackson）的话说："Web浏览器和操作系统是相互独立的产品。"

6.7 小结

应用程序完成任务，操作系统充当协调者和"交通警察"，以确保应用程序有效而公平地共享资源——处理器时间、内存、二级存储、网络连接和其他设备，并且互不干扰。基本上今天所有的计算机都有一个操作系统，而且趋势是使用像 Linux 这样的通用系统，而不是专门的系统，因为除非有很特殊的情况，使用现有的代码比编写新的代码更容易、更便宜。

本章中的大部分讨论都是针对个人用户的应用程序，但是有许多没有被大多数用户所察觉到的大型软件系统。这些包括运营电话网络、电网、运输服务、金融和银行系统等基础设施的软件。飞机和空中交通管制、汽车、医疗设备、武器等都是由大型软件系统运转的。事实上，很难想象我们今天使用的哪个重要技术没有一个重要的软件组件。

软件系统很大、很复杂，而且经常有 bug，而不断的变化会使这些变得更糟。很难准确估计大型系统中有多少代码，但我们所依赖的主要系统往往至少涉及数百万行代码。因此不可避免地会有重大的漏洞被利用。随着我们的系统变得越来越复杂，这种情况可能会变得更糟，而不是更好。

第7章

学 习 编 程

"不要只是在手机上玩游戏，要对它进行编程！"

——奥巴马，2013 年 12 月

在我的课程中会教授少量的编程，因为我认为对于一个生活在信息时代的人来说，了解一些编程方面的常识是很重要的。比如，只是让简单的程序正常工作也可能相当困难。教授这门课如同一场和计算机的战争，但是也能让学生体验到当程序第一次运行时的美妙成就感。拥有足够的编程经验也是很有价值的，这样当有人说编程很容易或程序中没有错误时，你就会小心谨慎起来。如果你在经过一天的努力后，很难让 10 行代码正常工作，那么你可能会对那些声称具有百万行的程序将按时交付且没有 bug 的人表示怀疑。另一方面，有时候知道并不是所有的编程任务都很困难也是很有帮助的，例如在雇佣顾问的时候。

世界上有无数种语言。你应该先学哪一种？如果你想为手机编程，就像奥巴马告诫我们的那样，你需要使用 Java 为 Android

编程，使用 Swift 为 iPhone 编程。这两种语言初学者都能学会，但相对于随便用用软件来说就很难，而且手机编程涉及很多细节。Scratch 是一个来自麻省理工学院的可视化编程系统，特别适合儿童，但它不能扩展到更大或更复杂的程序。

在这一章中，我将简要介绍两种编程语言，JavaScript 和 Python。两者都被业余和专业程序员广泛使用。对于初学者来说，它们很容易学习，可以扩展到更大的程序，并且应用范围很广。

每个浏览器都包含 JavaScript，所以不需要下载软件来编程。如果你真的写了一个程序，你可以在自己的网页上使用它向朋友和家人展示。语言本身很简单，用户只需相对较少的经验就可以完成简洁的工作，同时它也非常灵活。

几乎每个网页都包含一些 JavaScript 代码，这些代码可以在浏览器中通过查看页面源代码来检查，尽管你必须通过点几个菜单来找到正确的条目，而浏览器会增加查找的困难。许多网页效果都是由 JavaScript 实现的，包括 Google Doc 和来自其他来源的类似功能程序。JavaScript 也是用于 Twitter、Facebook、Amazon 等 Web 服务提供的 API 的语言。

JavaScript 也有缺点。语言的某些部分是笨拙的，会有一些令人惊讶的行为。浏览器界面并不像人们希望的那样标准化，因此程序在不同的浏览器上的行为并不总是相同的。在我们所讨论的程度上，这不是问题，即使对于专业程序员来说，它也一直在变得越来越好。

JavaScript 程序通常作为网页的一部分运行，尽管不在浏览器中运行的应用正在增加。当 JavaScript 与浏览器一起使用时，人们必须学习少量的 HTML（超文本标记语言），这是一种描述网页布局的语言。（我们将在第 10 章接触到一些。）尽管有这些小缺点，但学习一些 JavaScript 还是很值得的。

我们要讨论的另一种语言是 Python。Python 非常适合对大量潜在应用进行日常编程。在过去的几年中，Python 已经成为入门编程课程的标准语言，也用于专注数据科学和机器学习的课程。虽然你通常会在自己的计算机上运行 Python，但现在有一些网站可以将 Python 程序作为 Web 服务运行，因此不需要下载任何东西来学习 Python，也不需要学习如何使用命令行界面。如果让我为正在学习第一种编程语言的人讲授课程，我会推荐 Python。

如果你按照这里的学习材料做一些实验，你就可以学习如何编程，至少在基本水平上，这是一项值得拥有的技能。你学到的知识将可以应用到其他语言中，使学习其他语言的过程变得更容易。如果你想深入学习或获得不同的学习资源，在网上搜索 JavaScript 或 Python 教程，你会得到一长串有帮助的网站，包括 Codecademy、可汗学院和 W3Schools，这些网站针对绝对的编程初学者。

尽管如此，略读这一章并忽略语法细节也是可以的，本书中的其他内容都不依赖于这部分内容。

7.1 编程语言的基本概念

编程语言的某些基本概念是相通的，因为这些概念都是为了表达一系列计算步骤而发明的。任何编程语言都会提供一些方法来读取输入数据、进行算术计算、存储和获取中间值，并根据之前的计算结果决定下一个计算步骤，在计算过程中显示结果，以及在计算完成时保存结果。

编程语言具有**语法**，而语法就是一系列规则，根据它们可以判断什么符合语法，什么不符合。编程语言对语法很挑剔：你必须"说"得完成正确，否则编译器就会有"抱怨"。语言也有**语义**，也就是说，你能用语言表达的任何东西都有明确的意义。

从理论上讲，对于一个特定的程序在语法上是否正确，以及如果是的话，它的含义是什么，不应该有歧义。不幸的是，这种理想并不总是能够实现。语言通常是用单词定义的，就像自然语言中的任何其他文档一样，这些定义本身可能就有歧义，并允许不同的解释。最重要的是，实现者可能会犯错误，而且语言会随着时间而演变。因此，JavaScript 的实现在不同的浏览器之间，甚至在同一浏览器的不同版本之间都有所不同。类似地，Python 也有两个版本，大体上是兼容的，但也有一些令人恼火的差异。幸运的是，版本 2 即将过时，被版本 3 所取代，此问题将会被解决。

大多数编程语言有三个方面。首先是语言本身：告诉计算机进行算术运算、测试条件和重复计算的语句。其次，你可以在自己的程序中使用别人编写的代码库；这些都是预先写好的，你不必自己写。典型的例子包括数学函数、日历计算以及用于搜索和操作文本的函数。最后，可以访问程序运行的环境。JavaScript 程序运行在浏览器中，它可以从用户那里获得输入，对按钮按下或输入表单等事件做出反应，并导致浏览器显示不同的内容或转到不同的页面。Python 程序可以访问运行它的计算机上的文件系统，而运行在浏览器中的 JavaScript 程序是禁止这样做的。

7.2 第一个 JavaScript 程序

我将从 JavaScript 开始，然后是 Python。JavaScript 部分的思想将使 Python 部分更容易阅读，当然你也可以按照相反的顺序阅读。一般来说，在你学习了一门语言之后，其他语言就很容易掌握了，因为你一旦理解了概念，就只需要学习一种新的语法。

第一个 JavaScript 示例可以说是一个小得不能再小的程序了，它的作用就是在页面加载时弹出一个对话框，显示出 "Hello, world"。下面就是完整的 HTML 代码，第 10 章在介绍万维网的时候还会再介绍 HTML。但现在我们只关心其中加粗的那一行 JavaScript 代码，它位于 <script> 和 </script> 标签之间。

```
<html>
  <body>
    <script>
      alert("Hello, world");
    </script>
  </body>
</html>
```

把这 7 行代码输入到一个名为 hello.html 的文件里，通过浏览器打开它，就会看到如图 7.1 所示的几个对话框中的一个：

图片来自 macOS 上的 Firefox、Chrome、Edge 和 Safari。你可以看到不同的浏览器可能有不同的表现。注意，Safari 显示 "关闭" 而不是按钮，Edge 和 Chrome 几乎完全相同，因为 Edge 是基于 Chrome 实现的。

图 7.1 macOS 上 Firefox、Chrome、Edge 和 Safari 四种浏览器的显示结果

alert 函数是 JavaScript 库的一部分，用于与浏览器交互。它会弹出一个对话框，显示引号之间出现的任何文本，并等待用户按下 OK 或 Close 按钮。顺便说一下，当你创建自己的 JavaScript 程序时，必须使用标准双引号字符 (")，而不是你在普通文本中看到的所谓的"智能引号"。这是一个简单的语法规则示例。不要使用 Word 之类的文字处理器来创建 HTML 文件，必须

使用文本编辑器，如 Notepad 或 TextEdit，并确保它将文件保存为纯文本（也就是没有格式化信息的纯 ASCII），即使文件名扩展名为 .html。

一旦有了这个例子，你就可以扩展它来做更多有趣的计算。从现在开始，我不会展示 HTML 部分，只展示介于 <script> 和 </script> 之间的 JavaScript 代码。

7.3　第二个 JavaScript 程序

第二个 JavaScript 程序会询问用户名称，然后显示一个个性化的问候语：

```
var username;
username = prompt("What's your name?");
alert("Hello, " + username);
```

这个程序有几个新的构造和相应的含义。首先，var 这个词引入或声明了一个变量，它代表主内存中的一个地方，当程序运行时，程序可以在这里存储值。它被称为变量，因为它的值可以随着程序的运行而改变。声明变量是一种高级语言的典型做法，类似于我们在玩具汇编语言中为内存位置起一个名称。打个比方，声明指定了戏剧中的人物，即戏剧中人物的列表。我将变量命名为 username，它描述了它在这个程序中的角色。其次，该程序使用了一个名为 prompt 的 JavaScript 库函数，它类似于 alert，但会弹出一个对话框要求用户输入。用户输入的任何文本都可以作为 prompt 函数经过计算得到的值提供给程序。该值通过下面这行语句赋给变量 username：

```
username = prompt("What's your name?");
```

等号 "=" 意味着 "在右侧执行操作，并将结果存储在左侧命名的变量中"，就像在玩具程序的内存中存储累加器值一样；这样解释等号是语义的一个例子。

这个操作叫作赋值操作，"="不表示相等；它意味着复制一个值。大多数编程语言使用等号进行赋值，尽管可能与数学上的等号混淆。

最后，在下面的 alert 语句中使用加号 + 来连接单词 Hello（以及一个逗号和一个空格）和用户提供的名字。这也可能令人困惑，因为在这里 + 并不意味着数字的相加，而是两个文本字符串的连接。

```
alert("Hello, " + username);
```

当你运行这个程序时，提示符会显示一个对话框，你可以在其中输入一些内容，如图 7.2（来自 Firefox）所示。

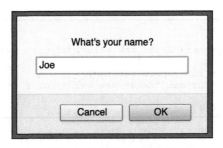

图 7.2　等待输入的对话框

如果你在这个对话框中输入 "Joe"，然后点击 OK，结果将是如图 7.3 所示的消息框。

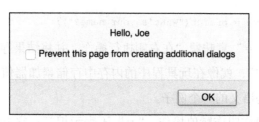

图 7.3 对话框响应点击 OK 的结果

允许将姓和名作为单独的输入将是这个程序的一个简单扩展，并且有很多变体可以尝试练习。注意，如果你用"My name is Joe"来回应，结果将是"Hello, My name is Joe"。如果你想让电脑有更聪明的行为，你必须自己编程。

7.4 循环和条件

图 5.6 是该程序的 JavaScript 版本，它将一系列数字相加。图 7.4 再次显示了它，所以你不必回头翻找。

```
var num, sum;
sum = 0;
num = prompt("Enter new value, or 0 to end");
while (num != '0') {
    sum = sum + parseInt(num);
    num = prompt("Enter new value, or 0 to end");
}
alert(sum);
```

图 7.4 用于数字相加的 JavaScript 程序

这里再回顾下，这个程序读取数字直到输入的值是"0"，然后输出这些数字相加的和。我们已经在这个程序中看到了一些语言特性，比如声明、赋值和 prompt 函数。第一行是变量声明，将程序会用到的两个变量命名为 num 和 sum。第二行是赋值语句，它将 sum 设置为 0，第三行将 num 设置为用户在对话框中输入的值。

重要的新特性是 while 循环，它包括第 4 行到第 7 行。计算机是一遍又一遍地重复指令序列的奇妙设备；问题是如何在编程语言中表达这种重复。玩具语言引入了 GOTO 指令，用于跳转到程序中的另一个位置，而不是序列中的下一个指令，以及 IFZERO 指令，它只在累加器值为 0 时运行分支。

这些想法在大多数高级语言中以 while 循环语句来表达，它提供了一种更有序、更有规则的方式来重复一系列操作。程序中的 while 语句用于测试一个条件（写在括号之间），如果条件为真，则执行花括号 {...} 中的语句。然后它会返回并再次测试这种情况。当条件为真时，这个循环会继续。当条件变为假时，继续执行标志该循环结束的右花括号之后的语句。

这几乎与我们在第 3 章中用 IFZERO 和 GOTO 编写的玩具程序完全匹配，只是使用 while 循环时，我们不需要创建标签，测试条件可以是任何计算结果为真或假的表达式。这里测试的是变量 num 是否不是字符 0。操作符 != 表示"不等于"；这个运算符和 while 语句都是继承自 C 语言。

我并没有明确指定这个示例程序中数据的类型。但在内部，计算机对像"123"这样的数字和像"Hello"这样的任意文本之间的处理方式有很大的区别。有些语言要求程序员仔细地表达这种区别；其他语言尝试猜测程序员可能的意图。JavaScript 更接近后一种情况，因此有时需要显式地说明所处理的数据类型以及如何解释相应的值。

函数 prompt 返回字符（文本），测试确定返回的字符是否为文字 O，将其放在引号中表示。如果没有引号，它将是一个数字 0。

函数 parseInt 将文本转换为可用于整数运算的内部形式。换句话说，它的输入数据将被视为一个整数（如 123），而不是三个十进制数字的字符。如果我们不使用 parseInt，由 prompt 返回的数据将被解释为文本，+ 运算符将把它追加到前面的文本的末尾。结果是将用户输入的所有数字连接起来，也许很有趣，但不是我们想要的。

下一个示例（见图 7.5）的工作略有不同，它查找所输入的所有数字中数字最大的那个。这是引入另一个控制流语句 if-else 的原因，所有高级语言都有这个语句（可能形式上稍有差异），用于条件判断。实际上，if-else 就是 IFZERO 的通用版本。JavaScript 中的 if-else 语句和 C 语言中的一样。

if-else 语句有两种表现形式。一种就是这里所展示的这样，没有 else 子句。此时，只要括号中的条件为真，那么就会执行后面括号 {...} 中的语句。但不管怎样，都会执行紧跟在右花括号后面的语句。另一种形式就是还有一个 else 子句，它也带有一组语句，会在条件为假时执行。无论哪种情况，整个 if-else 语句块后面的语句都会执行。

可能你也注意到了，这个示例程序是通过缩进来显著地表示结构的：while 和 if 控制的语句都缩进了。这是一个很好的实践，因为它可以让我们一眼看到 while 之类语句的作用域是什么，以及它是否控制了其他语句。

```
var max, num;
max = 0;
num = prompt("Enter new value, or 0 to end");
while (num != '0') {
    if (parseInt(num) > parseInt(max)) {
        max = num;
    }
    num = prompt("Enter new value, or 0 to end");
}
alert("Maximum is " + max);
```

图 7.5　查找序列中最大的数

如果你在网页上运行这个程序，测试它是很容易的，但专业的程序员甚至会在这之前就检查它，模仿它的行为，通过在心里一步一步地检查程序的语句，就像一台真正的计算机会做的那样。例如，尝试输入序列 1,2,0 和 2,1,0，你甚至可以从序列 0 开始，然后是 1,0，以确保最简单的情况能正常工作。如果你这样做（这是一个很好的实践，可以确保你理解它是如何工作的），你将得出结论，该程序对任何输入值序列都可以工作。

真的是这样吗？如果输入中包含正数那没问题，但要是输入的都是负数呢？你会发现这个程序一直会说最大的数是零。

想一想这是为什么。这个程序把到目前为止发现的最大值保存在变量 max 中（就像找出房间里个子最高的人一样）。为了跟后续的数值进行比较，这个变量必须有一个初始值，因此程序一开始把它设为零——在用户提供任何值之前。要是用户真的输入了一个大于零的值固然好，就像输入身高一样。可要是用户输入的都是负值，程序不会打印最大的负值，而是会打印那个初始输入的 max 值，而这个值从未被更新过。

这个 bug 很容易消除。在 JavaScript 讨论的最后，我将展示一种解决方案，但读者自己发现如何修复的方法是一个很好的练习。

这个例子展示的另一件事是测试的重要性。测试需要的不仅仅在程序中随机输入。优秀的测试人员会认真考虑可能出现的错误，包括奇怪或无效的输入，以及"边缘"或"边界"的情况，比如根本没有数据或被零除。优秀的测试人员会考虑所有负输入值的可能性。但问题是，随着程序越来越大，想象出所有测试用例也越来越难，尤其是考虑到用户可能会以任意次序，在任意时间输入任意值。没有完美的解决方案，但是仔细地进行程序设计和实现会有所帮助。比如从一开始就在程序中添加一致性和完整性检查的代码。这样，如果出现问题，很可能会被程序自身及早发现。

7.5 JavaScript 库和接口

JavaScript 作为一种扩展机制在复杂的 Web 应用中扮演着十分重要的角色。Google Maps 就是一个很好的例子，它提供了一个库和一套 API，于是地图操作就可以通过 JavaScript 程序，而不仅仅是鼠标点击来控制了。任何人都可以编写自己的 JavaScript 程序在 Google 提供的地图上显示信息。这套 API 使用起来很简单，比如图 7.6 中的这段代码（当然还得有几行 HTML）就可以显示出图 7.7 所示的地图，也许有一天这本书的读者会住在那里。

正如我们将在第 11 章看到的，Web 的发展趋势是越来越多地使用 JavaScript，包括像 Maps 这样的可编程接口。这样做的一个缺点是，当你被迫公开源代码时，很难保护知识产权，而如果你使用 JavaScript，则必须公开源代码。任何人都可以使用浏览器查看页面的源代码。有些 JavaScript 代码是混淆过的，要么是有意的，要么是为了让它更紧凑，以便更快地下载，结果可能是完全无法破解的，除非有人下决心搞定。

```
function initMap() {
  var latlong = new google.maps.LatLng(38.89768, -77.0365);
  var opts = {
    zoom: 18,
    center: latlong,
    mapTypeId: google.maps.MapTypeId.HYBRID
  };
  var map = new google.maps.Map(
              document.getElementById("map"), opts);
  var marker = new google.maps.Marker({
    position: latlong,
    map: map,
  });
}
```

图 7.6　使用 Google Maps 的 JavaScript 代码

图 7.7　有一天你会住在这里吗？

7.6 JavaScript 是如何工作的

我们回忆一下第 5 章中关于编译器、汇编器和机器指令的讨论。JavaScript 程序会以类似的方式被转换成可以执行的形式，但细节方面却有着明显差异。浏览器在遇到网页中的 JavaScript 代码时（比如遇到 <script> 标签时），就会把代码文本移交给 JavaScript 编译器。编译器检测错误，然后将其编译为与"玩具"类似的一个假想机器的汇编语言指令。当然，这套指令系统包含的指令要丰富得多，而实际上它正是我们上一章讲过的一种虚拟机。这个虚拟机接着会像玩具程序一样也运行一个模拟器，执行 JavaScript 程序设定的指令。模拟器与浏览器保持着密切交互，比如，当用户单击按钮时，浏览器马上就会通知模拟器哪个按钮被单击了。在模拟器希望做点什么的时候，比如弹出一个对话框，它就会让浏览器通过调用 alert 或 prompt 来完成这项工作。

关于 JavaScript，我们只说这么多，但如果你对更多内容感兴趣，有一些好书和在线教程可以让你就地编辑 JavaScript 代码并立即显示结果。编程可能会令人沮丧，但它也可以很有趣，甚至可以让你过上体面的生活。任何人都可以成为一名程序员，但如果你有一种观察细节的眼光，能够将焦点在细节处放大，然后再将焦点拉远到全局，这将会很有帮助。如果你不够小心，程序就不能很好地运行，或者根本就不能正常运行，那么对正确处理细节有点强迫症也会有所帮助。和大多数活动一样，业余爱好者和真正的专业人士之间有很大的差距。

下面是几页前的编程问题的一个可能的答案：

```
num = prompt("Enter new value, or 0 to end");
max = num;
while (num != '0') ...
```

将 max 设置为用户提供的第一个数字，这是目前为止最大的值，无论它是正数还是负数。不需要更改任何其他内容，程序现在可以处理所有输入。但如果其中一个值为零，它将提前退出。在用户根本没有提供任何值的情况下，它甚至可以做一些合理的处理。但要处理好这一点，通常需要学习更多关于 prompt 函数的知识。

7.7 第一个 Python 程序

现在，我将重新介绍本章第一部分的内容，重点是 Python 与 JavaScript 的区别。与几年前相比，一个主要的变化是现在可以很容易地从浏览器运行 Python 程序，这意味着，与 JavaScript 一样，不需要将任何东西下载到你自己的计算机中。由于你是在其他人的计算机上运行程序，所以对于可以访问的内容和可用的资源仍然有一些限制，但是足以让你方便地开始学习了。

如果您的计算机上安装了 Python，您可以在 macOS 或 Windows 上使用 Terminal 从命令行运行它。传统的第一个程序打印 Hello, world，交互的过程看起来是这个样子：

```
$ python
Python 3.7.1 (v3.7.1:260ec2c36a, Oct 20 2018, 03:13:28)
[Clang 6.0 (clang-600.0.57)] on darwin
Type "help" [...] for more information.
>>> print("Hello, world")
Hello, world
>>>
```

你键入的以粗体斜体显示，计算机打印的文本以常规的等宽字体显示，>>> 是 Python 本身的提示符。

如果你的计算机上没有安装 Python，或者你想尝试一个在线的运行环境，有很多服务可以让你从 Web 浏览器运行它。Google 的 Colab（colab.research.google.com）是最简单的。它提供了对各种机器学习工具的方便访问。我们不会在这里深入讨论机器学习，但 Colab 对于开始使用 Python 也很有用。如果你访问 Colab 网站，先选择"文件（File）"菜单项，然后选择"新的笔记本"（New notebook），然后在" +code（代码）"框中输入程序，在" +Text（文本）"框中选择性地输入文本，你应该看到如图 7.8 所示的界面，它显示了之前运行的第一个程序：一行文本解释本示例用于做什么，然后是代码本身。

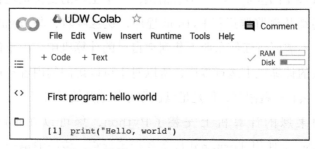

图 7.8 运行 Hello world 之前的 Colab

点击三角形图标将编译并运行程序，运行结果如图 7.9 所示。

文本区域用于任何类型的文档记录，你可以添加任意数量的代码。随着你对系统的改进，你还可以添加更多的文本和代码节。

Colab 是一种被广泛使用的交互式工具——Jupyter Notebook

的云版本，Jupyter notebook 是一种基于计算机的物理笔记本的模拟，你可以在其中记录想法、解释、实验、代码和数据，所有这些都在一个网页中，可以被编辑、更新、执行和分发给其他人。更多信息可以在 jupyter.org 上获得。

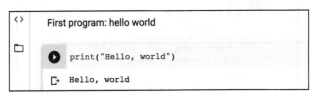

图 7.9　运行 Hello world 之后的 Colab

7.8　第二个 Python 程序

我们已经在第 5 章看过这个程序，它将一串数字相加并在最后输出总和。图 7.10 中的版本将打印一条消息，以及这个总和，但在其他方面是相同的。（如果你只是复制和粘贴代码到 Python，这个程序不会工作，因为 input 函数调用会被立刻解释执行。你必须把它放在一个单独的文件中，比如 addup.py，然后使用 Python 运行这个文件。）

```
sum = 0
num = input()
while num != '0':
  sum = sum + int(num)
  num = input()
print("The sum is", sum)
```

图 7.10　用于数字相加的 Python 程序

让我们把它添加到我们的 Colab 笔记本。图 7.11 显示了程序刚开始执行时的代码和状态；蓝色矩形是输入的地方，相当于我们在 JavaScript 中使用的提示框。

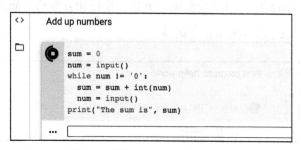

图 7.11　运行 Addup 之前的 Colab

图 7.12 显示了输入数字 1、2、3、4 和用于结束循环的 0 之后的结果。这个版本的程序包含一条文本消息来标识打印的内容，但在每次输入前不会提示用户。添加这个特性是一个简单而有益的练习。

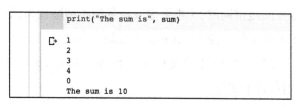

图 7.12　运行 Addup 之后的 Colab

下一个示例（见图 7.13）是一个计算数字序列中的最大值的程序。

图 7.14 显示了输入一系列数字后的结果。注意，即使所有的数字都是负数，程序也会得到正确的答案。

您可以做一个小的更改：您可以修改程序来使用浮点数，而不是整数值，也就是说，可能有小数部分的数字，例如 3.14。唯一需要的更改是在将输入文本转换为内部数字表示的代码行中将 int 替换为 float。

```
Find maximum number

num = input()
max = num
while num != '0':
  if int(num) > int(max):
    max = num
  num = input()
print("The maximum is", max)
```

图 7.13　运行 Max 之前的 Colab

```
print("The maximum is", max)

-2
-5
-2
-9
0
The maximum is -2
```

图 7.14　运行 Max 之后的 Colab

7.9　Python 库和接口

Python 最大的优点之一是有大量的库集合供 Python 程序员使用。随便说一个应用领域，可能就会存在一个 Python 库支持为该领域的应用编写程序。

我将在这里用一个简单的例子来说明，即用于绘制图形的 matplotlib 库。假设我们想要复现图 4.1，其中显示了运行时间是如何随数据量的增长而增长的。我最初是在 Excel 中创建这个图形的，但用 Python 也很容易做到这一点，同样使用我们的 Colab 笔记本。

图 7.15 中的代码引入了几个新特性。两个 import 语句用于访问 Python 代码库，数学库和绘图库；后者有一个很长的名字，所以通常给它一个短的别名 plt。将要计算和绘制的值存储在四个列表中，它们开始时没有任何内容，下面的代码表明了这点。

```
log = []; linear = []; nlogn = []; quadratic = []
```

```
[ ]  import math
     import matplotlib.pyplot as plt
     log = []; linear = []; nlogn = []; quadratic = []
     for n in range(1,21):
       linear.append(n)
       log.append(math.log(n))
       nlogn.append(n * math.log(n))
       quadratic.append(n * n)
     plt.plot(linear, label="N")
     plt.plot(log, label="log N")
     plt.plot(nlogn, label="N log N")
     plt.plot(quadratic[0:10], label="N * N")
     plt.legend()
     plt.show()
```

图 7.15　计算复杂性类的图

后面的语句在循环中向列表追加新值，循环从 1～20（包括 20），依次将变量 n 设置为每个值。（range 的上限是在循环终止值之后的一个值，这是 Python 简化循环控制的约定。）

循环结束后，每个列表（现在包含 20 个项）已经设置好，下一步就是通过调用 plot 函数进行绘图，该函数将最终绘制图像并向图例添加一个标签。有一个例外：计算平方列表只有前 10 项被绘制出来，因为这些值增长得如此之快，以至于它们会超出图的其余部分。[0:10] 表示选择包含前 10 个项（从 0～9）的列表片段。

legend 函数为每条曲线设置图例和标签，show 函数生成图形，如图 7.16 所示。matplotlib 有更多的特性，这值得你去探索，看看你在不用过于花精力的情况下还能做多少事情。

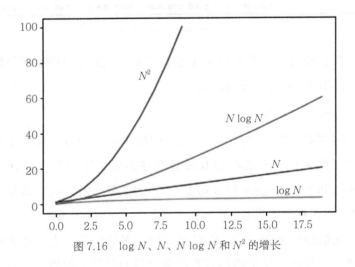

图 7.16　$\log N$、N、$N \log N$ 和 N^2 的增长

到目前为止，大多数的程序示例都是数字的，很容易认为编程就是将数字移来移去。但这当然不是真的，正如我们在生活中看到的所有有趣的应用都是非数字计算的。

Python 的库也使尝试文本应用程序变得容易。图 7.17 使用 Python 的 request 库访问 Gutenberg.org 中《傲慢与偏见》的副本，并打印出著名的开头句。这本书的开头有相当多的样板文件需要忽略。find 函数可以查找文本中某个字符串第一次出现的起始位置，因此我们可以使用该函数来得到起始和结束位置。

```
1 import requests
2 url = "https://www.gutenberg.org/files/1342/1342-0.txt"
3 pandp = requests.get(url).text
4 start = pandp.find("It is a truth")
5 pandp = pandp[start:]
6 end = pandp.find(".")
7 print(pandp[0:end+1])

It is a truth universally acknowledged, that a single man in
    possession of a good fortune, must be in want of a wife.
```

图 7.17 从 Python 访问 Internet 数据

以下代码表示用从 start 位置开始一直到字符串结束位置的子字符串替换原来的 pandp。

```
pandp = pandp[start:]
```

接下来，我们再次使用 find 定位第一个句点，它位于第一个句子的末尾，然后打印从位置 0 开始的子字符串。为什么是 end+1 呢？变量 end 包含句点"."的位置，所以我们需要将它加 1，以包括句点本身。

在最后几个例子中，我给出了相当多的内容，没有做太多的解释，只是用最简洁的形式来向你展示一些基本的想法。有了这么多示例代码，就很容易进行一些简单的编程尝试。例如，你可以绘制其他函数值，如平方根（sqrt）、N^3 甚至 2^N。这将需要更改数据范围。你还可以探索更多 matplotlib 的特性，它可以做的事情比我们在这里看到的多得多。你还可以下载更多《傲慢与偏见》的内容或其他文本，并使用用于自然语言处理的 Python 包（如 NLTK 或 spaCy）来探索它们。

根据我的经验，对现有程序进行实验是学习更多编程知识的有效方法，Colab 所支持的笔记本是一种方便的方法，可以在一个地方追踪你的实验。

7.10 Python 是如何工作的

回想一下在第 5 章中对编译器、汇编器和机器指令的讨论，以及前几页中对 JavaScript 如何工作的解释。Python 程序以类似的方式转换为可执行的形式，尽管细节有很大的不同。当你运行 Python 时，无论是直接通过命令行环境中的 Python 命令运行程序，还是通过在网页中单击某些按钮之类来隐性地运行，程序的文本都会被传递给 Python 编译器。

编译器检查程序的错误，并将其编译成汇编语言指令，在一个类似于玩具程序的模拟器中运行，当然它具有更丰富的指令集，如第 6 章所述的虚拟机。如果有 import 语句，也会包含这些库中的代码。然后，编译器运行一个虚拟机来执行 Python 程序应执行的任何操作。虚拟机与环境交互以执行操作，例如从键盘或互联网读取数据，或将输出结果打印到屏幕。

如果你在命令行环境中运行 Python，则可以将其用作高性能计算器。你可以一次输入一条 Python 语句，然后每条语句都被编译和执行。这使得我们可以很容易地使用该语言进行实验，并了解基本函数的功能。当你在诸如 Jupyter 或 Colab 笔记本中使用 Python 时，这就更容易了。

7.11 小结

在过去的几年里，鼓励每个人学习编程已经成为一种潮流，一些名人和有影响力的人也加入了这个行列。

编程应该成为小学或高中的必修课吗？编程在大学里应该作为必修课程吗（我自己的学校有时也会就这个问题进行争论）？

我的立场是，知道如何编程对任何人都有好处。这有助于更全面地理解计算机可以做什么以及它们是如何做的。编程可以是一件令人满意且有回报的事情。程序员使用的思维习惯和解决问题的方法可以很好地迁移到生活的许多其他方面。当然，学会如何编程会带来更多机会，程序员作为一个职业，可以让人拥有出色的职业生涯并获得丰富的报酬。

尽管如此，编程并不适合每个人，我不认为强迫每个人学习编程是有意义的，不像阅读、写作和算术，这些都是强制性的。最好的做法是让这个想法足够吸引人，确保它容易入门，提供大量的学习机会，消除尽可能多的障碍，然后让接下来的发展顺其自然。

此外，经常在同样的讨论中提到的计算机科学不仅仅关于编程，尽管编程是它的重要组成部分学术方面的计算机科学还涉及算法和数据结构的理论和实践研究，我们已在第 4 章中探讨过，包括架构、语言、操作系统、网络以及计算机科学与其他学科相结合的广泛应用。同样，它对某些人来说是非常适合的，而且许多想法都具有广泛的适用性，但要求每个人都参加正式的计算机科学课程就有些过分了。

软件部分小结

在前面的四章中我们已经谈论了不少关于软件的内容，下面对前几章的要点做简要总结。

算法。算法是一系列精确、无歧义的步骤，可以执行某种任务，然后停止。算法描述了不依赖于任何实现细节的计算。这些步骤由定义明确的基本操作或原始操作构成。算法有很多，我们只介绍了最基本的内容，比如搜索和排序算法。

复杂性。算法的复杂性是对算法要执行的工作量的抽象描述，以基本操作（如检测数据项、比较数据项）作为度量依据，以计算次数如何依赖数据项的数目来表述。算法的复杂性可以分为几个层次，就我们介绍的几种算法而言，有对数级算法（数据量加倍，计算次数只加一），也有线性算法（数据量加倍，计算次数也加倍），还有指数级算法（数据量加一，计算次数加倍）。

编程。算法是抽象的，而程序是对真实的计算机完成真实任务时的所有步骤的具体描述。程序必须考虑内存和时间的限制，数值的有限大小和精度，不正常或恶意的用户，以及不断变化的环境。

第二部分　软　件

编程语言。编程语言是表达所有这些计算步骤的符号库，人们可以借此轻松写出代码来，而且代码可以被翻译成计算机最终可以执行的二进制形式。翻译方式有很多种，最常见的是使用编译器，有时候还要用汇编器，把用诸如 C 等语言编写的程序转换成二进制形式，以便在计算机上运行。不同的处理器有不同的指令集和指令形式，因此需要不同的编译器，尽管编译器的某些部分对不同的处理器来说是通用的。解释器和虚拟机是模拟真正或假想计算机的程序，可以面向它们编译并运行代码，这就是 JavaScript 和 Python 程序通常的运行机制。

库。编写一个在真正的计算机上运行的程序涉及很多常见操作的接口细节。库以及类似的机制可以提供预制的组件，供程序员在编写自己的程序时使用。这样就可以在既有工作成果的基础上开展新工作。今天的编程工作通常都是组织既有组件与编写原创代码并重。组件可能是库函数，比如我们在 JavaScript 和 Python 程序中见到的那些，也可能是像 Google Maps 一样的大型系统，或者是其他 Web 服务。库可以是开源的，这样任何程序员都可以阅读、理解和改进代码，也可以是封闭的专有代码。然而，从底层来看，它们都是由程序员使用我们介绍过的或类似的其他语言编写的详细指令。

接口。接口或者 API（应用程序编程接口）是提供服务的软件与使用该服务的软件之间的一种约定。库和组件通过应用编程接口提供服务。操作系统通过系统调用接口使硬件看起来更规范且可编程。

抽象和虚拟化。抽象是计算中的一种基本思想，从硬件到大型软件系统，在所有级别中都可以看到它的作用。它与软件的设计和实现关系最为密切，因为它实现了"代码段做什么工作"与"代码段如何实现"的解耦。使用软件可以隐藏实现的细节或者把实现假装成其他东西，比如虚拟内存、虚拟机和解释器，甚至云计算。

Bug。计算机不懂宽容，因此容易犯错的程序员必须写出某种程度上没有错误的程序来。所有大型程序都有 bug，并且不能完全按照意图运行。某些 bug 仅仅是惹人讨厌，更像是设计得不好，并不像真正的错误那么严重。（"这不是 bug，而是一个特色"是程序员中流行的说法。）而有些 bug 只有在极端情况下或者罕见的情境中才会出现，往往很难再现，更不用说修复了。但有些 bug 确实严重，具有潜在的严重后果，甚至会威胁人身安全。随着软件在关键系统中的应用越来越广，对计算设备中软件责任的认定也变得越来越重要。在个人电脑领域运行的"接受或离开，没有保修"的模式，可能会被更合理的产品保修和消费者保护政策所取代，就像在硬件领域一样。

根据既往经验，因为程序是基于既有组件构建的，而原有 bug 都会被消灭掉，所以至少从原理上讲，程序中的错误应该越来越少。然而，与这些进步因素相对的是随着计算机和语言的发展，系统承载的需求将越来越多样，市场和消费者对新功能的呼唤所带来的压力也会越来越大。所有这些都导致了更多更大型的软件的出现。不幸的是，bug 可能将永远伴随着我们。

第三部分

通　信

通信是本书四个部分中的第三个主要部分，仅次于硬件和软件。从许多方面来看，通信是事情开始变得有趣之处（偶尔会有"祝你生活在有趣的时代"的感觉），因为通信涉及各种类型的计算设备之间的对话，通常代表我们的利益，但有时并没有带来什么好处。大多数技术系统现在都结合了硬件、软件和通信，所以我们已经讨论过的部分都将结合在一起。通信系统也是大多数社会问题产生的地方，带来了棘手的隐私、安全问题，以及个人、企业和政府之间的权利竞争问题。

我们会讲一些历史背景，讨论网络技术，然后再介绍因特网，它是网络的集合，承载着世界上大部分计算机与计算机之间的通信。在那之后是万维网（World Wide Web），它在 20 世纪 90 年代中期，将一个主要是面向范围较小的技术用户群体的互联网，变成了一个面向每个人的无处不在的服务。然后，我们将转向使用因特网的一些应用程序，如邮件、在线商务和社交网络，以及其中的威胁和对策。

　　早在刚有历史记录的时候，人们就已经在利用许多具有独创性的且多种多样的物理机制进行远距离交流了。每个案例都有一个引人入胜的故事，值得写一本书。

　　由长跑运动员进行传话已经有几千年的历史了。公元前490年，费迪皮迪兹从马拉松战场跑了26英里（42公里）到达雅典，带来了雅典人战胜波斯人的消息。不幸的是，他边喘着气边说，"欢呼吧，我们征服了"，然后就死了，至少在传说中是如此描述的。

　　希罗多德描述了几乎同时在整个波斯帝国传递信息的骑手体系，他的描述被镌刻在1914年纽约第八大道前主要邮局大楼的题词中："无论雨雪，无论炎热，无论黑夜，都不能阻止这些信使迅速完成他们的任务。"从1860年4月到1861年10月，驿马快信公司（Pony Express）在密苏里州圣约瑟夫和加州萨克拉门托之间的马背上运送邮件的里程达到1 900英里（3 000公里），成为美国西部的象征，尽管它只持续了不到两年。

　　信号灯、火、镜子、旗子、鼓、信鸽，甚至人类的声音都能在远距离进行交流。英语中的stentorian（声音洪亮）一词来自希腊语stentor，指用响亮的声音穿过狭窄山谷传递信息的人。

　　有一种早期的机械系统并没有得到应有的知名度：1792年左右，克劳德·查佩（Claude Chappe）在法国发明了光学电报，亚伯拉罕·埃德尔克兰茨（Abraham Edelcrantz）在瑞典独立发明了光学电报。光学电报使用的信号系统基于安装在塔上的机械百叶窗或机械臂，如图III.1所示。

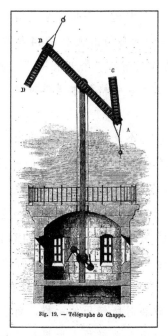

Fig. 19. — Télégraphe de Chappe.

图 III.1 光学电报站

　　电报员从一个方向读取来自相邻塔的信号，并将其传递到另一个方向的塔。机械臂或百叶窗只能出现在固定的位置，所以光学电报是真正的数字电报。到了19世纪30年代，这些塔已经遍布欧洲大部分地区和美国的部分地区。信号塔之间相距约10公里，传输速度是每分钟几个字符。据一份文献记载，一个字符可以在大约10分钟内从里尔传送到巴黎（230公里）。

　　现代通信系统中出现的问题早在18世纪90年代就被注意到了。信息是如何表示的，消息是如何交换的，错误是如何检测和恢复的，这些都需要标准。快速发送信息一直是一个问题，尽管从法国的一端向另一端发送一条短消息只需要几个小时。安全和隐私问题也随之出现。大仲马出版于 1844 年的《基督山伯爵》中，第 61 章讲述了伯爵如何贿赂一个电报员，让他向巴黎发送一条假消息，导致邪恶的银行家腾格拉尔男爵破产。这是中间人攻击的完美例子。

光学电报至少有一个严重的操作性问题：它只能在能见度好的时候使用，而不能在晚上或天气不好的时候使用。塞缪尔·F. B. 莫尔斯在 19 世纪 30 年代发明了电子电报。电子电报在 19 世纪 40 年代得到广泛应用，并在 10 年内取代了光学电报。商业电报服务很快连接了美国的主要城市，第一条是 1844 年在巴尔的摩和华盛顿之间，第一条跨大西洋电报电缆于 1858 年铺设。电报带来了许多希望、抱负和失望，就像人们在互联网繁荣初期和 20 世纪 90 年代末互联网泡沫破裂时所经历的一样。财富被创造又失去，欺诈成为普遍现象，乐观主义者预言世界和平和谅解的到来，而现实主义者正确地认识到，尽管细节不同，但大多数都是以前经历过的。"这次不一样了"很少是真的。

据说，在 1876 年，亚历山大·格雷厄姆·贝尔（Alexander Graham Bell）就他发明的电话，以先申报几个小时的优势打败了伊莱沙·格雷（Elisha Gray），获得美国专利局的专利，尽管事情的确切顺序仍不确定。在接下来的几百年里，随着电话的发展，它确实给通信带来了革命，尽管它并没有带来世界和平与相互理解。它使人们可以直接相互交谈，使用它不需要专业知识，电话公司之间的标准和协议使连接世界上几乎任何一对电话成为可能。

电话的优势在于支持较长时间的稳定通话，但它只能传送人类的语音。对话通常持续三分钟左右，所以即使花几秒钟来建立通信连接也没关系。电话号码是独一无二的一串数字，明确指示地理位置。而用户操作界面则非常简洁，就是一个纯黑色的电话机上面带一个旋转拨号盘，这种电话机现在已非常少见，唯一遗留下来的只剩"拨电话"时的回铃音了。这种电话和当今的智能手机截然相反，所有的智能都体现在网络中，用户只能拨打电话号码，或者在电话响时接听电话，或者要求人工接线员提供更复杂的服务。图 III.2 显示了一个旋转式拨号电话，它作为一种产品的标准也持续了很多年。

图 III.2　旋转式拨号电话（由迪米特里·卡列特尼科夫提供）

所有这些都意味着电话系统可以专注于两个核心价值：高可靠性和有保障的服务质量。50 多年来，只要一个人拿起电话，就能听到拨号音（这也是一种回铃音），电话总是能接通，能清楚地听到另一端的人说话，并一直保持这种状态，直到双方挂断。我可能对电话系统过于偏爱，因为我在美国电话电报公司（AT&T）

下属的贝尔实验室（Bell Labs）工作了 30 多年，就算没有接触很核心的东西，但还是作为内部人士看到了许多变化。另一方面，我确实怀念手机普及之前通话可靠、语音清晰的日子。

对于电话系统来说，20 世纪的最后 25 年是技术、社会和政治快速变化的时期。20 世纪 80 年代，随着传真机的普及，通信方式发生了变化。计算机之间的通信也变得普遍，使用调制解调器可以将比特转换为声音，反之亦然。像传真机一样，计算机使用音频通过模拟电话系统传递数字数据。技术使发起呼叫的时间变短了，让能发送的信息量变大了（特别是借助铺设于国内甚至跨越大洋的光纤网络），并对一切进行数字编码。手机则更为彻底地改变了通信方式，手机主宰了电话领域，以至于许多人已经放弃了家里的有线电话机，而更乐意使用手机。

政府政策也发生了变化，随着电信行业的控制从严格监管的公司和政府机构转向宽松监管的私营公司，出现了一场全球范围的革命。这导致了完全开放的竞争，也导致了传统电话公司收入的螺旋式下降，以及一大批新兴电信业公司的兴起，其中也有不少在后来衰败了。

如今，电信公司继续与新的通信系统（主要是基于互联网的通信系统）带来的威胁较量，它们往往都面临着收入和市场份额下降的问题。一个威胁来自互联网电话。通过互联网发送数字语音很容易，Skype 之类的服务则更进一步提供计算机之间的免费语音和视频，而且通过互联网拨打传统电话的收费也不高，通常比现有电话公司的收费低得多，特别是国际电话。虽然不是每个人都看到了，但很久以前这种趋势已经有迹可循。我记得在 20 世纪 90

年代初，一位同事告诉 AT&T 的管理层，国内长途电话的价格将降至每分钟 1 美分——AT&T 的收费大约是每分钟 10 美分——当时他还被嘲笑了。

同样，像 Comcast 这样的有线电视公司也受到了 Netflix、Amazon、Google 和许多其他使用互联网的公司提供的流媒体服务的竞争威胁，这使得有线电视公司仅仅用于承载别的公司的比特信息。

现有企业正通过技术、法律和政治手段，努力保住自己的收入和实际垄断地位。一种方法是向使用住宅有线电话的竞争对手收费。另一种方法是对使用互联网提供电话服务（"IP 语音"或"VoIP"）或其他服务的竞争对手施加带宽限制和其他减速措施。

这里涉及所谓的网络中立性（net neutrality）问题。除了为确保网络有效运行所采取的纯技术手段之外，互联网服务提供商有权干扰、限制或者屏蔽网络通信吗？是应该要求电话和有线电视公司也向所有用户提供同样的互联网服务，还是应该允许它们区别对待服务和用户？如果可以区别对待，那依据又是什么？比如说，电话公司有没有权力限制来自其竞争对手（比如 VoIP 公司 Vonage）的流量或者降低其速度？诸如 Comcast 的有线电视公司有没有权力降低 Netflix 等互联网视频公司的网速？服务提供商有没有权力限制或屏蔽与自己的社会主张或政治主张不同的网站？关于这些问题，可谓众说纷纭。

网络中立性问题的解决将对互联网的未来产生重大影响。到目前为止，互联网通常提供中立的平台，可以不受干扰或限制地传输所有流量。这让每个人都能受益。在我看来，保持这种状态是非常可取的。

互联网支持了各种各样的网站，这为错误信息、假新闻、偏见和女性歧视、仇恨言论、阴谋论、诽谤和众多其他不良活动提供了论坛。至少在美国，人们正在讨论是否像 Twitter 和 Facebook 这样的网站仅仅是交流的平台，因此不需要对它们托管的内容负责，就像电话公司不需要对人们通话时说的话负责一样。或者它们是像报纸一样的出版商，必须对其网站上发布的内容承担一定的责任？毫不奇怪的是，采取何种立场取决于为了避免什么类型的问题，但在大多数情况下，社交媒体网站不希望被视为出版商。

第8章

网 络

"华生先生，过来，我想见你。"

——第一个通过电话发送的可理解的信息，

亚历山大·格雷厄姆·贝尔，1876年3月10日

在这一章中，我将谈一谈人们在日常生活中直接接触到的网络技术：传统的有线网络，如电话、电缆、以太网，然后是无线网络，其中最常见的是 Wi-Fi 和手机。这些是大多数人连接到互联网的方式，互联网则是第9章的主题。

所有的通信系统都有共同的基本属性。在发起的源头一端，它们将信息转换成可以通过某种媒介传输的表示形式。在目的地，它们再将该表示转换回一种可用的形式。

带宽（bandwidth）是任何网络最基本的属性，即网络传输数据的速度。其范围从在电力或环境限制条件下运行的系统的每秒几比特，到跨越大陆和海洋传输因特网通信的光纤网络的每秒几太比特不等。对于大多数人来说，带宽是最重要的属性。如果有

足够的带宽，数据就会快速而平稳地流动；如果没有足够的带宽，沟通就成了一种令人沮丧的磕磕绊绊的经历。

延迟（latency 或 delay）度量特定信息块通过系统所需的时间。高延迟并不意味着低带宽：在全国各地驾驶装满磁盘驱动器的卡车有高延迟，但带宽巨大。

抖动（jitter）是指延迟的可变性，这在一些通信系统中也很重要，尤其是那些处理语音和视频的系统。

范围（range）定义了在给定技术下网络在地理位置上的大小。一些网络是局部的，最多只有几米，而另一些则跨越了世界。

其他属性包括是否进行网络广播，从而使多个接收者可以接收到一个发送者发送的信息（如无线电），或者是点对点传输，对特定的发送者和接收器进行两两配对。网络广播就其机制而言更容易被窃听，这可能会带来安全问题。人们还必须考虑会发生什么类型的错误以及如何处理这些错误。需要考虑的其他因素包括硬件和基础设施的成本，以及要发送的数据量。

8.1　电话与调制解调器

电话网络是一个大型且成功的全球网络，最初是承载语音业务，最终发展到承载相当大的数据业务。在家用电脑出现的早期，大多数用户通过电话线上网。

在家庭应用中，有线电话系统仍然主要传输模拟语音信号，而不是数据。因此，要发送数字数据，就必须有一个能将比特转换成声音再转换回来的设备。将携带了信息的模式施加到信号上的过程称为**调制**。另一方面，需要将该模式转换回原来的形式，这被称为**解调**。实现调制和解调的装置叫作**调制解调器**。电话调制解调器过去是一个又大又贵的独立电子元件盒，但今天它成为一个单独的芯片，而且几乎是免费的。尽管如此，使用有线电话连接到互联网的做法现在已经不常见了，很少有计算机配有调制解调器。

使用电话进行数据连接有很大的缺点。它需要一根专用电话线，所以如果你家里只有一根电话线，就必须选择是用这根线来建立网络连接还是进行语音通话。然而，对大多数人来说更重要的是，通过电话发送信息的速度被严格限制，最高速度约为 56Kbps（每秒 56 000 比特——小写的"b"通常代表比特，而大写的"B"代表字节），即每秒 7KB。因此，下载一个 20KB 的网页需要 3 秒，下载一个 400KB 的图片需要近 60 秒，而视频或软件更新可能需要数小时甚至数天。

8.2　有线电视和 DSL

模拟电话线传输信号的 56Kbps 速度限制是其设计固有的，这是 60 多年前开始向数字电话系统过渡时所作的工程决策的产物。另外两项技术为许多人提供了新选择，其带宽至少是电话线的 100 倍。

第一种是使用将有线电视传输到许多家庭的有线电视电缆。这种电缆可以同时传输数百个视频频道。它有足够的剩余容量，可以用来将数据传输到家庭中，以及返回数据。有线电视系统将提供各种下载速度（以及价格），通常是每秒几百兆比特。这种将电缆信号转换为比特供计算机使用的设备被称为**有线调制解调器**，因为它像电话调制解调器一样进行调制和解调，尽管它的运行速度要快得多。

拥有很高的传输速度从某种程度上来讲是一种错觉。每家每户都有同样的电视信号，不管有没有人在看。另一方面，尽管有线电视是一种共享媒介，但传输到我家的数据为我独享，而不会同时传输到你家里，所以我们无法共享内容。数据带宽必须在电缆的数据用户之间共享，如果我用得太多，你就得不到那么多。更有可能的是，我们得到的都更少。幸运的是，我们不太可能互相干扰。这更像是航空公司和酒店故意超额预订的通信版本。它们知道不是每个人都会来，所以它们可以安全地承诺提供超额资源。这种策略也同样适用于通信系统。

现在你应该可以看到另外一个存在的问题了。我们可能都在看同样的电视信号，但我不希望我的数据到你家，就像你不希望你的数据到我家一样。毕竟，它是私人化的，包括我的电子邮件，我的网上购物和银行信息，甚至可能是我不愿让别人知道的个人娱乐品味。这可以通过加密来解决，它可以防止任何人读取我的数据。我们将在第 13 章对此进行更多讨论。

还有另一个复杂问题：有线电视网络是单向的，它能把信号广播到所有家庭，这很容易建设，但没有办法把信息从客户发回给有线电视公司。有线电视公司无论如何都要想办法解决这个问题，因为视频点播收费和其他服务需要从用户那里接收信息。于是有线网络就变成了双向的，这就为利用有线网络来实现计算机之间的数据通信提供了条件。然而，上传速度（从消费者到有线电视公司）通常比下载速度低得多，因为大部分流量都是用来下载的。

另一种用于家庭的相当快的网络技术是基于家庭中已经存在的另一种系统，即老式电话。它被称为**数字用户线路**（Digital Subscriber Loop, DSL），有时是 ADSL，A 表示"不对称"（asymmetric），因为往下到户的带宽高于向上出户的带宽。它提供的服务与有线电视基本相同，但在底层机制上有很大的不同。

DSL 通过一种不会干扰语音信号的技术在电话线上发送数据，因此你可以一边上网一边打电话，而不会相互影响。这种方法效果很好，但只在一定的距离内有效。如果你住在距离当地电话公司交换局 3 英里（5 公里）以内，就像很多人的情况那样，你就可以使用 DSL，但如果你住得太远，那就不怎么走运了。

DSL 的另一个优点是它不是共享媒介。它使用你家和电话公司之间的专用电线，但没有其他人同时使用这条线路，所以你不会与你的邻居共享容量，你的比特也不会跑去他们家。你家里会装有一个特殊的调制解调器，与电话公司大楼里的一个相匹配，这样才能将信号转换成正确的形式，然后沿着电线发送。除此之外，电缆和 DSL 的外观差不多，价格也趋于相同，至少在有竞争的情况下是这样。然而，如我们所听说的那样，DSL 在美国的使用似乎正在减少。

技术不断改进，家用光纤服务正在取代旧的同轴电缆或铜线。例如，威瑞森通信（Verizon）最近用光纤取代了之前用于接到我家里的已经老化的铜连接线。光纤的维护成本更低，并允许提供互联网接入等额外服务。在我看来，除了在安装过程中由于工人无意中切断了线缆而导致几天无法提供服务，光纤服务唯一的缺点是，如果出现长时间的停电，我将无法使用电话服务。在过去，手机从电池中获取电力，即使停电也能工作，但光纤电缆却不是这样的。

光纤系统比其他替代系统要快得多。信号以光脉冲的形式沿着极纯的玻璃纤维传输，损耗极低，信号可以传播数千米，然后才需要被放大到全部强度。20 世纪 90 年代初，我参与了一项"光纤入户"的研究实验，在长达 10 年的时间里，我家的网络连接速度为 160Mbps。这给了我吹嘘的机会，但也没有什么其他特别的好处，因为当时没有任何服务可以用到这么大的带宽。

如今，由于地理相关的另一个偶然事件，我家里装了千兆光纤连接（不是 Verizon 的），但由于受到我家无线路由器的限制，有效速率只有 30 ~ 40Mbps。使用我办公室的无线网络，我的笔记本电脑能达到 80Mbps 的速率，而连接到以太网的电脑可以达到 500 ~ 700Mbps 的速率。你可以在 speedtest.net 这样的网站上测试自己的连接。

8.3 局域网和以太网

电话和电缆是将计算机连接到更大系统的网络技术，通常是在相当远的距离的情形下。历史上，还有另一种发展思路导致了当今最常见的网络技术之一——以太网。

20 世纪 70 年代初，施乐公司的帕洛阿尔托研究中心（Xerox PARC）开发了一款名为 Alto 的颇具创新性的计算机，作为实验的载体，这引发了许多其他创新。它拥有第一个窗口系统，以及一个不局限于显示字符的位图显示器。虽然 Alto 相较于今天的个人电脑来说太贵了，但当时帕洛阿尔托研究中心的每个研究人员都拥有一台。

　　一个问题是如何将 Alto 彼此连接或连接到共享资源（如打印机）。解决方案是由鲍勃·梅特卡夫（Bob Metcalfe）和大卫·博格斯（David Boggs）在 20 世纪 70 年代早期发明的一种网络技术，叫作以太网。以太网在所有连接到同一根同轴电缆上的计算机之间传输信号，这样的电缆在物理上类似于今天将有线电视信号送入你家的那种电缆。其使用的信号为电压脉冲，其电压值或极性对位值进行了编码，最简单的方式可以是，使用正电压代表该位的值为 1，负电压则代表该位的值为 0。

　　每台计算机都通过一个具有唯一识别码的设备连接到以太网。当一台计算机想要向另一台发送信息时，它会对网络进行监听以确保没有其他计算机正在发送信息，然后将信息连同目标接收者的识别号码一起广播到电缆上。电缆上的每台计算机都能监听到信息，但只有计划接收信息的计算机才能读取和处理信息。

　　每个以太网设备都有一个与所有其他设备不同的 48 位识别号，称为它的（以太网）地址。这总共允许对 2^{48}（大约 2.8×10^{14}）个设备进行标识。你可以找到你电脑的以太网地址，因为它有时会打印在电脑底部，也可以通过 Windows 上的 ipconfig 或 Mac 上的 ifconfig 等程序显示，或者在系统首选项或设置中找到。以太网地址总是用十六进制写的，两个数字表示一个字节，所以总共有 12 个十六进制数字。找找看那些诸如

00:09:6B:D0:E7:05（有时不带冒号）这样的十六进制数字序列吧。但由于这是我的一台笔记本电脑上的数字，你不太可能在你的电脑上找到完全相同的数字。

从上面对有线系统的讨论中，你可以想象以太网将会有类似的隐私问题和有限资源的争夺使用问题。

资源的争用可以通过一种巧妙的技巧来处理：如果一个网络接口开始发送，但检测到其他人也在发送，它会先停下来，等待一小段时间，然后再次尝试发送。如果等待时间是随机的，并在一系列失败后逐渐增加等待时间，那么最终一切都会搞定。这种情形有点像派对上的谈话：如果两个人同时开始说话，那么双方都先不说了，然后一个人在另一个之前重新开启谈话。

隐私本来不是一个问题，因为每个人都是同一家公司的员工，都在同一幢小楼里工作。然而到了今天，隐私是一个焦点问题，软件可以将以太网接口设置为"混杂模式"，在这种模式下，它读取网络上所有消息的内容，而不仅仅是专门为它准备的消息。这意味着它可以寻找感兴趣的内容，比如未加密的密码。这种"嗅探"的做法曾经是大学宿舍以太网的一个常见安全问题。为了防止嗅探，对电缆上的数据包进行加密是一种解决方案，目前大多数流量都是默认加密的。

你可以尝试使用一个名为 Wireshark 的开源程序进行嗅探，该程序显示有关以太网流量（包括无线通信）的信息。我偶尔会在课堂上演示 Wireshark，因为平时学生们似乎更关注他们的笔记本电脑和手机，而不是我；而进行演示确实能吸引他们的注意，尽管很短暂。

以太网的信息以数据包的形式传输。**数据包**（Packet）是一组比特或字节的序列，其中包含精确定义格式的信息，以便将其打包发送，并在接收时破解。如果你将一个数据包看成一个信封（或者明信片），其中包含发件人的地址、收件人的地址、内容和其他各种信息，并且使用标准格式，这是一个相当好的比喻，就像联邦快递（FedEx）等运输公司使用的标准化包裹一样。

数据包格式和内容的细节在不同的网络中差别很大。如图 8.1 所示，一个以太网数据包包含了 6 个字节的源地址和目的地址，一些杂项信息，以及大约 1 500 字节的数据。

源地址	目标地址	数据长度	数据（48～1518 字节）	错误检查

图 8.1　以太网数据包格式

以太网是一项非常成功的技术。它最初被制作成商业产品（不是施乐公司，而是由梅特卡夫创立的 3Com 公司），多年来，数十亿以太网设备被大量供应商售出。第一个版本的设备运行的速度是 3Mbps，但是现在的版本的运行速度在 100Mbps 到 10Gbps 之间。与调制解调器一样，第一代设备体积庞大，价格昂贵；但在今天，以太网接口只是一块廉价的芯片。

以太网传播的范围有限，只有几百米。原来的同轴电缆已经被一种带有标准连接器的 8 线电缆所取代，这种电缆可以让每个设备插入一个"交换机"或"集线器"，将传入的数据广播给其他连接设备。台式电脑通常有一个接纳这种标准连接器的插槽，无线基站和有线调制解调器等设备也可以模拟以太网行为；依赖无线网络的现代笔记本电脑已经不再配备插槽了。

8.4　无线网络

以太网有一个显著的缺点：它需要电线和真正的物理设备。这些设备蜿蜒穿过墙壁，穿过地板，有时（从我的个人经验来说）穿过大厅，走下楼梯，穿过餐厅和厨房，然后进入家庭娱乐室。使用以太网的电脑不方便移动，而且如果你喜欢向后靠着然后把笔记本电脑放在膝盖上，一根以太网电缆就是个麻烦。

幸运的是，有一种方法可以鱼与熊掌兼得，那就是无线。无线系统使用无线电来传输数据，所以它可以在任何有足够信号的地方进行通信。无线网络的正常范围是几十米到几百米。与用于电视遥控器的红外线不同，无线不一定要在视线范围内，因为无线电波可以穿透一些材料，当然不是全部材料都可以穿透。金属墙壁和混凝土地板会干扰无线电波，所以在实际应用中，无线电波的范围可能比在户外要小。在其他条件相同的情况下，高频率的无线电波通常比低频率的无线电波更易于接收。

无线系统使用电磁辐射来传输信号。辐射是一种特定频率的波，在我们常见的系统中，是以 H 作为单位的，更可能采用的是 MHz 或 GHz，比如无线电台的 103.7 MHz。调制过程将信息信号施加到载波上。例如，调幅（AM）改变载波的振幅或强度来传递信息，而调频（FM）则通过改变载波围绕中心值的频率。接收到的信号强度与发射机的功率水平成正比，与发射机到接收机距离的平方成反比，因此，距离两倍远的接收机接收到的信号强度只有距离一倍远的接收机的1/4。

无线系统在严格制定的规则下运行，规则给出了它们可以使用的频率范围——它们的**频谱**，以及它们可以使用多少能量进行传输。频谱分配是一个有争议的过程，因为有许多相互竞争的需求。频谱由美国联邦通信委员会（Federal Communications Commission，FCC）等政府机构分配，国际协议由联合国下属机构国际电信联盟（International Telecommunication Union，ITU）协调。在美国，当新的频谱空间可用时，通常是非常高的频带，它通常是由 FCC 通过公开拍卖分配的。

　　计算机通信的无线标准有一个很吸引人的名字 IEEE 802.11，尽管你更经常看到的是术语 **Wi-Fi**，这是一个行业组织 Wi-Fi 联盟的商标。IEEE 代表电气和电子工程师协会（Institute of Electrical and Electronics Engineers），是一个专门为包括无线在内的各种电子系统制定标准的专业协会。802.11 是标准号，该标准有十几个组成部分，分别用于代表不同的速度和基础技术。该标准名义上的速度范围接近 1 000Mbps，但这些速率夸大了人们在现实环境中可能达到的速度。

　　无线设备可以把数字化信息编码为适合通过无线电波传输的形式。802.11 无线网络中的数据包与以太网中的数据包类似，因此可以用无线连接代替以太网连接。两者的传输距离也相近，只不过无线网络少了电缆的麻烦。

　　无线以太网设备的工作频率在 2.4 ～ 2.5 GHz、5 GHz 和更高的频率。当所有无线设备都使用同一狭窄频段时，很可能就会产生相互竞争。更糟糕的是，其他设备也在使用同样拥挤的频段，包括一些无绳电话、医疗设备，甚至微波炉。

　　我将简要介绍三种广泛使用的无线系统。第一个是蓝牙，以丹麦国王哈拉尔·蓝牙（约935—985年）命名。蓝牙用于短距离的特定通信。它使用与802.11无线标准相同的2.4 GHz频段。根据功率大小，其传播范围为1～100米，数据速率为1～3Mbps。蓝牙技术被广泛应用于电视遥控器、无线麦克风、耳塞、键盘、鼠标和游戏控制器，在这些领域中，保持低功耗至关重要；它也被用于汽车的免提电话中。

射频识别（RFID）是一种低功耗的无线技术，用于电子门锁、各种商品的识别标签、自动收费系统、宠物植入芯片，甚至是护照等文件。标签基本上是一个小型无线电接收器和发射器，以比特流的形式广播其标识。无源标签没有电池，而是从用于接收RFID传感器广播信号的天线获得能量；当芯片离传感器足够近时，通常只有几英寸，它就会以用于识别的标识信息做出反应。RFID系统使用多种频率，但13.56MHz是典型的频率。RFID芯片使人们能够悄无声息地监控人和物的位置。在宠物身上植入芯片很受欢迎——我们的猫就有这样一个芯片，所以如果它走丢了，就可以被识别出来——正如预期的那样。也有一些关于植入人体的建议，这些建议中有好的一方面的动机，也有不好的一方面的理由。

全球定位系统（GPS）是一种重要的单向无线系统，在汽车和电话导航系统中很常见。GPS卫星发送精确的时间和位置信息，GPS接收器利用三四颗卫星发出信号达到接收器所需的时间来计算其在地面上的位置。但这里并没有返回的路径。GPS会以某种方式跟踪它的用户，这是一个常见的误解。正如几年前《纽约时报》的一篇报道所说："一些（手机）依赖全球定位系统（GPS），它向卫星发送信号，几乎可以精确地定位用户的位置。"这完全是误解。要想利用 GPS 跟踪用户，必须得有地面系统（比如手机）转发位置信息。正如我们接下来将讨论的那样，手机与基站保持着持续的通信，所以无论何时你的手机打开时，电话公司都知道你的准确位置。当你启用位置服务时，应用程序也可以使用这些信息。

8.5　手机

对于大多数人来说，最常见的无线通信系统是手机或移动电话，现在通常只使用单词"cell（蜂窝电话）"或"mobile（移动电话）"来称呼。这种技术在 20 世纪 80 年代几乎不存在，但现在世界上超过一半的人口使用它。手机是一个很好的研究案例，涵盖了本书的各种主题——有趣的硬件、软件，当然还有通信，与之相伴的还有大量的社会、经济、政治和法律问题。

第一个商用移动电话系统是由 AT&T 在 20 世纪 80 年代早期开发的，手机显得很笨重。那时候的广告展示了这样的场景：用户拿着一个装电池的小箱子，站在一辆装有天线的汽车旁边。

为什么称其为"蜂窝"呢？这是由于频谱和无线电的覆盖范围都是有限的，因此一个地理区域被划分为蜂窝状的许多"单元"。可以将每个这样的单元想象为六边形（见图 8.2），每个单元都有一个基站，基站与电话系统的其他部分相连。打电话的时候，手机会与最近的基站通信。当用户移动到另一个单元时，进行中的通话就由原来的单元移交给新单元，但大部分时间用户觉察不到这种切换。

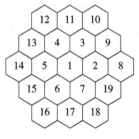

图 8.2 手机单元

由于接收功率与距离的平方成比例衰减，所以所分配的频谱内的频带可以在不相邻的单元中重复使用，而不会产生明显的干扰，正是这种洞见使有效利用有限的频谱成为可能。在图 8.2 中，单元 1 的基站不会与单元 2 到单元 7 的基站共享频率，但可以与单元 8 到单元 19 的基站共享频率，因为它们距离足够远，可以避免干扰。具体细节取决于采用天线的模式等因素，这张图只是一种理想化的示意。

单元的大小各不相同，直径从几百米到几万米，取决于交通、地形、障碍，以及其他类似方面。

手机是普通电话网络的一部分，但是它通过基站而不是电线与电话网络相连。手机的本质特征是具有移动性。手机可以长距离移动，而且通常是高速移动，从而可能在没有任何预警的情况下出现在一个新的位置，比如在长途飞行后再次打开手机时发生的情形。

手机共享一个狭窄的无线电频谱，因此承载信息的能力有限。由于使用电池，手机必须在低无线电功率下运行，而且根据法律，它们的传输功率是有限的，以避免与其他无线设备发生干扰。电池容量越大，待机时间越长，但导致手机也更大更沉。这是设计师必须做出的另一个权衡。

手机系统在世界不同地区使用不同的频带，但一般在 $900 \sim 1900\mathrm{MHz}$ 之间。5G 等较新的手机标准也使用更高的频率。每个频带被划分为多个信道。每次通话时，收发信号各占用一个信道。信号通道由单元内所有手机共享，在一些系统中，这个信道还被用于传送文本信息和数据。

每台手机都有一个独特的 15 位数字识别号码，称为国际移动设备标识（IMEI），类似于以太网地址。当手机打开时，它会广播它的识别号码。距离最近的基站接收到手机信号后，会通过后台系统验证该识别码。随着手机的移动，基站会向后台系统报告其最新的位置；当有人呼叫该电话时，后台系统就能通过与该电话保持联系的基站找到它。

手机与基站通信时的信号强度很高。但手机会动态调整功率，在距离基站较近时降低功率。这样不仅可以省电，也可以减少和其他手机之间的干扰。仅与基站保持联系的能耗比通话要少得多，这就是待机时间以天计算，而通话时间以小时计算的原因。然而，如果手机位于信号微弱或没有信号的区域，它会更快地耗尽电池电量，因为它在徒劳地寻找基站的过程中大量耗电。

所有的手机都使用数据压缩技术，从而将信号压缩到尽可能少的比特量，然后加上纠错功能，以应对在发送数据时遇到干扰的情况下，所通过的无线电信道会具有噪声，从而不可避免地发生错误。我们稍后再讨论这些。

手机引发了政治和社会问题。频谱分配显然是其中之一，在美国，政府限制每个频段最多只能有两家公司使用分配的频率。因此，频谱是一种极有价值的资源。两家大的通信公司 Sprint 和 T-Mobile 在 2020 年合并，其背后的推动力之一是更好地利用它们各自持有的频谱。

信号塔的位置选择是潜在冲突的另一个来源。信号发射塔作为户外建筑实在缺乏美感，例如，图 8.3 显示了一棵"弗兰肯松树"——一个伪装成树状的信号发射塔。许多社区居民不希望这样的发射塔出现在他们的街道内，尽管他们也想要高质量的通话服务。

图 8.3　伪装成树的手机信号塔

手机流量很容易受到一种被称为黄貂鱼（stingray）的设备的定向攻击，该设备得名于一种名为 StinGray 的商业产品。黄貂鱼模仿手机发射塔，以便附近的手机与该设备通信，而不是与一个真正的发射塔通信。这可以用于被动监视手机，或主动与手机进行接触（中间人攻击）。手机被设计用来与提供最强信号的基站通信，因此，黄貂鱼在一个小的范围内工作，在这个范围内，它能发出比附近任何信号塔都强的信号。

美国地方执法机构似乎在越来越多地使用黄貂鱼设备，但一直试图对其使用保密或至少保持低调。目前还不清楚使用它们来收集潜在犯罪活动的信息是否合法。

在社会层面上，手机已经彻底改变了生活的许多方面。我们使用智能手机的目的不是为了聊天，而是为了它的其他功能。手机已经成为互联网接入的主要形式，因为它们提供网络浏览、收发邮件、购物、娱乐和网络社交功能，尽管都是在一个小屏幕上。事实上，随着手机功能变得越来越强大，而且同时保持着高度的便携性，笔记本电脑和手机之间在一些方面正越来越趋同。手机还接管了其他设备的功能，包括手表、地址簿、相机、GPS 导航器、健身追踪器、录音机、音乐和电影播放器。

下载电影到手机需要很大的带宽。随着手机使用量的扩大，现有通信设施的压力只会与日俱增。在美国，运营商也开始根据使用量制定阶梯价格和带宽上限，表面上是为了限制下载长电影的带宽大户，但即使在低流量情况下也会有这些带宽限制。

还可以将手机作为热点，让你的电脑通过手机连接到互联网，这有时被称为"网络共享"。运营商可能会施加限制并收取额外费用，因为热点也会占用大量带宽。

8.6 带宽

网络中数据的流动速度不会超过最慢链路的允许范围。流量可能在许多地方减速，因此瓶颈位于链路本身和沿途计算机的处理过程中很常见。光速也是一个限制因素。信号在真空中以每秒3亿米的速度传播，而在电子电路中传播速度较慢，因此即使没有其他延迟，信号从一个地方传到另一个地方也需要时间。以真空中的光速，从美国东海岸到西海岸（4 000公里）大约需要13毫秒。相比之下，同样的行程，典型的网络延迟约为40毫秒，巴黎的网络延迟约为50毫秒，悉尼约为110毫秒，北京约为140毫秒。所花费的时长不一定按照物理距离排序。

我们在日常生活中遇到的带宽范围很广。我的第一个调制解调器的速率是110bps，其速度足以跟得上一台类似于打字机的机械设备。遵循802.11标准运行的家庭无线系统的速率理论上可以达到600Mbps，但实际运行的速率要低得多。有线以太网的速率通常是1Gbps。如果使用光纤，家庭网络和互联网服务提供商之间的电缆的传输速率可能是每秒几百兆比特。你的ISP（互联网服务提供商）大概率是通过光纤连接到互联网的其他部分的，这样原则上可以提供100Gbps或更大的速率。

电话技术是异常复杂的，并且不断变化，这会要求更高的带宽。手机运行在非常复杂的环境中，以至于很难评估其有效带宽。如今，大多数手机使用的是4G标准，也就是第四代标准，而手机行业正在向下一代发展，一点不奇怪，我们称之为5G。3G手机仍然存在，但在美国似乎是濒危物种；我的运营商最近发来一条消息，警告说一年内我的一部 3G 手机将无法使用。

4G 手机应该为在汽车和火车等移动环境中提供约 100Mbps 的速率，为静止或缓慢移动的手机提供 1Gbps 的速率。这些速率相较实际应用而言，似乎起到的更多是鼓舞人心的作用，还有很大的空间来优化广告。尽管如此，我的 4G 手机对于我的低强度使用来说已经足够快了，比如收发邮件、偶尔浏览网页和互动地图。

你有时会看到 **4G LTE** 这个术语。**LTE** 代表长期演进（Long-Term Evolution），它不是一个标准，而是一种从 3G 到 4G 的路线图。处于这条道路上的手机可能会显示"4G LTE"，以表明它们至少正在朝着 4G 发展。

5G 的首次部署始于 2019 年。使用 5G 标准的手机将拥有更高的带宽，至少在正确的距离连接到正确的设备时是这样；名义上的速度范围为 50Mbps ～ 10Gbps。5G 手机使用最多三个频率范围，现有的 4G 手机也使用其中较低的两个频率范围，所以 5G 在这些波段与 4G 类似。5G 在短程连接（大约 100 米）中使用更高的频率，从而实现更高的速度。5G 还允许在特定领域使用更多设备，这将有助于物联网设备开始使用 5G。

8.7　压缩

压缩数据是一种能更好地利用可用内存和带宽的方法。压缩的基本思想是避免存储或发送冗余信息，即那些在通信链路的另一端检索或接收时可以重新创建或推断的信息。压缩的目标是用更少的比特来编码相同的信息。有些比特不携带任何信息，可以完全删除；一些比特可以从其他比特计算出来；有些则对收信人无关紧要，可以安全地丢弃。

以本英语书为例。在英语中，字母出现的频率各不相同，字母"e"最常见，紧随其后的是字母"t""a""o""i"和"n"，顺序大致如此，而字母"z""x"和"q"就不那么常见了。在文本的 ASCII 表示中，每个字母占用 1 个字节或 8 个比特。节省 1 个比特的一种方法是只用 7 个比特，第 8 位（也就是最左边的）在美国 ASCII 码中总是 0，因此不包含任何信息。

我们还可以继续优化，采用更少的位来表示最常见的字母，而如果必须的话，则用更多的位来表示不常见的字母，这样可以大大减少总的比特数。这类似于莫尔斯电码所采用的方法，将频繁出现的字母"e"编码为单个点，"t"编码为单个破折号，而将不经常出现的字母"q"编码为"破折号－破折号－点－破折号"。

让我们讲得再具体一些。《傲慢与偏见》总字数超过 12.1 万字，或 68 万字节。最常见的字符是单词之间的空格，有将近 110 000 个。其次最常见的字符是 e（68 600 次）、t（456 900 次）和 a（31 200 次），而 Z 只出现了 3 次，而 X 完全没有出现。最不常用的小写字母有：j（551 次）、q（627 次）、x（839 次）。很明显，如果我们用 2 个比特来表示空格、e、t 和 a，我们会节省很多比特空间。即使我们必须用超过 8 个比特来表示 X、Z 和其他不常见的字母，也没有什么关系。一种叫作霍夫曼编码的算法系统地实现了这一点，它实现了对单个字母进行编码的最佳压缩。它可以将《傲慢与偏见》压缩为 39 万字节，整整压缩了 44%，所以采用霍夫曼编码，平均对每个字母编码大约需要 4.5 比特。

通过压缩比单个字母更大的块（例如整个单词或短语），并适应源文档的属性，还可以将压缩做得更好。有几种算法在这方面做得很好。广泛使用的 ZIP 压缩算法能将该书压缩 64%，压缩到了 249 000 字节。UNIX 程序 bzip2 将其压缩为 175 000 字节，仅为原始大小的 1/4。

图像也可以被压缩。两种常见的格式是 GIF（图形交换格式）和 PNG（移动网络图形），它们适用于主要是文本、线条艺术和纯色块的图像。GIF 只支持 256 种不同的颜色，而 PNG 至少支持 1 600 万种颜色。两者都不用于摄影图像。

所有这些技术都实现了无损压缩，即压缩不会丢失信息，因此解压缩可以准确地还原为源文件。但在有些情况下，不需要完全精确复现原始输入，一个近似的版本就足够了，尽管这似乎有悖直觉。在这样的情况下，有损压缩技术可以提供更好的压缩性能。

有损压缩最常用于那些提供给人去看到或者听到的内容。考虑压缩从数码相机获取的图像的情形，人类的眼睛并不能区分彼此非常接近的颜色，所以没有必要保留输入的确切颜色，使用更少的颜色就可以达到同样的效果了，这样可以用更少的比特来编码。同样，我们也可以忽略一些细节，虽然最终的图像不会像原来那样清晰，但眼睛不会注意到。我们的眼睛也不会注意到亮度的精细渐变。JPEG 压缩算法能将典型图像压缩为原来的 1/10 或更小，借此算法生成了广泛使用的 .jpg 图像，并且图像质量不会出现肉眼所能注意到的明显降低。大多数生成 JPEG 的程序都允许对压缩量进行控制，其中的选项"更高的质量"意味着压缩更少。

图 8.4 中所复现的图 2.2 就是 PNG 压缩处理所针对的那种

图像。它最初的大小约为2英寸（5厘米）宽，占用约10KB。JPEG 版本的图片大小为 25KB。如果仔细查看，会发现图像的原始版本并不存在的视觉处理痕迹。另一方面，使用 JPEG 可以更好地压缩照片。

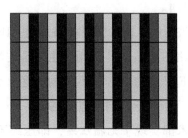

图 8.4　RGB 像素

用于压缩电影和电视的 MPEG 系列算法也是一种利用了感知的技术。单独的帧可以像在 JPEG 中一样被压缩，但除此之外，还可以压缩从一帧到下一帧变化不大的序列块。还可以通过预测运动的结果，并只对变化的部分进行编码，甚至可以将运动的前景从静态的背景中分离出来，从而对于不变的背景只使用较少的比特编码。

MP3 及其继承者 AAC（高级音频编码）属于 MPEG 的音频部分，它们是用于压缩声音的感知编码算法。除此之外，它们还利用了一个现象，即更响亮的声音掩盖了更柔和的声音，以及人的耳朵听不到高于 20KHz 的频率，而这个频率阈值会随着年龄的增长而下降。这种编码方式通常可以将标准 CD 音频压缩为原来的 1/10 左右。

手机应用了大量的压缩技术。语音比任何其他声音都能被压缩得更厉害，因为它的频率范围很窄，而且它是由一个说话者的声道产生的，可以为单个说话者的声道进行建模，从而利用个人的声音特点，更好地进行压缩。

所有形式的压缩的思想都是尽量减少或消除那些没能充分发挥其表达信息潜力的比特。这往往是通过利用更少的比特来对更频繁出现的元素进行编码实现的，可以建立频繁序列的字典，并对重复的计数进行编码来做到。无损压缩可以完美地重建原始图像；有损压缩则丢弃一些接收方不需要的信息，并在质量和压缩系数之间进行权衡。

也可以在其他方面进行权衡，例如在压缩速度和复杂度与解压缩速度和复杂度之间进行权衡。数字电视图像分割成块或声音开始变得混乱，是由于解压算法无法从某种输入错误中复原，可能是由数据到达的速度不够快导致的。最后，无论采用什么算法，有些输入不会缩小，你可以想象将算法反复应用到它自己的输出来看到这点。事实上，一些输入会变得更大。

虽然很难想象，但压缩甚至可以成为一种娱乐节目的素材。HBO 的电视剧《硅谷》（*Silicon Valley*）于 2014 年首播，共 6 季 53 集，讲述的是一种新型压缩算法的发明，以及该算法的发明者为保护自己的初创公司不被大公司窃取创意所做的努力。

8.8　错误检测与纠正

如果说压缩是去除冗余信息的过程，那么可以说错误检测和纠正就是添加精心控制的冗余信息的过程，这使得检测甚至纠正错误成为可能。

　　一些常用数字没有冗余，因此无法检测何时可能发生了错误。例如，美国的社会安全号码有 9 位，几乎任何 9 位序列都可以是合法的数字。（当别人问你要安全号码，而实际他们并不需要时，这种情况倒是很有用，随便编一个吧。）但是，如果一些额外的数字添加了或排除了一些可能的值，就有可能检测出错误。

　　信用卡号码和提款机号码是 16 位数字，但不是每个 16 位数字都是有效的卡号。它们使用了一种校验和算法，该算法由 IBM 的汉斯·彼得·卢恩（Hans Peter Luhn）于 1954 年发明，可以检测单个数字的错误，以及经常出现的换位错误，即两个位上的数被互换。这些都是在实际场景中最常见到的错误。

　　算法很简单：从最右边的数字开始，依次乘以 1 或 2；如果结果大于 9，则减去 9；将结果数字相加，这个和必须能被 10 整除。用你自己的卡号和 4417 1234 5678 9112 测试一下，这是一些银行在广告中使用的号码。后者的结果是 9，所以这不是一个有效的数字，但是将最后一个数字改为 3，便可以使其有效了。

　　书籍上的 10 位或 13 位 ISBN 书号也有一个校验和，使用类似的算法来防止相同类型的错误。

　　这些算法都是专门针对十进制数字的。奇偶校验码是应用于二进制的通用错误检测的最简单例子。每组位上附加一个额外的奇偶校验位；选择奇偶校验位的值是为了使一组中 1 位的个数是偶数。这样，如果出现一个位错误，接收方就会看到 1 位的个数是奇数，就知道有些数据损坏了。当然，这种做法不能确定到底是哪个位出错了，也不能检测到两个错误发生的情形。

例如，图 8.5 显示了前六个大写的 ASCII 字母，用二进制表示。偶数奇偶校验列将最左边未使用的位替换为一个奇偶校验位使得校验位为偶数（每个字节有偶数个 1 位），而在奇数奇偶校验列中，每个字节有奇数个 1 位。如果其中任何一个位被翻转，产生的字节不能通过正确的奇偶校验，因此可以检测到错误。如果使用更多的位，代码就可以纠正单个位的错误。

字母	源字节	偶数奇偶校验	奇数奇偶校验
A	01000001	01000001	11000001
B	01000010	01000010	11000010
C	01000011	11000011	01000011
D	01000100	01000100	11000100
E	01000101	11000101	01000101
F	01000110	11000110	01000110
...			

图 8.5 奇偶校验位的 ASCII 字符

错误检测和纠错在计算机和通信中得到了广泛的应用。纠错码可用于任意二进制数据，但针对不同类型可能发生的错误需要选择不同的算法。例如，一些主存储器使用奇偶校验位来检测随机位置的单个位错误；CD 和 DVD 使用的编码可以修复因为长时间运转而带来的位损坏；手机则可以应对短时间爆发出来的噪声。

8.9 小结

对于无线系统来说，频谱是一种至关重要的资源，而且需求永远不会被满足。多方都在争夺频谱空间。一种解决办法是更有效地利用现有频谱。手机最初使用模拟编码，但这些系统很久以前就被淘汰了，取而代之的是使用更少带宽的数字系统。有的时候，现有的频谱被重新加以利用；2009 年美国转向数字电视，释放了大量频谱空间，供其他服务争夺。最后，可以使用更高的频率，但这通常意味着更小的范围；有效距离随频率平方的增大而减小，这是二次方效应的另一个例子。

无线网络是一种广播媒介，所以任何人都可以监听，而加密是控制访问和保护信息传输的唯一方法。针对 802.11 网络进行加密的最初标准——有线等效隐私（Wired Equivalent Privacy，WEP），被证明存在重大缺陷，目前的加密标准如 WPA（Wi-Fi Protected Access，Wi-Fi 保护访问）则更好一些。有些人仍然使用开放网络，也就是说，完全没有加密，在这种情况下，附近的任何人不仅可以监听，而且可以免费使用其无线服务。有趣的是，如今开放网络的数量比几年前要少得多，因为人们对网络窃听和搭网络便车的危险变得更加敏感。

咖啡店、酒店、机场等免费 Wi-Fi 服务是例外，例如，咖啡店希望它们的顾客能停留下来使用笔记本电脑（并购买昂贵的咖啡）。除非你使用加密，否则通过这些网络传递的信息对所有人都是开放的，而且并不是所有服务器都会按需加密。此外，并非所有开放的无线接入点都是合法的，有时，它们的设置带有诱骗无知用户的明确意图。建议你不要在公共网络上做任何敏感的事情，并且在使用你对之一无所知的接入点时要特别小心。

有线连接将始终是幕后的主要网络组件，特别是在高带宽和长距离的情景下。然而，尽管频谱和带宽有限，无线会成为未来网络的常见形式。

第9章

互 联 网

LO

——第一条阿帕网信息，1969 年 10 月 29 日从加州大学
洛杉矶分校发送到斯坦福大学。

本应该发送 LOGIN（登录），但系统崩溃了

我们已经讨论了局域网技术，如以太网和无线网络。电话系统将世界各地的电话连接在了一起。我们如何对计算机做同样的事情呢？我们如何扩大规模，将一个本地网络与另一个网络连接，也许是将一栋大楼中的所有以太网连接在一起，或者将我家的计算机连接到你所在城镇的某个楼宇中的计算机，或者将加拿大的一个公司网络与欧洲的一个公司网络相互连接？当底层网络使用不同的技术时，我们如何使其互通工作？随着越来越多的网络和越来越多的用户连接在一起，距离越来越远，所用的设备和技术变化日新月异时，我们该如何优雅地扩展网络呢？

互联网是解决这些问题的一个答案，它是如此成功，以至于

在大多数情况下，它已经成为唯一的答案。

互联网并不是一个巨型网络，更不是一台巨型计算机。它是一个松散、非结构化、混乱、自组织的网络集合，这些网络由定义了网络以及其中的计算机之间相互通信时所遵循的标准连接在一起。

如何才能把光纤网、以太网、无线网等不同物理属性的网络连接起来，在它们之间相隔很远时也能连通？我们需要用名字和地址来标识网络和计算机，就像使用电话号码和电话簿那样。我们需要在并不是直接相连的网络之间找到通信的路径，需要就信息采用何种格式传输达成协议，还需要在错误处理、时延、过载等许多不太显著的问题上达成协议。没有这样的协议，通信将是困难的，甚至是不可能的。

所有的网络，尤其是互联网，都需要按照**协议**来处理数据格式、谁先发起通信请求、后续可以进行怎样的应答、错误如何处理等方面的问题。在这里，"协议"这个词跟生活中的意思差不多，表示用来跟另一方交谈的一组规则。但是，网络协议是基于技术考量而非社会习俗的，所以它要比最严格的社会结构还精确。

互联网必须严格满足以下这些不是那么显而易见的规则：互联网的所有接入方都要达成同样的协议和标准，如信息按什么格式组织，在计算机之间怎样交换，如何识别计算机身份并授权，以及错误发生了该如何处理。网络协议和标准的达成可能会相当复杂，因为已经有许多既得利益者，包括制造设备或者售卖服务的公司，专利和技术的持有者，以及想要监视和控制国际和国内网络信息的政府部门。

还有稀缺资源的分配问题。在这方面，无线服务的频段就是一个显而易见的例子，网站域名的管理也不能放任自流。由谁来分配这些资源，按什么原则分配？要使用这些有限的资源，应该谁向谁支付，支付什么？资源分配中遇到纠纷谁来裁决？裁决时依据哪套司法系统？制定所有这些规则的可以是政府、公司、行业协会，也可以是像联合国下属的国际电联这种名义上的非营利性或中立团体。但最终每个人都必须同意遵守规则。

显然这些问题都是能解决的，毕竟有先例在：遍布全球的电话系统就把散布在各个国家的设备成功地连接了起来。尽管互联网和电话系统并无本质区别，但互联网比电话系统更新、规模更大、更杂乱无章，变化也更快。相比由传统电话公司组成的受控环境——它们要么是政府垄断的，要么由受到严格监管的公司控制——互联网则是对所有人都开放的。但在政府和商业的压力下，与早期相比，互联网不再那么自由自在，而是受到一定的约束。

9.1 互联网概述

在深入了解互联网的技术细节之前，让我们先看看其概貌。互联网初创于 20 世纪 60 年代，其初衷在于建造一个网络来连接广泛分散在不同地理位置的计算机。由于该项目的大部分资金来自美国国防部的高级研究计划署（Advanced Research Project Agency，ARPA），最初建成的网络就叫作 ARPANET。1969 年 10 月 29 日，ARPANET 上的第一条消息从加州大学洛杉矶分校发出，到达 350 英里（550 公里）外的斯坦福大学。这一天可以看成互联网的诞生日。（导致最初失败的错误很快被修复，紧接着的再次尝试就获得了成功。）

　　ARPANET 从设计伊始，就具有能处理网络任何局部错误的健壮性，能在网络出现问题时依然实现数据的路由。经过多年的发展，原始 ARPANET 中的计算机和所用的技术也不断推陈出新。网络自身也从最初只连接大学的计算机科学系和科研机构，到 20 世纪 90 年代逐步扩大到商界，最终发展成为互联网。

　　今天，互联网由数百万个松散连接的独立网络组成。临近的计算机由局域网连接，通常是无线以太网。网络又通过**网关**或**路由器**与其他网络相连，网关或路由器是专门用于将信息包从一个网络路由到另一个网络的计算机。（维基百科上说网关是通用设备，而路由器是专用的，本书不做区分，通称为"网关"。）网关之间互相交换路由信息，这样它们就至少知道哪些网络与本地网络相连，因此可以被访问到。

　　每个网络都可能连接着许多计算机主机系统，比如家中、办公室或者宿舍里的计算机和手机。家用计算机可能是通过无线网络连接到路由器，然后路由器通过电缆或 DSL 链路连接到互联网服务提供商（Internet Service Provider，ISP）。办公室的电脑可以使用有线以太网连接。

　　正如前一章提到的，信息以包为单位在网络中传播。数据包是具有指定格式的字节序列，不同的设备使用不同的数据包格式。包的一部分将包含地址信息，说明包来自哪里和它要去哪里。信息包的其他部分将包含关于信息包本身的信息，比如它的长度，最后是所携带的信息，即**有效负载**（payload）。

　　在互联网上，数据以 IP（即 Internet Protocol，互联网协议）包的形式被携带。所有 IP 包的格式相同，在任何特定的网络上，一个 IP 包可以在一个或多个物理包中传输。例如，一个大的 IP 包将被分成多个较小的以太网包，因为以太网包可能的最大大小（约 1 500 字节）比最大的 IP 包（约 65 000 字节）小得多。

每个 IP 数据包都要经过多个网关，每个网关将数据包发送到一个更接近最终目的地的网关。当一个数据包四处穿梭时，它可能要经过 20 个网关，这些网关由 10 多个不同的公司或机构拥有和运营，并且可能位于不同的国家。数据流量不需要遵循最短的路径，考虑方便和成本因素，可能使数据包通过较长的路由。许多源地址和目的地址在美国以外地区的数据包使用的是经过美国的电缆，美国国家安全局利用这一点来记录全球通信。

要做到这一点，我们需要几种机制。

地址：每台主机必须有一个地址，这个地址将在互联网上的所有主机中唯一标识这台主机，就像电话号码一样。这个标识数字，即 IP 地址，具有 32 位（4 字节）或 128 位（16 字节）。较短的地址用于互联网协议的第 4 版（IPv4），较长的地址用于第 6 版（IPv6）。IPv4 已经使用多年，目前仍然占据主导地位，但所有可用的 IPv4 地址现在已经分配完了，所以网络地址向 IPv6 的转移正在加速。

IP 地址类似于以太网地址。IPv4 地址通常被写成 4 个字节的值，每个字节都是一个十进制数，由句点分隔，如 140.180.223.42（即 www.princeton.edu）。这种有点奇怪的表示法叫作点分十进制，使用它是因为它比纯粹的十进制或十六进制更容易被人类记住。图 9.1 显示了点分十进制、二进制和十六进制格式的 IP 地址。

十进制	140	.180	.223	.42
二进制	10001100	10110100	11011111	00101010
十六进制	8C	B4	DF	2A

图 9.1 点分十进制、二进制和十六进制表示的 IPv4 地址

IPv6 地址通常写成 16 个十六进制字节，每对之间用冒号分隔，比如：2620:0:1003:100c:9227:e4ff:fee9:05ec。

这样的数字不如点分十进制数字直观，所以我将使用 IPv4 进行说明。你可以通过 macOS 上的"系统首选项"或 Windows 上类似的应用程序来设定自己的 IP 地址，如果你使用的是 Wi-Fi，也可以通过手机上的"设置"来设定。

中央管理机构将一组连续的 IP 地址分配给网络管理员，网络管理员又将各个地址分配给该网络上的主机。因此，每台主机都有唯一的地址，这个地址是根据它所在的网络在本地分配的。对于桌面计算机来说，这个地址可能是永久固定的，但对于移动设备来说，地址是动态分配的，并且至少在每次设备重新连接到互联网时都会发生变化。

名称： 人们试图直接访问的主机必须有一个方便使用的名称，因为很少有人擅长记住随意的 32 位数字，即使是点分十进制。名称是广泛存在的形式，如 www.nyu.edu 或 ibm.com，它们被称为域名。域名系统（Domain Name System，DNS）是互联网基础设施的重要组成部分，它在名称和 IP 地址之间进行转换。

路由： 网络必须有一种机制为每个包找到从源到目的的路径。

这是由前文提到的网关提供的，它们不断地在彼此之间交换关于哪些网络设备之间相互连接的路由信息，并使用这些信息将每个进入网关的数据包转发到更接近其最终目的地的网关。

协议：最后，必须有对规则和步骤的准确说明，给出所有这些组件和其他组件如何互操作，以便信息从一台计算机成功地复制到另一台计算机。

核心协议称为互联网协议（Internet Protocol，IP），它为传输中的信息定义了统一的传输机制和通用的格式。IP 数据包是由不同类型的网络硬件使用它们各自的协议来承载的。

在 IP 之上，传输控制协议（Transmission Control Protocol，TCP）基于 IP 并进一步提供了一种可靠的机制，可以将任意长的字节序列从源发送到目的。

在 TCP 之上，更高层次的协议使用 TCP 来提供我们称之为"互联网"的服务，比如浏览、邮件、文件共享等。还有许多其他协议。例如，动态更改 IP 地址是由一种称为动态主机配置协议（Dynamic Host Configuration Protocol，DHCP）的协议处理的。所有这些协议结合在一起定义了互联网。

我们将依次讨论这些主题。

9.2 域名和地址

谁制定规则？谁控制名字和号码的分配？谁负责管理互联网？长期以来，互联网由一小群技术专家以松散合作的方式来管理。互联网的大部分核心技术是由一个松散的联盟组织——互联网工程任务组（Internet Engineering Task Force，IETF）开发的。该组织设计了互联网的运行方式，并将之规范为文档。IETF通过定期召开会议和频繁发布出版物的方式打造互联网的技术规范，之前如此进行，现在依然如此。这些出版物被称为"征求修正意见书"（Request for Comments，RFC），最终成了互联网的规范。RFC 可以在网上找到，迄今为止已有 9 000 多份了。并非所有 RFC 都是很严肃的，可以看看 1990 年 4 月 1 日愚人节发布的 RFC-1149，"A Standard for the Transmission of IP Datagrams on Avidan Carriers"（鸟类链路上的数据报传输标准）。

管理互联网其他方面事务的是一个叫互联网名称与数字地址分配机构（Internet Corporationfor Assigned Names and Numbers，ICANN，其网址为 icann.org）的非营利组织。ICANN 负责互联网的技术协调，包括分配为了保证互联网正常运行而不能重复的名字和数字地址，如域名、IP 地址和一些协议信息。ICANN 还负责给域名注册商授权，后者继而给个人和机构分配域名。ICANN 最初是美国商务部管辖的一个署，但现在已经是独立的非营利组织，总部设在加州，主要资金来自注册商和域名注册的费用。

毫不奇怪，围绕着 ICANN 存在复杂的政治问题。一些国家对它的起源和目前在美国的位置感到不满，称它是美国政府的工具，还有一些官僚希望看到它成为联合国或其他国际机构的一部分，在那里它更容易受到控制。

2020 年初，一个称为 Ethos Capital 的神秘私募股权集团试图收购 org 注册机构，ICANN 同意了这笔交易。很明显，他们的目标是获得控制权，然后在出售客户数据时提高价格。幸运的是，公众强烈抗议，甚至加州司法部部长威胁要采取行动，最后ICANN让步了，交易被取消了。

9.2.1 域名系统

域名系统（Domain Name System，DNS）提供了我们熟悉的分级命名方案，就像 berkeley.edu 或 cnn.com 一样。.com、.edu等名称以及 .us 和 .ca 等两个字母的国家代码被称为顶级域名。顶级域将管理名称和进一步命名的责任委托给较低的级别。例如，普林斯顿大学负责管理 princeton.edu，并可以在该范围内定义子域名，例如给古典系的 classics.princeton.edu 和给计算机科学系的 cs.princeton.edu。这些科系则可以继续定义其范围内的域名，例如 www.cs.princeton.edu，等等。

域名具有逻辑结构，但不必具有任何地理意义。例如，IBM在许多国家都有业务，但其计算机都包含在 ibm.com 中。一台计算机可以提供多个域的服务，这对于提供托管服务的公司来说是很常见的做法；相反，单个域名可能由多台计算机提供服务，比如像 Facebook 和 Amazon 这样的大型网站。

域名系统不受地理位置的限制会带来很多有趣的结果。比如，南太平洋上位于夏威夷和澳大利亚之间有个小的群岛国叫图瓦卢（人口 11 000），它在域名系统中的国家代码是 .tv。图瓦卢将国家代码的权利出租给商业利益集团，他们会很乐意出售一个 .tv 域名。如果你想要域名具有一些潜在的商业意义，比如说 news.tv，你可能就要为此花一大笔钱。另一方面，kernighan.tv 价格一年不到 30 美元。其他受到语言方面意外影响的国家包括摩尔多瓦共和国，该国的 .md 域名可能对医生很有吸引力。另一个有趣的例子是，意大利的域名会出现在 play.it 这样的网站。通常情况下，域名只能由 26 个英文字母、数字和连字符组成，但在 2009 年，ICANN 批准了一些国际化的顶级域名，比如作为中国域名 .cn 的另一个选项 ".中国"，以及对于埃及来说，除了 .eg 以外，还可以使用

. ‏مصر

像 .toyota 和 .paris 这样的商业和政府域名也可以有偿使用，这引发了人们对 ICANN 动机的质疑——这些域名是必要的还是仅仅是为了获得更多收入的一种方式？

9.2.2　IP 地址

每个网络和每台连接的主机必须都有 IP 地址，才能和其他网络和主机通信。IPv4 地址是互不重复的 32 位二进制数，在整个网络上，一个时间点只能有一台主机使用这个值。这些地址由 ICANN 以块为单位分配，而这些块又由接收它们的机构进行再分配。例如，普林斯顿有两个块，128.112.ddd.ddd 和 140.180.ddd.ddd，每个 ddd 为 0 ～ 255 之间的十进制数。每个块最多允许分配给 65 536（2^{16}）台主机，总共约 131 000 台。

这些地址块没有任何数字或地理意义。就像数字上相邻的美国电话区号 212 和 213 是纽约市和洛杉矶，相隔一个大陆一样，没有理由预计相邻的 IP 地址块代表物理上相邻的计算机；单凭 IP

地址本身也是无法推断出地理位置的，虽然通常可以从其他信息推断出 IP 地址的位置。例如，DNS 支持反向查找（IP 地址到名称），并报告 140.180.223.42 是 www.princeton.edu，因此可以合理地猜测它是在新泽西州普林斯顿，尽管服务器可能根本就是在其他地方。

有时可以使用名为 whois 的服务来了解更多关于某个域名所对应的计算机信息，该服务可以在 whois.icann.org 网页上或通过 UNIX 命令行程序 whois 找到。

IPv4 地址只有 2^{32} 个，约 43 亿。这样地球上平均每人分不到一个地址，所以从人们使用的通信服务数量来看，一些东西将会耗尽。事实上，情况比听起来更糟，因为 IP 地址是按块分配的，因此使用效率不高（普林斯顿大学真有 131 000 台计算机同时在工作吗？）。无论如何，除了少数例外，世界上大部分地区的 IPv4 地址都已分配完毕。

将多个主机连接到单个 IP 地址的技术提供了一些缓解的余地。家庭无线路由器通常使用网络地址转换（Network Address Translation，NAT），一个外部 IP 地址可以服务于多个内部 IP 地址。如果你有一个 NAT 设备，你所有的家庭设备在外部都显示着相同的 IP 地址；位于设备中的硬件和软件处理着内外地址的双向转换。例如，在我的住宅里，至少有十几台电脑和其他设备需要 IP 地址。它们都由一个具有单一外部地址的 NAT 提供服务。

一旦全世界都转向使用 128 位地址的 IPv6，这种地址短缺的压力就会消失——大约有 2^{128} 或 3×10^{38} 个地址，所以我们不会在短期内用完。

9.2.3 根服务器

DNS 的关键功能是将名称转换为 IP 地址。顶级域由一组**根域名服务器**处理，根域名服务器知道所有顶级域的 IP 地址，例如 mit.edu。要确定 www.cs.mit.edu 的 IP 地址，需要向根服务器查询 mit.edu 的 IP 地址，这样就能访问到 MIT 域了。接着，从那里我们向 MIT 的域名服务器查询 cs.mit.edu 的 IP 地址，这样就能把你引导到一个能查询到 www.cs.mit.edu 的 IP 地址的域名服务器。

因此，DNS 使用了一种高效的搜索算法：在顶级域的初始查询中，便立即把那些在下一步查询中不可能碰到的地址排除掉了。在后面每一层的搜索过程中都是如此。这与我们之前在分级文件系统中看到的思想相同。

在实践中，名称服务器会维护最近被查找和传递的名称和地址的缓存，因此通常可以用本地信息来响应新请求，而不用求助于远程服务器。如果我访问 kernighan.com，很有可能最近没有其他人访问过这个小众域名，本地名称服务器可能不得不向根服务器询问 IP 地址。但是，如果我很快再次访问这个域名时，则 IP 地址被就近缓存，查询就会快很多。经我尝试，第一个查询花了 1/4 秒；几秒钟后，再次的查询占用的时间还不到这个时间的十分之一，几分钟后的又一次查询也是如此。

你可以用 nslookup 等工具来亲自体验 DNS 查询。试试运行下面的 UNIX 命令：

```
nslookup a.root-servers.net
```

原则上，可以设想只有一个根服务器，但这会造成单点失效，对于这样一个关键的系统来说，这确实不是一个好主意。因此，共有 13 台根服务器遍布于全世界，其中大约一半在美国。大多数根服务器包含位置分布广泛的多台计算机，在功能上和单个计算机一样。它通过某种协议把查询请求分配到这组计算机里最近的那台。根服务器在各种不同硬件上运行不同的软件系统，这样，跟单一环境比起来，遇到 bug 或病毒攻击时的系统健壮性就要好很多。尽管如此，根域名服务器一直还是协同攻击的目标。可以想象，如果某些具有特殊条件的情况同时出现，所有根域名服务器也可能会同时停机。

9.2.4 注册你自己的域名

只要你想要的域名还没被别人注册过，去注册一个你自己的域名是很简单的事。ICANN 全球授权了好几百个域名注册商，你只要挑一个，选择自己想要的域名，支付费用，域名就归你了（尽管你每年还需要续费）。虽然有一些限制，但似乎没有禁止淫秽内容（只要尝试几次就可以很容易地验证）或人身攻击的规定，以至于企业和公众人物被迫为了自卫而抢先购买像 bigcorpsucks.com 这样的域名。当然，有些具体限制：域名最多只能有 63 个字符，只能包含字母、数字和连字符，尽管可以使用 Unicode 字符；如果存在非 ASCII 字符，则可以使用一种称为 Punycode 的标准编码将其转换回只包含字母 – 数字 – 连字符的子字符集。

你的网站需要一个主机，也就是一台计算机来保存和提供网站的内容，这些内容将显示给网站访问者。当有人试图查找你网站域名的 IP 地址时，你还需要一个域名服务器来响应，回复你主机的 IP 地址。这是一个单独的组件，虽然注册商通常会提供给你这样的服务，或易于获得该服务的渠道。

竞争导致价格下降。首次注册 .com 这样域名的价格一般为 10～20 美元一年，后期续费也差不多；租用一个空间不大的日常应用的主机服务的价格每个月大约 5～10 美元。仅仅"占据"一个具有通用页面的域名很可能是免费的。有些主机服务是免费的；如果你只想随意做一个小型网站时，有的主机服务仅象征性收取少量费用，或给你一段免费的试用期。

域名归谁所有呢？发生纠纷如何解决？别人先注册了 kernighan.com，我该怎么办？最后一个问题的答案很简单：先买先得，除非能高价买过来。至于有商业价值的域名，比如 mcdonalds.com 和 apple.com，法庭和 ICANN 的纠纷调解政策则偏向于支持有影响力的一方。如果你的名字叫麦当劳或者苹果，基本不可能把域名从这些公司手中抢过来，甚至就算是你先注册的也很难保住。2003 年，有个叫迈克·罗（Mike Rowe）的加拿大中学生为自己的小软件公司建了个网站 mikerowesoft.com，由于读音跟某软件巨头相似，该公司威胁要为此采取法律行动。最终，案件得到解决，迈克·罗换了个域名。

9.3 路由

路由用于寻找从源地址到目标地址的路径，因此在任何网络中，它都是核心的存在。有些网络使用静态路由表，为所有可能的目标地址提供路径的下一条地址。但在互联网中，由于网络规模太大、动态性太强，静态路由表难以应用。为此，互联网网关通过与邻近网关交换信息来持续刷新自身的路由信息，这样就能保证可能的以及理想的路径信息基本都是最新的。

互联网的庞大规模要求采用分层结构来管理路由信息。在路由系统的最顶层，几万个*自治系统*提供了它们所包含的网络的路由信息。一个自治系统通常也对应于一个大的互联网服务提供商（ISP）。在单个自治系统内部，路由信息仅进行本地交换，但整个自治系统对外部展示统一的路由信息。

路由系统在物理上也存在某种层次结构，尽管这样说并不正式也不严格。用户通过 ISP 接入互联网，ISP 是某个公司或组织，它再连接到其他互联网提供商。有的 ISP 规模很小，有的则很大（比如由电话公司或有线电视公司经营的那些 ISP）。有的 ISP 是由公司、大学、政府部门等机构运营，而有的 ISP 则对公众提供收费接入服务，电话公司和有线电视公司就是典型的例子。个人通常通过有线网络（常见的住宅服务）或电话接入 ISP，公司和学校则提供以太网或无线连接。

ISP 之间通过网关相互连接。由于主要运营商之间的网络流量巨大，所以多个公司的网络都汇聚到运营商的**互联网交换中心**（Internet exchange points，IXP），运营商网络之间则互相建立物理连接。这样，就能使来自一个网络的数据高效地传送到另一个网络。大型交换中心以每秒传递 TB 量级的速度将数据从一个网络传到另一个网络；例如，DE-CIX 法兰克福交换中心是世界上最大的交换中心之一，目前的平均交换流量接近 6 Tbps，峰值超过 9 Tbps。图 9.2 显示了一张 5 年的流量图表。你可以注意到流量的稳步增长，以及 2020 年初新冠危机迫使许多人远程工作，流量开始显著上升。

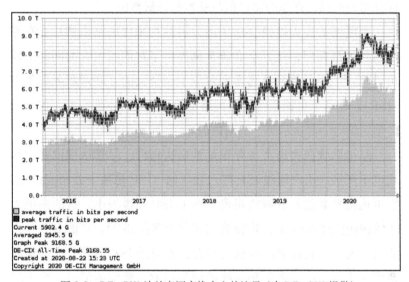

图 9.2 DE-CIX 法兰克福交换中心的流量（由 DE-CIX 提供）

有些国家提供的对外连接的网关数量相对较少，这些网关可用于监视和过滤政府认为不宜出现的信息。

你可以使用 UNIX 系统（包括 Mac）上的 traceroute 程序探索路由信息，在 Windows 上叫 tracert，还有网页版的相应程序。图 9.3 显示了从普林斯顿到澳大利亚悉尼大学的网络路径，为适应版面调整了一些空格。每一行都显示了网络路径中下一跳（hop，中继段）的网络结点名称、IP 地址和往返时间。

这些往返时间显示了一段横跨美国的传输旅程，接着是横跨太平洋到澳大利亚的两个大中继段。从不同网关中名称的神秘缩写去判断它们的位置是很有趣的。从一个国家连接到另一个国家也可以很容易地通过第三方国家的网关进行，这第三方国家通常会包括美国；这个事实可能很令人惊讶，而且不受欢迎，这取决于传送信息的性质和所涉及的国家。

```
$ traceroute sydney.edu.au
traceroute to sydney.edu.au (129.78.5.8),
          30 hops max, 60 byte packets
 1 switch-core.CS.Princeton.EDU (128.112.155.129) 1.440 ms
 2 csgate.CS.Princeton.EDU (128.112.139.193) 0.617 ms
 3 core-87-router.Princeton.EDU (128.112.12.57) 1.036 ms
 4 border-87-router.Princeton.EDU (128.112.12.142) 0.744 ms
 5 local1.princeton.magpi.net (216.27.98.113) 14.686 ms
 6 216.27.100.18 (216.27.100.18) 11.978 ms
 7 et-5-0-0.104.rtr.atla.net.internet2.edu (198.71.45.6) 20.089 ms
 8 et-10-2-0.105.rtr.hous.net.internet2.edu (198.71.45.13) 48.127 ms
 9 et-5-0-0.111.rtr.losa.net.internet2.edu (198.71.45.21) 75.911 ms
10 aarnet-2-is-jmb.sttlwa.pacificwave.net (207.231.241.4) 107.117 ms
11 et-0-0-1.pe1.a.hnl.aarnet.net.au (202.158.194.109) 158.553 ms
12 et-2-0-0.pe2.brwy.nsw.aarnet.net.au (113.197.15.98) 246.545 ms
13 et-7-3-0.pe1.brwy.nsw.aarnet.net.au (113.197.15.18) 234.717 ms
14 138.44.5.47 (138.44.5.47) 237.130 ms
15 * * *
16 * * *
17 shared-addr.ucc.usyd.edu.au (129.78.5.8) 235.266 ms
```

图9.3 traceroute探索到的从新泽西州普林斯顿到澳大利亚悉尼大学的网络路径

不幸的是，随着时间的推移，traceroute程序能提供的信息量越来越少，出于安全方面的考虑，越来越多的站点选择不向traceroute程序提供运行所需要的信息。例如，一些网站不透露其名字或IP地址。

9.4 TCP/IP

协议规定了双方互相沟通时遵守的规则：一方是否主动握手，鞠躬多深，谁先从门口走过，在路的哪一侧行驶，等等。虽然有些协议是法律强制规定的，比如在路的哪一边行驶，但生活中的大多数协议都不太正式。与之形成鲜明对比的是，网络协议是非常精确地进行规范的。

互联网有很多协议，其中最基础的有两个，一个是**互联网协议**（Internet Procotol，IP），定义了单个包的格式和传输方式，另一个是**传输控制协议**（Transmission Control Protocol，TCP），定义了 IP 包如何组合成数据流以及如何连接到服务。两者合起来起就叫 **TCP/IP**。

网关对 IP 数据包进行路由，尽管每个物理网络都有自己的 IP 数据包传输格式。每个网关必须在数据包进出时在网络格式和 IP 之间进行转换。

在 IP 层之上，TCP 确保可靠通信。这样，用户（实际上是指程序员）就不用考虑数据包的细节问题，只要当作信息流就可以了。被我们称为"互联网"的大部分服务都使用 TCP。

再往上一层是支撑万维网、邮件、文件传输之类服务的应用层协议，它们大多基于 TCP 协议。由此可见，互联网协议分为好几层，每层都依赖下一层的服务，并为上一层提供服务。这是第6章中提到的软件分层思维的极好例子。下面这张常用的示意图（图 9.4）看起来有点像多层的婚礼蛋糕。

图 9.4　协议层

和 TCP 处在同一层的协议还有用户数据报协议（User Datagram Protocol，UDP）。UDP 比 TCP 简单得多，如果某些数据交换不要求双向流传输，只要求高效的数据包传送和少量额外的特性，那么 UDP 就很适合。DNS、视频流媒体、IP 语音和一些在线游戏使用的都是 UDP。

9.4.1 互联网协议

互联网协议（IP）提供的是不可靠、无连接的数据包传递服务。所谓"无连接"，就是每个 IP 包都是自包含的，和其他 IP 包无关。IP 协议没有状态或记忆，也就是说这个协议一旦把包传给下一个网关，就不再保存关于这个包的任何信息。

至于"不可靠的"，可能和字面上看起来的含义略有不同。IP 协议采取"尽力而为"的做法，并不能保证数据包传送的质量，某些时候的出错会造成很大的麻烦。包可能丢失或者损坏，接收到的顺序可能和发送的顺序不一致，也许送达得太快而无法处理，也许送达得太慢而失去作用。当然，实际使用的时候，互联网协议是相当可靠的，但是当包中途丢失或损坏的时候，该协议确实不会尝试修复。这就像是在陌生的地方把明信片丢进邮箱，一般会送达收信人，但可能中途受损，有时会彻底寄丢，有时则比你预期的时间晚很多到达。互联网协议有一种错误模式倒是在明信片投递上没有的：IP 包可以被复制，所以接收方可能会收到多份。

IP 包最大约为 65KB。这样长消息就要拆分成小数据块分别发送，到了远端再组装起来。就像以太网包一样，IP 包也有特定的格式。图 9.5 给出了 IPv4 数据包的格式，IPv6 数据包与之类似，只不过源地址和目标地址都是 128 位的。

版本	类别	首部长度	总长	生存时间	源地址	目的地址	错误校验	数据（最多65KB）

图 9.5　IPv4 数据包格式

　　IP 包中有个很有趣的部分是生存时间（Time To Live，TTL）。TTL 是个单字节字段，由包的发送方设置一个初始值（通常是 40 左右），每经过一跳处理该数据包的网关就减 1，当减到 0 的时候，就丢弃这个包，并给发送者返回一个报错包。互联网中一次典型的传递数据包的过程通常会经过 15 到 20 个网关，所以经过了 255 跳的包显然有问题，很可能是走环路了。TTL 并不能消除环路，但能防止单个的包在遇到环路时一直绕圈。

　　IP 协议本身不能保证资料传输的速度，它承诺尽最大的努力服务，它甚至不能保证信息送达，更不用说多快了。互联网广泛使用缓存来实现功能，我们已经在名称服务器的讨论中看到了这一点。Web 浏览器也缓存信息，因此如果你试图访问最近查看过的页面或图像，这些信息可能来自本地缓存，而不是来自网络。主要的 Internet 服务器也使用缓存来加快响应速度。像阿卡迈（Akamai）这样的公司为雅虎等其他公司提供内容分发服务；这相当于将内容缓存到更靠近接收者的地方。搜索引擎也保存着大量他们在爬取网络上信息时找到的页面，我们将在第 11 章讨论这个主题。

9.4.2　传输控制协议

　　在互联网协议簇中，高层协议基于 IP 层的不可靠服务合成

可靠的通信，其中最重要的就是传输控制协议——TCP。TCP
能为用户提供可靠的双向数据流：一端输入数据，另一端流出数
据，延迟很小，出错率很低，仿佛是一条从一头到另一头的直连
线缆。

这里我不准备讨论 TCP 工作原理的细节，实在一言难尽，但
其基本原理还是相当简单的。字节流被切分成片段，放到 TCP 包
也就是所谓的**报文段**中。TCP 报文段不仅包含实际数据，还有控
制信息构成的头部，其中包括方便接收方知晓收到的包代表数据
流中哪部分的序号。通过这种方法，就可以发现丢失的报文段并
重传之。TCP 报文段的头部还包括错误检测信息。这样，如果报
文段出错，就很容易检测出来。每个 TCP 报文段都放在一个 IP
包里传输。图 9.6 展示了 TCP 报文段头部的内容，它们与数据一
起封装在 IP 包里。

源端口	目标端口	序号	应答	错误检测	其他信息

图 9.6　TCP 报文段头部格式

接收方必须对收到的每个报文段返回确认或者否认的应答。
我给你发的每一个报文段，你都要返回一个应答以表明你收到了。
如果在适当间隔之后我还没收到应答，那我就认为这个报文段已
丢失，然后重新发送。同样，如果你预期会收到某个特定的报文
段却没收到，那就得给我发送**否认应答**（比如"未收到 27 号报文
段"），这样我就会知道需要重新发送。

当然了，如果应答报文本身丢失了，情况就会更复杂。TCP

使用若干计时器来检测此类错误，如果计时器超时，就认为出错。如果某个操作耗时过长，就会尝试启动恢复程序。最终，某个连接可能会因为"超时"而被终止。你也许见过失去响应的网站，那就是遇到了这种情况。这些都是 TCP 协议的一部分。

TCP 协议同样还包含高效处理这个问题的机制。比如，发送方可以在未收到上个包的应答信息时就继续发送下个包，接收方也可以为接收到的一组包回送一个应答。在通信顺畅的时候，这样做可以降低应答带来的开销。而当网络发生拥塞、开始出现丢包现象时，发送方就迅速回退到较低的传输速率，并且只缓慢地重新发送。

在两台计算机主机之间建立 TCP 连接时，不仅要指定计算机，还要指定计算机上的*端口*。每个端口表示一个独立的会话。端口用两字节（即 16 位）二进制数表示，于是就有 65 536 个可用端口。这样，在理论上每台主机可以同时承载 65 536 个 TCP 会话。这类似于公司只有一个电话号码，而员工有不同的分机号。

大约有一百个众所周知的端口预留给了标准服务。比如，Web 服务器使用 80 端口，邮件服务器使用 25 端口。这样，用浏览器访问 www.yahoo.com 网站时，浏览器会建立一个到雅虎服务器 80 端口的 TCP 连接，而邮件程序则使用 25 端口来访问雅虎邮箱。源端口和目标端口是 TCP 头部的一部分，与实际传输的数据一起构成 TCP 报文段。

TCP 协议实现细节远比这复杂得多，但基本原理就是这些。TCP 和 IP 最初由文特·瑟夫（Vint Cerf）和鲍勃·卡恩（Bob Kahn）于 1973 年设计，他们因此一起获得了 2004 年图灵奖。尽管经历了多次改进，但在网络规模和通信速度已经增长了多个数量级的情况下，TCP/IP 协议还是能基本保持不变，这充分证明最初的设计是相当棒的。如今，TCP/IP 协议依然处理着互联网的大部分流量。

9.5　高层协议

　　TCP 提供了双向通信方式，从而使数据在两台计算机之间可靠地来回传输。互联网服务和应用程序使用 TCP 作为传输机制，但在完成具体任务时还要使用自己特定的协议。例如，超文本传输协议（HyperText Transfer Protocol，HTTP）就是万维网浏览器和服务器使用的非常简单的协议。我在页面中点击一个亚马逊网站链接的时候，我的浏览器会打开一个 TCP/IP 连接，连接至服务器 amazon.com 的 80 端口，然后发送一条简短的消息请求某个特定的网页。图 9.7 中，左边最顶端的客户端应用程序是浏览器。消息沿着协议链向下层走，跨越互联网（通常是经过比图示中更多步的传递），到了远端之后回到协议上层，传给相应的服务器应用程序。

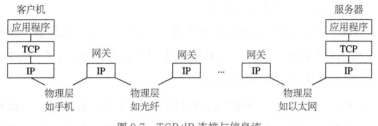

图 9.7　TCP/IP 连接与信息流

在亚马逊一端，服务器准备好客户端请求的页面，然后把它和少量的附加数据，比如可能是关于页面编码方式的信息，一起发送回来给我。服务器响应的返回路径不一定和传输客户端请求的路径一样。我的浏览器读到返回结果后，使用该信息显示出页面内容。

9.5.1　Telnet 和 SSH 协议：远程登录

如果说互联网是信息的载体，那我们可以在上面做什么？我们将看看互联网初期使用的一些最早出现的程序。这些程序都诞生在 20 世纪 70 年代初，不过至今仍在使用，主要归功于它们良好的设计和功能。它们都是命令行程序，尽管大多数都很简单，却不是给普通用户而是给那些相对专业的人士使用的。

你可以使用 Telnet 访问 Amazon。Telnet 是一种用于在另一台机器上建立远程登录会话的 TCP 服务，通常使用 23 端口，但也可以指定其他端口。在命令提示符窗口里输入下面几行：

```
$ telnet www.amazon.com 80
GET / HTTP/1.0
    [ 这里再输入一个空行 ]
```

然后会看到返回的超过 225 000 个的字符，浏览器就是根据这样的返回内容来显示页面的。

GET 是 HTTP 请求的若干方法之一，" / " 的意思是请求服务器上的默认文件，HTTP/1.0 则是协议名称和版本号。下一章我们会详细讲述 HTTP 和万维网。

Telnet 提供了一种访问远程计算机的方式，就像直接连接到远程计算机一样。Telnet 接受来自客户端的键盘输入，并将它们传递给服务器，就好像它们是直接在那里输入的一样；Telnet 拦截服务器的输出并将其发送回客户端。Telnet 使联网的任何计算机都可以像使用本地计算机一样使用，只要用户拥有正确的权限。下面的例子是如何使用它进行搜索：

```
$ telnet www.google.com 80
GET /search?q=whatever
    [ 这里再输入一个空行 ]
```

这将产生超过 110 000 字节的输出，大部分是 JavaScript 和图像，但如果仔细观察，可以看到搜索结果。

Telnet 并不提供安全措施。如果远程系统能接受没有口令的登录，那就不需要口令。如果远程系统向客户端要口令，Telnet 会以明文形式将客户端的口令发送过去。因此，任何监视数据流的人都能看到口令。现在，除了不讲究安全的场合，Telnet 已经很少用了，原因之一就是它毫无安全性可言。而 Telnet 的继任者 SSH（Secure Shell）则因为双向加密了全部通信而得到广泛使用，可以用来安全地交换信息。SSH 使用 22 端口。

9.5.2　SMTP：简单邮件传输协议

第二个协议是简单邮件传输协议（SMTP，Simple Mail Transfer Protocol）。我们通常使用浏览器或者独立程序来收发邮件。但就像互联网上的诸多其他应用一样，表面的应用之下还有若干层，每层都靠各自的程序和协议来支撑。邮件程序的运行涉及两种基本类型的协议。SMTP 用来在不同系统之间交换邮件。它首先建立一条连接到收件人的邮件服务器 25 端口的 TCP/IP 连接，使用 SMTP 协议标识发件人和收件人，然后传送邮件内容。SMTP 是基于文本的协议；你可以用 Telnet 连接 25 端口来运行，并观察其是如何工作的。不过，SMTP 做了足够多的安全限制，因而即使把你自己的计算机当成邮件服务器进行本地操作，也会遇到麻烦。图 9.8 中显示了与本机系统的实际会话过程（为排版紧凑而略做编辑），其中我给自己发了一封邮件，看上去像是别人发的（实际上就是垃圾邮件）。我的输入使用粗斜体标识。

```
$ telnet localhost 25
Connected to localhost.
220 davisson.princeton.edu ESMTP Postfix
HELO localhost
250 davisson.princeton.edu
mail from:liz@royal.gov.uk
250 2.1.0 Ok
rcpt to:bwk@princeton.edu
250 2.1.0 Ok
data
354 End data with <CR><LF>.<CR><LF>
Subject: knighthood?

Dear Brian --

Would you like to be knighted?  Please let me know soon.

ER
.
250 2.0.0 p4PCJfD4030324 Message accepted for delivery
quit
```

图 9.8　使用 SMTP 发送邮件

这条毫无意义（或至少不实际）的消息被及时传递到我的邮箱，如图 9.9 所示。

由于 SMTP 要求邮件消息是 ASCII 文本。MIME 标准（多用途互联网邮件扩展，Multipurpose Internet Mail Extensions，实际上它是另一个协议了）规定如何把其他类型的数据转换成文本，以及如何把多块数据拼成一条邮件消息。当需要在邮件里附上照片、视频等附件时，就要用到 MIME 机制，在 HTTP 中也使用了它。

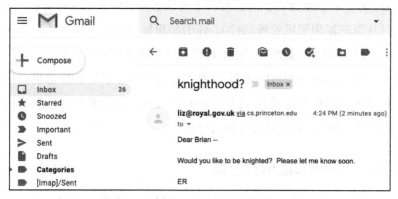

图 9.9　邮件收到！

　　虽然 SMTP 是一种端到端协议，但它的 TCP/IP 包从源节点到目的节点常常要经过 15 到 20 跳网关。这就意味着，沿途中的任何网关完全可能检查经过的数据包并复制下来以从容不迫地审查。而且，SMTP 本身也可以复制邮件内容，邮件系统会跟踪内容和头部的传送。因此，如果不想让发送的邮件内容被别人看到，一定要从发送方就要进行加密。但有一点要记住，加密邮件内容并不会隐藏发件人和收件人的身份。流量分析能揭示是谁在与谁通信；这些元数据通常可以提供与实际内容一样重要的信息，这些内容我们将在第 11 章中讨论。

　　SMTP 只是将邮件从源主机传送到目的邮件服务器，然后就不管用户如何访问邮件了。一旦邮件到达目的邮件服务器，它就原地等待直到收件人取走。通常收邮件由互联网邮件访问协议（Internet Message Access Protocol，IMAP）来处理。根据IMAP协议，你的邮件保存在服务器上，你可以从好几个地方访问它。IMAP能确保即使邮箱有多个阅读者和访问者在更新使用（同时从浏览器和手机处理邮件），你的邮箱始终处于一致状态。不需要对消息进行多重复制，也不需要在计算机之间复制它们。

像 Gmail 和 Outlook 这样的"云端"邮件系统也很常见。这些系统底层也是通过 SMTP 传输邮件，客户端也像 IMAP 那样访问邮件。第 11 章我将会讲到云计算。

9.5.3　文件共享和点对点协议

1999 年 6 月，美国东北大学一年级新生肖恩·范宁（Shawn Fanning）发布了 Napster，一个能让大家轻而易举地共享 MP3 压缩格式音乐的程序。范宁的事做得可谓恰逢其时。那时的流行音乐 CD 虽然到处可见，但价格昂贵。个人计算机的运算速度足以对 MP3 格式进行编码速度和解码，编解码算法随处可得，网络带宽也足够高，MP3 格式的歌曲可以在网络上传输得相当快，使用大学里的宿舍网络就更不用说了。由于范宁的设计和实现做得很棒，Napster 如野火般扩散开来。1999 年中期，他组建了一家公司来经营这项服务，据称最火的时候有 8 000 万用户。但 1999 年晚些时候，Napster 就遭遇了第一起诉讼，被指控大范围偷窃受版权保护的音乐。2001 年中期，法院判决 Napster 关闭其业务。两年时间，从白手起家，到 8 000 万用户，再到一无所有，这正是后来的流行语"互联网时代"的生动写照。

Napster 的使用方法是：首先下载一个 Napster 客户端并安装到自己计算机上，然后指定一个文件夹以共享其中的文件。随后客户端登录到 Napster 服务器，把想共享给别人的文件的**文件名**传上去。Napster 将它们添加到当前可用文件名的中心目录中。这个中心目录一直保持更新，当有新客户端登录上来时，就把它们共享的文件名加进来；当客户端对系统的检测没有响应时，就从列表中去除它们的文件名。

当用户在中心服务器搜索歌名或歌手时，Napster 返回一个列表，里面列出在线而且愿意共享这些文件的其他人。当用户选择了某个共享者时，Naspter 就为双方建立联系（有点像提供约会服务）：提供 IP 地址和端口号，让用户计算机上的客户端程序直接与提供者的机器联系并检索文件。供需双方都把状态报告给 Napster，但中心服务器并"不参与"文件共享的过程，因为它们从不接触音乐文件本身。

我们已经习惯了客户机 - 服务器模型，比如浏览器（客户机）从网站（服务器）请求页面。Napster 向我们展示了另外一种模型。它提供了一个中心目录，列出了现在可共享的音乐，但音乐文件本身还是存储在我们自己的计算机上；当文件传输时，文件直接从一个 Naspter 用户传到另一个用户，并不经过中心系统。这样的组织方式就叫**点对点**，共享者就是其中的对等点（peer）。因为音乐文件本身只存在于对等点计算机上，从来不在中心服务器上，所以 Napster 希望据此规避版权问题，但这些细节并没有得到法院的认可。

Napster 协议使用了 TCP/IP，所以它实际上和 HTTP、

SMTP 是同一层的协议。Napster 是个简单的系统，范宁的成功是因为在互联网基础设施、TCP/IP、MP3 和构建图形用户界面的工具这些条件都具备的情况下，做了恰逢其时的事情。这并没有贬低范宁工作的意思，因为 Napster 确实很巧妙。

目前大多数文件共享，无论合法与否，都使用一种叫作 BitTorrent 的点对点协议，它是由 Bram Cohen 在 2001 年开发的。BitTorrent 对于分享电影和电视节目等较大的热门文件特别有效，因为每个开始使用 BitTorrent 下载文件的网站，也必须开始上传文件的片段给其他想要下载的网站。文件可以通过搜索分布式目录找到，用一个小的"torrent 文件"来识别一个追踪器，这个追踪器维护着谁发送和接收了哪些块的记录。BitTorrent 用户很容易被检测到，因为协议要求下载者也上传，因此他们很容易在受版权保护的材料的行为中被发现。

点对点网络除了合法性存疑的文件共享之外，还可以有其他用途。比如比特币也使用点对点协议，这是一种数字货币和支付系统，我们将在第 13 章讨论。

9.6 互联网上的版权问题

在 20 世纪 50 年代，复制一本书或录音是不现实的。然而，随着复制成本的稳步下降，到了 20 世纪 90 年代，制作一本书或一张唱片的数字副本变得很容易。这些副本可以被大量制作，并通过互联网零成本地高速发送给其他人。

娱乐产业通过美国唱片业协会（Recording Industry Asso-

ciation of America，RIAA）、美国电影协会（Motion Picture
Association of America，MPAA）等商业组织对共享有版权
资料的行为积极追讨法律赔偿。他们的行为包括指认了众多所
谓的侵权者，提出诉讼或威胁要诉诸公堂，并且积极地四处游
说，试图通过立法来界定共享行为的非法性质。盗版可能会一直
存在，但合理付费后向民众分发高品质音乐的做法，商家可以大
大减少盗版的影响，同时还能赚钱。苹果的iTunes音乐商店就
是一个很好的例子，Netflix和Spotify等流媒体服务也可以作为
范例。

在美国，有关数字版权问题的最主要法律是1998年的《数字
千年版权法案》（Digital Millennium Copyright Act，DMCA）。
法案规定，包括在互联网上散发有版权的资料在内，任何规避数
字媒体版权保护技术的行为都是违法的。其他国家也有类似法律。
DMCA是娱乐业用来追究侵犯版权者的法律机制。

DMCA为互联网服务供应商提供了一条"避风港"条款：如
果版权持有人通知ISP其用户在散发侵权资料，ISP因此要求侵
权人删除版权资料，ISP自身则不需要对侵权行为负责。避风港条
款在大学校园网里很重要，在这里大学就是学校师生的ISP。因此
每所大学都有一间处理侵权举报的办公室。图9.10是普林斯顿的
DMCA告示：

> To report copyright infringements involving Princeton University information
> technology resources or services, please notify [...], the agent designated under
> the Digital Millennium Copyright Act, P.L. 105-304, to respond to reports
> alleging copyright infringements on Princeton University website locations.

图9.10　网页上发布的DMCA通知信息

DMCA 也常常在势均力敌的法律纷争中为双方共同援引。2007 年，美国影视业巨头 Viacom 起诉谷歌的 YouTube 视频网站提供了该公司版权所有的内容，要求赔偿 10 亿美元。Viacom 认为 DMCA 并未允许以"批发"的形式大规模盗取有版权资料。谷歌在自我辩护中则提到，对于 DMCA 所指的侵权作品下架通知，会做出得体的响应，但 Viacom 却从没有以恰当的方式通知他。2010 年 6 月，法庭判决谷歌胜诉。上诉法院推翻了部分判决，然后另一位法官又做出了支持谷歌的判决，理由是 YouTube 正确地遵循了 DMCA 程序。双方于 2014 年达成和解，但遗憾的是，和解条款并未公开。

2004 年，谷歌开始了一个扫描大量的书籍项目，主要是在学术图书馆进行。2005 年，美国作家协会起诉谷歌公司，称其通过侵犯作者的版权获利。这个案子拖了很长一段时间，但 2013 年的一项裁决称谷歌并无过错，理由是它保留了原本可能会流失的书籍，让它们以数字形式提供学术研究，甚至可以为作者和出版商创造收入。2015 年晚些时候，上诉法院维持了这一决定，部分原因是谷歌只在网上为每本书提供有限的数量。作家协会向最高法院提出上诉，但最高法院于 2016 年拒绝审理此案，从而有效地结束了这场纠纷。

这是另一个双方都能找到自己的合理论点的例子。作为一名研究人员，我希望能够搜索那些我可能看不到甚至不知道的书，但作为一名作者，我希望人们购买我的书的正版，而不是下载盗版。

根据 DMCA 投诉很容易。我给 Scribd（在线文档分享网站）

发了一封关于非法上传这本书第一版副本的邮件，他们在 24 小时内就把它删除了。不幸的是，大多数书籍的大多数非法拷贝基本上是不可能删除的。

DMCA 有时被用于一种反竞争的方式，这可能不属于最初意图。例如，飞利浦公司生产的"智能"联网灯泡允许控制器调节其亮度和颜色。2015 年底，飞利浦宣布将对固件进行修改，使飞利浦的灯泡只能与飞利浦的控制器一起使用。根据 DMCA，将阻止任何人对软件进行逆向工程以使用第三方的灯泡。这引发了相当大的抗议，飞利浦在这个具体的案例中做出了让步，但其他公司继续使用 DMCA 来限制竞争，例如更换打印机或咖啡机的墨盒。

9.7 物联网

智能手机只是能够使用标准电话系统的电脑，而所有现代手机也可以通过无线运营商，或 Wi-Fi（如果有的话）接入互联网。这种可访问性模糊了电话网络和互联网之间的区别，而这种区别很可能会最终消失。

使移动电话在当今世界中得到广泛使用的同一个力量，也在其他数字设备上发挥作用。正如我前面所说的，许多小型工具和设备都包含强大的处理器、内存，通常还包含无线网络连接。将这些设备连接到互联网的设想是很自然的，而且这也很容易做到，因为所有必要的机制都已经就绪，额外添加的成本接近于零。因此，我们看到了可以通过 Wi-Fi 或蓝牙上传图片的摄像头，在上传引擎遥测数据和地理位置的同时下载娱乐节目的汽车，能测量和控制环境并向不在家的房主报告的恒温器，用于监控孩子、保姆和按门铃的人的视频监视器，像 Alexa 这样的智能语音系统，以及上面提到的联网灯泡，所有这些都是基于互联网连接的。表示以上这些事物的流行术语是物联网（Internet of Things），或简称为 IOT。

　　从许多方面来看，物联网是一个好主意，而且可以肯定的是未来会有越来越多的创新出现。但这里也存在一个很大的缺点，这些专用设备比通用设备更容易出现问题。黑客攻击、非法入侵、破坏等等都很可能发生，而且事实上发生的机率更大，因为我们对物联网安全和隐私的关注远远落后于个人电脑和手机的技术水平。数量惊人的设备正在"打电话回家"，即将信息发送回制造它们的国家的服务器。

　　这样的例子太多了，我们随便举一个吧。2016 年 1 月，某网站允许其用户搜索网络摄像头的视频内容，这些摄像头没有任何保护的措施。该网站提供了"大麻种植园、银行后房、儿童、厨房、客厅、车库、前花园、后花园、滑雪场、游泳池、大学和学校、实验室和零售店的收银机摄像头"的图片。人们可以想象到从简单的偷窥到更糟糕的用法。

　　一些儿童玩具可以连上互联网，这就带来了另一种潜在的危害。一项研究表明，一些玩具包含了分析代码，可以用来跟踪儿童，以及包含一些不安全机制用于允许将玩具作为攻击的载体。（其中一个玩具是一个可以联网的水瓶，显然是用来监测水合作用的。）这种潜在的追踪行为违反了《儿童在线隐私保护法》（COPPA），也违反了玩具的隐私政策。

像上面提到的网络摄像头这样的消费品往往很容易受到攻击，因为制造商并没有提供良好的安全措施。可能制造商觉得处理安全问题太费钱了，或者对消费者来说设置太复杂了，或者可能只是程序执行得不好。例如，在 2019 年底，一名黑客发布了 50 万份物联网设备的 IP 地址和 Telnet 密码，他是通过扫描端口 22 上有响应的设备，然后尝试"admin"和"guest"等默认账户和密码，从而发现这些有漏洞的设备的。

电力、通信、交通和许多其他的基础设施系统已经连接到互联网，但没有对保护它们给予足够的重视。举个例子，2015 年 12 月有报道称，某家制造商的风力涡轮机有一个支持网络的管理界面，可以轻易地攻击（只需编辑 URL）网络界面，就可以关闭它们正在产生的电力。

9.8 小结

互联网背后只有少数几个简单的设计思想，但在大量工程实践的支持下，仅用很少的机制就实现了如此非凡的成就。

互联网是基于数据包的网络。在互联网中，信息被封装在一个个标准格式的数据包里发出，动态地在一个巨大的不断变化的网络集合里被路由。这种网络模型和电话系统的电路网络完全不同，后者每次通话都会建立一条专用电路，在概念上可以理解为连接通话双方的私有线路。

互联网给当前在线的每台主机分配唯一的 IP 地址，同一个网络内的主机共享同一个 IP 地址前缀。笔记本和手机等移动主机每次连网的时候，可能会使用不同的 IP 地址，主机四处移动时，其 IP 地址可能会改变。域名系统是个巨大的分布式数据库，用来把主机名字转换成 IP 地址，或者完成相反的转换。

网络之间通过网关连接。网关是一种专用计算机，用来把那些去往终点的数据包从一个网络路由到下一个网络。网关用路由协议交换路由信息，这样即使网络拓扑发生改变、网络间的连接发生变化，网关还是知道如何把一个包发送到离它的终点更近的地方。

互联网依存于协议和标准。IP 是互联网的通用机制，是交换信息的通用语言。以太网和无线网等专用硬件技术都封装 IP 包，某个具体硬件的工作方式对 IP 层是不可见的，甚至 IP 层都不知道其存在。TCP 使用 IP 建立连接到目标主机特定端口的可靠流。更高层协议则用 TCP/IP 创建互联网服务。

协议把系统划分为层，每一层为紧接着它的上一层提供服务，并调用其直接相连的下一层的服务。这种把协议分层部署的模型是互联网运行的基础，是组织和控制复杂性并隐藏不相关实现细节的绝好方法。每层只关注本层知晓如何完成的任务：硬件网络把字节从网络中的一台计算机传送到另一台、IP 在互联网中传送数据包、TCP 合成出来自 IP 的可靠数据流、应用协议用数据流来回发送数据。各层所展现出来的编程接口都是第 5 章讲到的 API 的很好的示例。

这些协议的共同之处在于，它们在计算机程序之间传送信息，利用互联网作为一个哑网络，高效地将字节从一台计算机复制到另一台计算机，而不试图解释或处理它们。这是互联网的一个重要属性：说它是"哑"的，是因为它不理会数据。不使用"哑"这样的贬义词汇的说法是"端到端"原则：智能位于终端，也就是发送和接收数据的程序。这与传统电话网络形成了鲜明对比，在传统电话网络中，所有的智能都在网络中，而终端，比如老式电话，都是真正的哑巴，基本只负责连接网络和传递语音。

"哑网络"模式一直具有很高的生产力，因为它意味着任何有好想法的人都可以创建智能端点，并依赖网络来承载字节，期待电话或有线电视公司实施或支持好的想法是行不通的。不出所料的话，运营商会乐于获得更多的控制权，尤其是在移动领域，因为大多数创新都来自于此。像 iPhone 和 Android 这样的智能手机主要是通过电话网络进行通信，而不是在互联网上进行通信的计算机。运营商希望从电话服务中赚钱，但基本上现在只能从传输数据中获得收入了。在早期，大多数手机的数据服务都是包月收费的，但至少在美国，这种收费模式很久以前就改变了，使用量越多收费就越高。对于像下载电影这样的大容量服务，提高价格和为真正的滥用设置上限可能是合理的，但对于像短信这样的服务似乎就不那么合理了，因为带宽如此之小，运营商几乎没有任何成本。

最后，注意早期的协议和程序是如何信任他们的用户的。Telnet 以明文方式发送密码。在很长一段时间里，SMTP 将邮件从任何人转发给任何人，而不以任何方式限制发件人或收件人。这种"开放中继"服务对于垃圾邮件发送者来说非常棒——如果不需要直接回复，就可以谎报源地址，这使得欺诈和拒绝服务攻击变得容易。互联网协议和基于这些协议构建的程序是为具有诚实、合作和善意的可信各方组成的社区而设计的。这与今天的互联网相差甚远，因此在许多方面，我们正在信息安全和身份验证方面迎头赶上。

互联网的隐私和安全是个难题，下面几章我们会深入讨论这些话题。这就像是入侵者和防御者的军备竞赛，有些时候入侵者魔高一丈。世界各地散布着人们共享的、无人管制的、各种各样的媒介和网站，数据在其中穿行，沿途的任何位置都可能被人出于治理、商业以及犯罪的目而记录、审查和阻断。而要在途中控制访问、保护信息是很难的。很多网络技术用到了广播，这易于被窃听。攻击有线的以太网和光缆需要找到其中的线缆并进行物理连接，而对无线网络的攻击不需要物理访问来进行窥探，只需接近即可。

在更广泛的层面上，互联网的整体结构和开放性容易受到国家防火墙的控制，这些防火墙阻止或限制信息的进出。互联网治理方面的压力也越来越大，官方控制可能会压倒技术考虑。施加其上的这些事物越多，全球网络变得巴尔干化的风险就越大，最终价值就会大大降低。

第 10 章

万 维 网

"WorldWideWeb（W3）是一种广域超媒体信息检索原始规约，目的是访问巨量的文档。"

——摘自第一个网页，

参见 info.cern.ch/hypertext/WWW/TheProject.html，1990 年

互联网最常见到的面孔就是万维网（World Wide Web），或者现在常简称为 Web。现在有一种将互联网和万维网混为一谈的趋势，但两者其实并不相同。如我们在第 9 章所见，互联网是一种通信基础设施或基板，它可以让全世界数百万台计算机轻松地彼此交换信息。万维网连接着提供信息和请求信息的计算机，提供信息的叫服务器，请求信息的叫客户端。万维网使用互联网建立连接和承载信息，并为互联网支持的其他服务提供接口。

像许多伟大的理念一样，万维网在本质上是简单的。考虑到构建一个无处不在的、高效的、开放的和基本免费的（这是一个很大的附带条件）基础网络，只有四件事是必不可少的。

首先是 URL(Uniform Resource Locator，统一资源定位符)，用于指定要访问信息源的名称，比如 http://www.amazon.com。

其次是 HTTP（HyperText Transfer Protocol，超文本传输协议)，上一章作为高层协议的示例刚刚介绍过。HTTP 客户端请求某个特定的 URL，而服务器返回客户端请求的信息。

第三个是 HTML（HyperText Markup Language，超文本标记语言)，描述服务器返回信息的格式或表现形式。HTML 同样很简单，你只需知道很少的知识就能使用它。

最后是浏览器，即运行在你计算机上的 Chrome、Firefox、Safari 或者 Edge 等程序，它使用 URL 和 HTTP 向服务器发送请求，然后读取并显示服务器返回的 HTML。

万维网的诞生于 1989 年。当时，在日内瓦附近的欧洲物理研究中心（CERN）工作的英国计算机科学家蒂姆·伯纳斯－李（Tim Berners-Lee)，为便于通过互联网共享科学文献和研究结果而创建了一个系统。他的设计包括 URL、HTTP 和 HTML，以及一个只能用文本模式查看可用资源的客户端。在 CERN 的网站 line-mode.cern.ch/www/hypertext/ www/ TheProject.html 上有一个最初版本的模拟。

这套系统在 1990 年投入使用。我在 1992 年 10 月访问康奈尔期间还亲眼见到有人在使用它。说来惭愧，我当时并没觉得它令人印象深刻，也根本没想到 6 个月后诞生的第一个图形界面浏览器会改变世界。看来我预见未来的眼光不怎么样啊。

世界上第一个图形界面的浏览器 Mosaic 是由伊利诺伊大学的一群学生开发的。Mosaic 的首个版本发布于 1993 年 2 月，很快就大获成功。仅仅一年之后，第一个商业浏览器 Netscape Navigator 面世。Netscape Navigator 是早期的成功者，而那时微软对互联网的蓬勃发展毫无意识。但这个软件巨头还是觉醒了，随后很快推出竞争产品 Internet Explorer（IE）。IE 后来居上，成为最常用的浏览器，占据了很大的市场份额。

微软在多个领域的市场统治地位引发了反垄断关注，公司也因此遭到了美国司法部的起诉，其中包括对 IE 的指控。微软被控利用其在操作系统领域的统治地位，将竞争对手 Netscape 排挤出了浏览器市场。微软输了官司，被迫改变了一些商业行为。

如今，Chrome 是笔记本电脑、台式机和手机上广泛使用的浏览器。2015 年，微软发布了新的 Windows 10 浏览器 Edge，以取代 IE。Edge 最初使用的是微软自己的代码，但自 2019 年以来，它已经改用谷歌的开源 Chromium 浏览器。Edge 的市场份额低于 Firefox，IE 则更低。

Web 技术的发展，由万维网联盟（World Wide Web Consortium，W3C，其网站为 w3.org）这个非营利机构管理，或者至少是指导。W3C 的创始人和现任主席伯纳斯 - 李没想过靠自己的发明赚钱，而是慷慨地提出让所有人免费使用万维网，反倒是很多投身互联网和万维网的人都借助他的工作变得非常富有。2004 年，英国女王伊丽莎白二世授予伯纳斯 - 李爵士勋章。

10.1 万维网是如何工作的

让我们认真看看万维网的技术组件和机制，首先从 URL 和

HTTP 开始。

假设打开你喜欢的浏览器浏览一个简单的网页。页面中有些文字可能是蓝色的并带有下划线。用鼠标点击这些文字，当前页面就会被蓝色文本链接到的新页面替换。这样相互链接的页面就叫**超文本**（意思是"不仅仅是文本"）。超文本实际上是个老概念，但浏览器把它带到每个人面前。

假设某个链接的提示是"W3C 主页"，当你把鼠标移到该链接上，浏览器窗口底部的状态栏就会显示链接指向的 URL，如 http://w3.org，域名之后也许还有进一步的信息。

当你点击链接，浏览器就会打开一个连接到 w3.org 域的 80 端口的 TCP/IP 连接，然后发送 HTTP 请求，获取 URL 中域名后面部分指定的信息。例如，如果链接是 http://w3.org/index.html，那么请求的就是 w3.org 服务器上的 index.html 文件。

收到请求后，w3.org 服务器首先判断需要做什么。如果客户端请求获取的是服务器上的文件，服务器就将该文件发送回去，由客户端，也就是你的浏览器，显示出来。服务器返回的文本绝大多数都是 HTML 格式的，其中包含实际内容和如何显示这些内容的格式信息。

在实际场景中，可能就这么简单，但通常还有更多内容。HTTP 协议规定，浏览器可以在客户端请求中增加若干附加信息。服务器返回的结果中通常也会包括额外几行信息，指明返回数据的长度和类型。

URL 自身编码了信息。第一部分"http"是协议名，可能采用好几种协议。最常见的是 HTTP，你也将看到其他协议，包括

"file"表示信息来自本机（而不是 Web 上），"https"表示采用经过加密的 HTTP 协议的安全版本，稍后我们将介绍该协议。

接下来，"://"后面是域名，即服务器的名字。域名后面可以跟着斜线（/）和一串字符。该字符串会原样传递给服务器，由服务器决定如何处置。最简单的情况是域名后什么都没有，连斜线也没有。在这种情况下，服务器将返回默认页面，比如 index. html。如果域名后有文件名，就返回其对应文件的内容。文件名之后如果有问号，一般表示问号前面的部分是程序，意味着希望服务器运行该程序，并将问号后面部分作为参数传给该程序。这就是服务器处理网页表单信息的一种方式。你可以用 Bing 搜索来验证，比如在浏览器的地址栏里输入下面的 URL：

```
https://www.bing.com/search?q=funny+cat+pictures
```

域名之后的文本采用的字符必须在某个字符集中，这个字符集里不包含空格和大多数非字母数字字符。因此需要对这些字符进行编码。用加号（+）来表示空格，用前面冠以百分号（%）的两个十六进制数字编码表示其他字符。例如下面的 URL 片段 5%2710%22%2D6%273%22 表示 5'10"-6'3"。因为十六进制 27 是单引号字符，十六进制 22 是双引号字符，而十六进制 2D 是减号。

10.2　HTML

服务器返回的通常是 HTML 文件，其中包含了内容和格式信息。HTML 相当简单，只要用你喜欢的文本编辑器就能编写

HTML 网页。（如果你用的是 Word 这样的字处理软件，切记用纯文本格式保存网页而不要用默认格式，以及保存成后缀为类似 html 这样的网页文件后缀）格式信息采用标签（tag）来给定，标签描述了网页内容，还标识了页面区域的起始和结束位置。

一个极简的 Web 页面的 HTML 代码可能如图 10.1 所示。它将由浏览器显示成如图 10.2 所示。

```
<html>
  <title> My Page </title>
  <body>
    <h2> A heading </h2>
    <p> A paragraph... </p>
    <p> Another paragraph ... </p>
      <img src="wikipedia.jpg" alt="Wikipedia logo" />
      <a href="http://www.wikipedia.org">link to Wikipedia</a>
      <h3> A sub-heading </h3>
        <p> Yet another paragraph </p>
  </body>
</html>
```

图 10.1 简单网页的 HTML

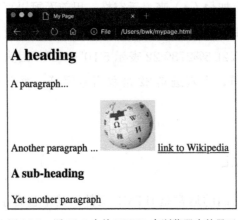

图 10.2 图 10.1 中的 HTML 在浏览器中的显示

默认情况下，图像文件来自和原始文件相同的网络位置，但它可以来自网络上的任何地方。如果图像标签 <img> 里的文件无法访问，浏览器可能会在那个位置显示出一张"破损"的替代图片。当图像本身不能显示时，alt= 属性显示相应的文本提示；这是一个网页技术的小例子，这样的网页技术还可以帮助那些可能有视力或听力问题的人。

在 HTML 中，有些标签是自包含的，比如 <img>；有些则有起始标签和结束标签，比如 <body> 和 </body>；还有些标签，如 <p>，虽然严格定义里要求有闭合标签 </p>，但在实际中并不需要 </p>。我们的示例使用了结束标签。缩进和换行并非必需，但加上了会让 HTML 文本更易读。

大多数 HTML 文档还包含另一种语言 CSS（层叠样式表）表示的信息。使用 CSS 可以定义样式属性，比如标题的格式，并应用于所有该标题出现的地方。例如，我们可以使用这个 CSS 使所有的 h2 和 h3 标题显示为红色斜体：

```
h2, h3 { color: red; font-style: italic; }
```

HTML 和 CSS 都是语言，但不是编程语言。它们有正式的语法和语义，但它们没有循环和条件，所以你不能用它们来表达算法。

本节的重点是展示足够多的 HTML 来揭开网页工作原理的神秘面纱。创建你在商业网站上看到的精美网页需要相当大的技巧，但基础就是这么简单，只需几分钟的学习，你就可以创建自己的普通页面。十几个标记就可以帮助您完成大多数纯文本 Web 页面的创建，再用上十几个标记也足以在网页中制作完成普通用户可能关心的任何内容。手工创建网页很容易，文字处理程序也有"创建 HTML"的选项，还有一些专门针对创建专业网页的软件。如果你打算做正式的网页设计，你将需要这类工具，但理解网页工作的概念和原理总是有帮助的。

HTML 最初的设计仅仅处理纯文本从而显示在浏览器中。但没过多久，浏览器就得到改进，可以显示图像了，包括简单的艺术作品如 LOGO、GIF 格式的笑脸和 JPEG 格式的图片。Web 页面还支持用户填写表单和按下按钮，以及弹出新窗口或用新窗口替换当前窗口。随后，当网络带宽足以支撑快速下载、主机性能可以快速处理图像显示时，声音、动画和电影也出现在了页面中。

还有一种从客户端（你的浏览器）向服务器传递信息的机制，叫作通用网关接口（Common Gateway Interface，CGI），这个命名并不直观，很难看出它实际是用来传递用户名和密码，或搜索查询，或通过单选按钮和下拉菜单选项等信息的。该机制由 HTML 的 <form>…</form> 标签提供。通过 <form> 标签，你可以放入常见的用户界面元素，比如文本输入区、按钮，复选框等。如果再加上一个"提交"按钮，按下去就会把表单里的数据发送到服务器并发出请求，让服务器用这些数据作为输入，来运行指定的程序。

表单有很多局限，比如他们只支持少数界面元素；除了编写 JavaScript 代码或把表单数据发送给服务器进行处理外，没办法验证表单数据；尽管有一个密码输入字段，将键入的字符替换为星号，但是没有提供任何安全性保护，因为密码完全以明文的形式发送和存储在日志中。尽管如此，表单仍然是万维网的重要组成部分。

10.3　cookie

HTTP 协议是无状态的。"无状态"的意思是，HTTP 服务器不必记住不同客户端发送的请求，只要向客户端返回了请求的页面，它就可丢弃有关每次信息交换的全部记录。

假设有些情况下服务器确实需要记住某些东西，比如用户已经输入的名字和密码，这样后续的交互中就不必让用户反复输入了。怎样才能实现这点呢？难点在于，客户端第一次和第二次访问服务器的时间可能间隔几小时、几星期，也可能访问一次以后再也不会访问，服务器需要很长时间来保存和猜测相关的信息。

1994 年，Netscape 公司发明了一种叫 **cookie** 的解决方案。cookie 是在程序之间传递的一小段信息，这个名字虽有卖萌之嫌，但已经为广大程序员接受。服务器向浏览器发送页面时，可以附加若干个浏览器可存储的文本块，每个文本块就是一个 cookie，最大为 4 000 字节左右。当浏览器再次访问同一个服务器时，再把 cookie 发送回服务器。实际上，服务器就是这样利用客户端的记忆来记住之前客户机上一次访问的一些情况。服务器通常为每个客户端分配一个唯一的识别码，并将其包含在 cookie 里；而和这个识别码相关联的永久信息如登录状态、购物车内容、用户喜好等，则维护在服务器上的数据库中。每当用户再次访问这个网站时，服务器就用 cookie 识别出用户原来之前来过，从而为其建立或恢复信息。

我通常会禁用 cookie，因此当我访问亚马逊时，起始页面跟我打招呼时通常只说"你好"。但如果我想买点什么的时候，我需要登录并将商品添加到我的购物车中，这会要求我允许Amazon启用cookie。这样，之后我再访问时，它就会说"你好，布莱恩"，直到我删除这些cookie。

　　每个cookie都有名字，一台服务器可以为一次访问存储多个cookie。cookie不是程序，也不包含动态内容。它是完全被动的，cookie只是一串存储在浏览器中供以后返回服务器的字符，只有来自服务器的内容才能返回到该服务器。浏览器只能将cookie发送给它当初来自的服务器。cookie有失效时间，过期了就会被浏览器删除。但是否接受或返回cookie并没有强制规定。

　　在你的计算机上可以很容易查看cookie；浏览器自身可以显示cookie，或者你也可以使用其他工具。例如，最近我访问亚马逊时候存储了十几个cookie。图10.3显示了通过一个称为cookie快捷管理器（Cookie Quick Manager）的Firefox插件查看cookie的截屏。请注意，亚马逊似乎已经检测到我正在使用一个广告拦截器。

图10.3　来自亚马逊的cookie

　　原则上，这一切功能看起来都是良性的，当然它的本意也是如此。但总会有些有违初衷的坏事发生，cookie也被用到了人们不太喜欢的用途上。最常见的就是在用户浏览时跟踪其行为，生成用户访问网站的记录，然后向用户投放定向广告。在下一章，我们将详细讨论这种行为的工作原理以及跟踪用户在 Web 上四处游走的其他技术。

10.4 动态网页

万维网最初被设计的时候并没有特别利用客户端是一台功能强大的计算机、一个通用可编程设备这一事实。最初的浏览器可以代表用户生成对服务器的请求、发送表单里的信息，并能在辅助程序的帮助下显示图片、声音等需要特殊处理的内容。不久之后，浏览器就能运行从网上下载的代码了，有时又称之为动态内容。正如预期的那样，动态内容会产生显著的后果，有些是积极的，有些则绝对不是。

Netscape Navigator 的早期版本提供了一种可以在浏览器中运行 Java 程序的方法。那时候 Java 还是相对较新的语言。Java 被设计成能轻松安装到计算能力不是很强的环境中（比如家电），所以在浏览器里包含 Java 解释器在技术上并没什么困难。这使得在浏览器里进行重要计算工作的前景很好：浏览器可能代替文字处理和电子表格这样的传统程序，甚至操作系统本身。这种前景让微软坐立不安，于是使出一系列措施排挤 Java 的使用。1997年，Java 的创造者太阳微系统公司（Sun Microsystem）起诉微软，几年后，微软向其支付了超过 10 亿美元的赔偿。

由于各种原因，Java 最终没有成为扩展浏览器的主要途径。

Java 本身应用广泛，但与浏览器集成时却受限较多，现在 Java 已经很少用于扩展浏览器了。

1995 年，Netscape 还推出了一种专用于其浏览器的新语言 JavaScript。选择这个名字只是出于市场宣传的目的，其实 JavaScript 跟 Java 没有任何关系，唯一相关的是两者写出来的程序都看上去像 C 语言，如我们在第 5 章看到的那样。Java 和 JavaScript 的实现都使用了虚拟机，但两者的技术差别很明显。Java 源代码在其创建之处编译，生成的目标代码发送到浏览器解释运行，因此你看不到最初的 Java 源代码是什么样子的；与之相反，JavaScript 发送到浏览器的就是源代码，就在浏览器里编译。接收者可以看到正在执行的源代码，并可以进行研究、修改以及运行。

如今几乎所有网页中都包含一些 JavaScript 代码，用来提供图形特效、验证表单信息、弹出有用的和讨厌的窗口等等。通过弹窗拦截器可以减少弹出广告，浏览器现在也已经集成了拦截功能；另一方面，它被广泛用于复杂的跟踪和监控。但由于 JavaScript 用得太广，缺少了它我们很难使用 Web，尽管像 NoScript 和 Ghostery 这样的浏览器插件可以控制 JavaScript 代码可执行的功能。有点讽刺的是，插件本身就是用 JavaScript 编写的。

总的来说，JavaScript 的使用利大于弊，尽管有时我可能会反对使用它，特别是考虑到它大量用于跟踪（我们将在第 11 章讨论这个内容）。我通常使用 NoScript 完全禁用 JavaScript，但随后又不得不因为我需要使用的站点而有选择地恢复它。

借助浏览器自身的代码或 Apple QuickTime 和 Adobe Flash 这样的插件，浏览器也可以处理其他语言和内容。插件是按照需求动态加载到浏览器的程序，一般由第三方编写。如果你访问的页面里有浏览器不能处理的内容，浏览器会提示你"获取插件"。意思就是要你下载一个新程序，在你的计算机里紧密配合浏览器一起运行。

插件能做什么呢？理论上它可以为所欲为。所以你不得不信任插件的发行者，否则就没法显示那些内容。插件是编译好的代码，通过调用浏览器提供的 API，作为浏览器的一部分运行。常用的插件包括广泛应用的 Flash 视频和动画播放器，以及用于 PDF 文件的 Adobe Reader。关于插件，如果我们长话短说，那就是：如果你信任插件的来源，那在使用它的时候，就跟使用其他有 bug 和会监控你行为的代码没什么两样。然而，长期以来 Flash 一直存在重大的安全漏洞，现在已不再使用。HTML5 为浏览器带来了新功能，可以减少对插件的依赖，尤其是在视频和图形方面。但在很长一段时间内，插件还会继续存在。

正如我们在第 6 章中看到的，浏览器就像专门的操作系统，可以扩展来处理更丰富和更复杂的内容，以增强你的浏览体验。好的一面是，在浏览器中运行的程序可以做很多事情，而且如果在本地执行计算，和用户的交互将运行得更快。缺点是，这需要你的浏览器执行其他人编写的程序，而你几乎肯定不理解这些程序的特点。在你的计算机上运行来自未知来源的代码确实存在风险。"依赖陌生人的善意"不是一种谨慎的安全策略。在微软一篇名为《10 条永恒的安全法则》的文章中，第一条法则是："如果一个坏人能说服你在你的电脑上运行他的程序，那它就不再是你的电脑了。"在允许 JavaScript 和插件方面要谨慎保守。

10.5　网页之外的动态内容

除了网页，动态内容也可出现在其他地方。试想一下电子邮件。邮件到达的时候，会显示在邮件阅读程序里。显然，邮件阅读器一定要显示文本内容，而问题是，如果邮件包含了其他内容，应该解析到什么程度为好，因为这对隐私和安全来说是件大事。

邮件正文里有 HTML 会怎样？解析字体的大小和字体标签是无害的：虽然邮件里出现大号红色字母会让收信人不悦，但显示这样的邮件其实并无危害。邮件阅读器应该自动显示图像吗？这使得接收者查看图片变得很容易，但如果内容来自其他来源，则可能会有更多的 cookie。我们可以屏蔽电子邮件 cookie，但又能用什么办法来阻止发件人在邮件里嵌入 1×1 的透明像素并在其URL 里编入关于消息本身或收件人的某些信息呢（这些看不到的图像有时称为网页信标，它们常出现在网页中）？支持 HTML 的邮件阅读器会按 URL 请求这些图像，从而使存放图像的网站得知你在某个时候读了这封邮件。通过跟踪你在特定时刻阅读了该邮件，有可能获得你本想保密的某些信息。

如果邮件消息包含 JavaScript 会发生什么？如果它包含Word、Excel 或 PowerPoint 文档呢？邮件阅读器应该自动运行这些程序吗？点击邮件中的某个地方就能做到这些，是否会让你觉得更方便？想想看，它应该让你直接点击消息中的链接吗？这是引诱受害者做蠢事的好方法。PDF 文档可以包含 JavaScript(当我第一次看到时很惊讶);邮件阅读器自动调用的 PDF 查看器应该自动执行该代码吗?

　　在邮件里附加文档、电子表格,以及幻灯片是非常便利的,这也是大多数环境下的标准操作流程。但这些文档可能携带病毒,我们马上会看到,盲目点击打开附件的做法是病毒蔓延的其中一个渠道。

　　还有更糟糕的状况,如果邮件里包含可执行文件,比如 Windows 的 .exe 文件之类的。点击这样的附件就会启动这些程序,极有可能在运行后给你或你的系统带来危害。网上的坏蛋们会用各种伎俩骗你运行这些程序。我曾经收到一封邮件,声称里头有俄罗斯网球运动员安娜·库尔尼科娃的照片,鼓励我打开看看。该文件的名字是 kournikova.jpg.vbs,但是扩展名 .vbs 隐藏了起来(Windows 错误设计的功能),收件人很难发现它并非照片而是 Visual Basic 程序。幸好我用的是 UNIX 系统下的老古董邮件程序,只支持文本模式,不支持点击运行。于是我把"照片"另存为文件待稍后检查,这个程序也就暴露了。

10.6　病毒、蠕虫和木马

　　安娜·库尔尼科娃"照片"实际上是个病毒。下面我们就谈谈病毒和蠕虫。这两个词都指在系统间传播的、通常是恶意的代码。两者在技术上只有一个细微的差别,即病毒的传播需要人工介入,也就是只有你的操作才能催生它的传播;而蠕虫的传播却不需要你的协助。

　　虽然出现这种程序的可能性早就为人所知，但第一个出现在晚间新闻节目中的则是罗伯特·莫里斯（Robert T. Morris）写的"互联网蠕虫"，于 1988 年 11 月被放到网络上，远远早于我们所说的现代互联网时代。莫里斯的蠕虫用两种不同的机制将自己从一个系统复制到另一个系统：一是利用常用程序的缺陷，再加上字典攻击（尝试将常用单词作为潜在密码），这样它就可以自己登录了。

　　莫里斯此举并无恶意；他当时只是康奈尔大学计算机科学系的一名研究生，想设计一个程序来测量互联网的规模。但一个编程错误让蠕虫的传播速度超过了他的预期，结果很多机器遭遇多次感染，无法处理暴增的流量，只好从互联网断开。当时，莫里斯被指控违犯了制定不久的《计算机欺诈与滥用法案》，被要求缴纳罚款并履行公共服务。

　　在互联网广泛使用之前，软盘是在 PC 之间交换程序和数据的标准介质。因此，很多年来，病毒一般是通过被传染的软盘传播。当计算机加载受感染的软盘时，隐藏在其中的病毒自动运行，把自己复制到本地计算机，并进一步感染后续被写入信息的新软盘。

　　随着 1991 年微软在 Office 套件程序尤其是 Word 中包含 Visual Basic，病毒的传播变得更加容易了。由于大多数版本的 Word 中包含 VB 解释器，Word 文档（.doc 文件）、Excel 和 PowerPoint 文档中可以包含 VB 程序。因此写个 VB 程序在文档打开时获取控制易如反掌。而且，由于 VB 能访问 Windows 操作系统的全部功能，这类程序可以为所欲为。通常事情发生的次序是，如果本机还没有的话，病毒会首先安装在本机上，然后想方设法将自身传播到别的系统上。一种常见的病毒传播模式是：病毒把自己附在一封写着无害或诱惑言辞的电子邮件里，寄给被攻击邮件地址簿里的每个人。安娜·库尔尼科娃病毒就是这么做的。如果收件人打开附件里的文档，病毒就把自己装进新系统，这个流程不断重复，从而传播开来。

这样的 VB 病毒在 20 世纪 90 年代中后期很猖狂。由于 Word 的默认策略是不经用户允许就盲目地运行 VB 程序，这类病毒传播得非常快，致使很多大公司必须关掉所有计算机、逐台查杀才能消灭病毒。VB 病毒尽管现在还有，但只需改变 Word 和其他同类程序的默认行为就能严重削弱它们的破坏力。另外，现在的很多邮件系统收到新邮件时，在将邮件送达收件人之前，会先剔除其中的 VB 程序和其他可执行内容。

VB 病毒很容易编写，甚至一些没有多少经验的编程者也可以制造，以致写这些东西的人被称为"脚本小子"。实际上，编写一个"作案"时不会被发现的病毒或蠕虫更难。2010 年底，一个叫"震网"（Stuxnet，也称为"超级工厂"）的复杂蠕虫出现在过程控制计算机中，它的主要攻击目标是伊朗的铀浓缩设备。"震网"用了一个很微妙的攻击方法，即控制离心机的转速波动，看上去只会引起正常磨损，却会导致离心机损坏甚至报废；同时，对监控系统报告说运行正常，于是没人注意到离心机出现问题。至今，仍然没有人站出来承认对此负责，尽管人们普遍认为以色列和美国参与了其中。

特洛伊木马（在网络安全的语境中，通常简称木马）是伪装成有益或至少无害的，但实际上有害的程序。因为看起来有一定用处，所以受害者会受诱惑而下载或安装木马。常见的一个例子是，木马程序自称要对用户的系统进行安全分析，实则是安装恶意软件。

大多数木马通过电子邮件传递。图 10.4 中的邮件（经过略微的编辑）有一个 Word 附件，如果不小心在 Windows 中打开它，就会安装名为 Dridex 的恶意软件。当然，这种攻击很容易被发现——我对发件人一无所知，从未听说过该公司，而且发件人地址也与该公司无关。就算我不警觉，我也在 Linux 上使用了一个仅限文本的邮件程序，所以我很安全；此攻击针对 Windows 用户。（从那以后，我收到了至少二十封不同版本的邮件，其可信度各不相同。）

```
From: Efrain Bradley <BradleyEfrain90@renatohairstyling.nl>
Subject: Invoice 66858635 19/12
Hi,
Happy New Year to you !  Hope you had a lovely break.
Many thanks for the payment. There's just one invoice that hasn't
been paid and doesn't seem to have a query against it either.
Its invoice  66858635  19/12  ?4024.80  P/O ETCPO 35094
Can you have a look at it for me please?  Thank-you !
Kind regards
Efrain Bradley
Credit Control, Finance Department, Ibstock Group
Supporting Ibstock, Ibstock-Kevington & Forticrete
-----------------------------------------------
( +44 (0)1530 dddddddd
[ Attachment: "invoice66858635.doc" 18 KB. ]
```

图 10.4　特洛伊木马的企图

前文我提到过，软盘曾是早期病毒传播的介质。现在技术中对应的角色是被病毒感染的 USB 闪存驱动器。也许你认为闪存驱动器是个被动设备，因为它只是一个存储设备，很难传播病毒。然而，以 Windows 为代表的一些系统，都有个"自动运行"的服务，当插入 CD、DVD 或闪存驱动器时，系统会自动运行其上的某个程序。如果该特性被开启，恶意程序会在没有警告的情况下自动安装，造成令人措手不及的破坏。即便大多数公司规定严格的安全策略，限制在公司计算机插入 USB 驱动器，但还是有相当多的系统通过这种方式遭受感染。个别情况下，甚至新买的驱动器里都会带有病毒，这是一种"供应链"攻击。一个更容易的攻击是在公司的停车场留下一个带有公司标志的硬盘。如果硬盘中包含的文件具有一个引人入胜名字，如"ExecutiveSalaries.xls"，则可能根本不需要自动运行的功能了。

10.7 Web 安全

万维网引发了很多安全难题。广义地说，可以把万维网遇到的安全威胁分成三类：针对客户端（也就是使用 Web 的你）的攻击、对服务器（例如网上商店或者你的银行账户）的攻击以及对传输中信息的攻击（比如窃听你的无线网络，国家安全局通过光纤获取所有通信）。我们将在本节依次讨论这三种情况，以弄清问题出在哪里，以及如何减轻危害。

10.7.1 对客户端的攻击

对你的攻击不仅包括垃圾邮件、跟踪等惹人讨厌的攻击，更严重的是还包括泄露你的信用卡和银行账号，或者密码等私密信息，这使得别人可以冒充你。

下一章我们会详细讨论 cookie 和其他跟踪机制如何监控你的上网行为，以及给你发送看似和你很相关从而不是那么烦人的广告。通过禁用第三方 **cookie**（也就是从别的网站而不是你正在访问的网站发送过来的 cookie），以及使用浏览器插件来禁止跟踪程序、关闭 JavaScript 等，就可以减少跟踪攻击。通过这些手段来保持你的防护很麻烦，因为当你一直开着防护罩的时候，很多网站都无法使用，你得暂时把防护的级别临时调低一些，但要记得上好这些网站后重置设置，但是我认为这点设置的麻烦还是值得的。浏览器供应商正在努力让用户更容易地拦截一些 cookie 和其他跟踪器，尽管你可能需要调整默认设置。另外，外部拦截器仍然是值得使用的。

垃圾邮件（Spam）是不请自来的邮件，其内容通常是发家致富计划、股票信息、身体部位改善、性能改进以及大量其他不需要的商品和服务。垃圾邮件业已泛滥成灾，严重影响了电子邮件的正常使用。我自己通常每天收到 50 到 100 封垃圾邮件，远比真正有用的邮件多得多。垃圾邮件如此普遍是因为发送垃圾邮件几乎是免费的。即使是数百万收件人中的一小部分回复，也足以让发送者盈利。

垃圾邮件过滤器尝试对邮件进行分拣，去芜存菁。常用过滤方法有查找已知的垃圾邮件模式（比如"可口的饮料可以清除多余的脂肪"这样的邮件，一看就是群发给大量人群的格式邮件），发现不太可能出现的名字和离奇的拼写（比如 \/l/-\GR/-\），或者将发送垃圾邮件的地址列入黑名单，拒收邮件。只用一种办法来过滤是远远不够的，因此要进行组合过滤。垃圾邮件过滤是**机器学习**（machine learning）的一个主要应用。给定一组被标记为垃圾邮件或非垃圾邮件的示例训练集，机器学习算法根据它们与训练集特征的相似性对后续输入进行分类。我们将在第 12 章对此有更多的说明。

垃圾邮件仿佛是军备竞赛，因为当防御者学会如何对付一种垃圾邮件时，攻击者就会找到新的方法。要想从源头制止垃圾邮件非常困难，因为垃圾邮件的源头通常都极其隐蔽。很多垃圾邮件是通过被入侵的个人计算机（通常运行 Windows 系统）发送出来的。由于存在安全漏洞，再加上用户疏于管理，这些计算机很容易被装上**恶意软件**（malware），即有意图破坏或干扰系统的恶意软件。有一种恶意软件会在收到上游控制指令时，群发垃圾邮件，而它的上游计算机也可能进一步受更上游控制。每多一步都会使发现垃圾邮件的源头更加困难。

网络钓鱼（phishing）攻击通过骗取收件人的信任，让他们主动奉上窃贼需要的信息。你肯定收到过"尼日利亚骗局"式的诈骗邮件（奇怪的是，我最近收到的几封都是法语的，如图 10.5 所示）。很难相信真的会有人相信这些天方夜谭，给骗子回信，但确实一直有人上当。

大部分网络钓鱼攻击比这更狡猾。它们发来的邮件看起来就像来自正规机构甚至你的朋友或同事，让你访问一个网址，或者阅读一份文献，或者核实一些密码。如果你这样做了，你的对手现在就已经在你的电脑上安装了什么东西，或者他有了关于你的信息；在这两种情况下，他都有可能窃取你的钱或你的身份，或者攻击你的雇主。幸运的是，语法和拼写错误可能会暴露它，鼠标移动到链接上，也会显露它们可疑的地方。

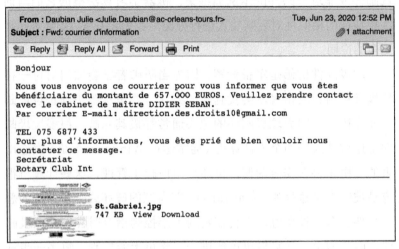

图 10.5 来自法国的网络钓鱼

要编造一封看起来正规的邮件是很容易的，版式和图片都可以从真实的网站上复制。使用无效的回信地址也很容易，因为邮件系统发件时并不检查发件人的真实性。和垃圾邮件一样，钓鱼也几乎不花任何成本，即使是很小的成功率也能带来利润。

图 10.6 显示了一个编辑过的具有针对性攻击的文本，它以邮件开始，表面上是来自一个我将称之为 JP 的同事。因为我在几周前看到过类似的攻击，而实际的邮件地址是具有欺骗性的，是 jp.princeton.edu@gmail.com 的一个变体，所以我决定配合他玩玩。

罪犯最终放弃了；他们一定是盯上我了。这次攻击几乎没

有说服力，因为它是针对我的，而且使用了我的一个同事兼朋友
的名字。正是由于这个原因，这种精确定向的攻击有时被称为**鱼
叉式网络钓鱼**（spear phishing）。鱼叉式网络钓鱼是一种社会
工程：谎称有一个共同的朋友这样的私人关系，或声称在同一家
公司工作，来诱使受害者做一些愚蠢的事情。你在 Facebook 和
LinkedIn 这样的网站上透露的生活内容越多，别人就越容易盯
上你。

```
JP: Are you available for a quick task?
BK: what's up?
JP: Okay, I'm in a meeting, i need ebay gifts card
purchased, let me know if you can quickly stop by the
nearest store so i can advise the quantity and the
denominations to procure. Turn in the expense for
reimbursement later.
Thanks
BK: what kind of store?  nearest one is a liquor store.
JP: Okay, Pick up 5 ebay gifts card at $200/each = $1000.You
can get the at any store around around Scratch-off silver
lining at the back for the pin codes.  Send the pin codes on
each cards once purchased.  Can you go take care of this
now?
BK: I don't think the liquor store has that kind of card,
and I normally just buy some beer.  Any other suggestions?
```

图 10.6　一个很弱的网络钓鱼尝试

2020 年 7 月，Twitter 遭受了一次尴尬的攻击。比尔·盖茨、
杰夫·贝索斯、埃隆·马斯克、巴拉克·奥巴马和乔·拜登等
多位知名人士的账户被用来发推文，内容是"用比特币给我们寄
1 000 美元，我们会给你寄回 2 000 美元。"很难相信真有人会被
骗到，更不用说有能力发送比特币的人了。但显然在 Twitter 关
闭它之前，已有数百人这么做了。Twitter 随后说：

这是发生在 2020 年 7 月 15 日的社会工程，通过电话鱼叉式网络钓鱼攻击了少数员工。成功的攻击需要攻击者获得对我们内部网络的访问权，以及授予他们访问我们内部支持工具的特定员工凭证。并不是所有最初被攻击的员工都有使用账户管理工具的权限，但攻击者使用他们的凭证访问了我们的内部系统，并获得了有关我们流程的信息。了解了这些信息之后，他们就可以锁定那些确实使用过我们的账户支持工具的其他员工。

请注意这一点，攻击者能够从没有足够访问权限的员工升级为有访问权限的员工。

这起袭击的主谋很快被确认，是一名来自佛罗里达州的 17 岁少年，另外还有两名年轻人也受到了指控。

伪装成来自首席执行官或其他高层管理人员的鱼叉式网络钓鱼或社会工程攻击，似乎特别有效。在所得税申报到期前的几个月，一个流行版本的网络钓鱼做法是，攻击者要求被作为攻击目标的公司发送每个员工的税务信息，就像美国的 W-2 表格一样。该表格包括准确的姓名、地址、工资和社会安全号码，因此可以用来申请欺诈性退税。当员工和税务机关发现时，肇事者已经拿到钱，早早跑路了。

间谍软件（spyware）是指运行在你的计算机上、把你的信息发往别处的程序。有些间谍软件显然是恶意的，但有些只是为了商业目的而私自收集用户信息。例如，大多数当前的操作系统都会自动检查已安装软件的更新版本。有人可能会说这是一件好事，因为它鼓励你更新软件以修复安全问题，但它同样也可以被称为侵犯隐私，你运行的软件版本与其他人无关。如果您被迫进行更新，这可能会是个问题：在很多情况下，新版本的程序更大，但不一定更好，新版本可能会破坏现有的行为或添加新的 bug。我尽量避免在一个学期内更新关键软件，因为这可能会改变我上课需要的一些东西。

此外，入侵者往往会在个人计算机上安装僵尸（zombie）程序。这类程序平时潜伏着，一旦控制者从互联网发来指令，就会被唤醒并执行诸如发送垃圾邮件等恶意行为。这类程序通常被称为*僵尸程序*（bot），由它们组成的具有共同控制的网络被称为*僵尸网络*（botnet）。在任何时候，都有数千个已知的僵尸网络和数百万个僵尸程序可以被调用服务。向潜在攻击者出售僵尸程序是一项生意兴隆的业务。

攻击者入侵客户端计算机之后，就可以通过其文件系统来搜索信息，或者悄悄安装*键盘记录器*（key logger）抓取用户输入的口令和其他数据，这样就能从源头窃取信息。键盘记录器是在客户机上监控所有按键行为的程序，所以能在用户输入口令的时候捕获用户的输入。这种情况下，加密也没用。恶意软件还可以打开电脑的麦克风和摄像头。

恶意软件可能会加密你计算机中的内容，这样你就无法使用它了，除非你付钱来获取解密密码；这种攻击自然被称为*勒索软件*（ransomware）。2020 年 6 月，加州大学旧金山分校（UCSF）医学院遭遇袭击，该大学在一份声明中表示：

作为一所为公众服务的大学，这些被加密的数据对我们所从事的一些学术工作非常重要。因此，我们做出了一个艰难的决定，向恶意软件攻击的幕后人员支付一部分赎金，约 114 万美元，以换取解锁加密数据的工具，并让他们返还获得的数据。

不久之后，我收到了来自我所在的一个科学机构的邮件，报告说一次勒索软件攻击很可能包含关于我的数据。该机构使用一家名为 Blackbaud 的公司提供服务（想想云计算吧）。这是邮件的一部分：

Blackbaud 还告诉我们，为了保护数据和减少潜在的身份盗窃，它满足了网络罪犯的勒索软件要求。Blackbaud 已经告知我们，他们已经从网络犯罪和第三方专家那里得到保证，数据已经被销毁。

我们正在继续与 Blackbaud 合作，以了解为什么它在发现漏洞和通知我们之间有延迟……

"延迟"长达约两个月，在此期间 Blackbaud 付清了欠款；该机构又推迟了两周才通知我，大概也通知了其他成员。我也想知道坏人是否做到了"保证"的事情，他们真的已经销毁了信息？这是不是让你想起了那些承诺要销毁那些照片的勒索者？

勒索软件的一个简单版本只是弹出一个威胁性的屏幕，声称你的电脑被恶意软件感染了，但你可以避免受损：不要碰任何东西，只要拨打这个免费电话号码，花点钱，你就会获救。这是一种恐吓软件（scareware）。我的一个亲戚上当了，付了几百美元。幸运的是，信用卡公司撤销了这笔费用；不是每个人都这么幸运。如果你用比特币支付，万一坏人不遵守协议，你根本没有追索的途径。

如果浏览器或别的软件有缺陷，不怀好意的人有机可乘，在你的机器上安装了他们的软件，风险就更大了。浏览器程序庞大而复杂，存在种种可能导致用户遭受攻击的缺陷。为此，要让浏览器始终更新至最新版本，还要配置浏览器让它不要向外发送不必要的信息，也不要允许随意下载。例如，设置浏览器首选项，以便浏览器在打开 Word 或 Excel 文档等内容类型之前要求确认。另外，对下载的内容要谨慎，不要仅仅因为网页或程序让你鼠标点击，就盲目去点。稍后我们将讨论更多的防御措施。

在手机上，最大的风险是下载会导出你个人信息的应用程序。一款应用程序可以获取手机上的所有信息，包括联系人、位置数据和通话记录，并可以很容易地利用这些信息来对付你。手机软件在帮助你保护自己方面正在慢慢地变得更好，例如，通过给你更精细的权限控制，但重点仍然是"慢慢地变得"。

10.7.2 对服务器的攻击

对服务器的攻击并不和客户直接相关，因为客户对此无能为力，但这并不意味着客户不会受到攻击。

服务器的编程和配置必须非常仔细，这样，不论客户端发来的请求构造得多么精心，都不能引发服务器泄露未授权信息或允许未授权访问。但实际上，服务器上运行着大型的复杂程序，因此编程缺陷和配置错误很常见，这两者都会被攻击利用到。服务器一般需要数据库的支持。而访问数据库时通常使用标准接口 SQL（Structured Query Language，结构化查询语言）。SQL 注入（SQL injection）就是一种常见的针对服务器的攻击。如果没有严格限定访问权限，狡猾的攻击者就可以提交精心构造的 SQL 查询指令来曝光数据库结构，从而提取未授权的信息，甚至有可能在服务器上运行攻击者的代码，这些代码可能控制整个系统。

尽管上述攻击及其防御机制是众所周知的，但服务器被攻击的事件仍然不断发生。

系统一旦沦陷，能制约入侵者恶行的限制就很少了，特别是当入侵者设法获得了 root 访问权限（系统的最高级别的管理权限）时。不论是对服务器，还是对个人的家用计算机，都是如此。获得服务器 root 权限后，入侵者就能破坏网站，或者在网站上发布令人尴尬的材料，比如仇恨言论，还可能下载破坏性程序，或者在网站上存储并发布色情图片和盗版软件等违法内容。数据可以批量地从服务器窃取，也可以少量地从个人机器上窃取。

如今，这种入侵几乎每天都发生，有时规模还很大。2017 年 3 月，美国三大信用报告公司之一的 Equifax 被拷贝走 1.5 亿人的 TB 级个人身份信息。像 Equifax 这样的信贷机构在他们的数据库中保存了大量敏感信息，所以这可能造成严重的问题。Equifax 在他们的安全程序上玩忽职守——他们没有及时更新系统以应对已知的漏洞。而且他们在被入侵后的行为也不太恰当，该公司直到 9 月份才公开披露这次攻击事件。一些高管在攻击事件公开之前抛售了股票。

2019 年 12 月，美国连锁便利店 Wawa 宣布，大量信用卡信息（可能有 3 000 万张）被恶意软件窃取。这些恶意软件入侵了 Wawa 的销售终端，后来那些信用卡信息开始在暗网上被出售。

2020 年 2 月，主要为执法机构提供面部识别软件的公司 Clearview AI 遭到入侵，其客户数据库被泄露。该公司声称，没有其他东西被盗，包括照片和搜索记录，尽管当时的新闻报道暗示这些照片也被拍摄了。

同样在 2020 年 2 月，万豪国际连锁酒店声明，超过 500 万名客人的信息被盗，这些信息包括联系方式和其他个人信息，如出生日期。

服务器还经常遭遇拒绝服务攻击（Denial of Service，DoS）。在这种攻击中，发起者把大量网络流量引导到一个网站，利用密集的访问使其停止响应。拒绝服务攻击通常精心策划，利用僵尸网络来完成。沦陷的机器接到命令后，会在指定时间访问指定网站，从而导致流量骤增。从多个来源同时发起的拒绝服务攻击通常称为**分布式拒绝服务攻击**（Distributed Denial of Service，DDoS）。举个例子，在 2020 年 2 月，亚马逊的 AWS 云服务成功地应对了它所说的有史以来最大的 DDoS 攻击，峰值流量速率为 2.3 Tbps。

虽然拒绝服务攻击通常是针对大型服务器的大型攻击，但小规模的攻击也有可能发生。例如，我的雇主最近用一种商业产品取代了一个方便的预约安排系统。它可以访问用户的在线日历，找到并填充开放的时间段，该公司称之为"无痛排班"。进入一个带有用户身份的网络链接，点击一个开放的时间段，提供一个确认电子邮件地址，你就完成了设置，但没有任何检查。所以如果我能猜出你的身份，我就能匿名填补你所有的空档时段。电子邮件地址也没有验证，所以我可以用日历系统作为载体，向任何人发送匿名骚扰信息。如果我学生的项目小组制造了这样一个隐私和安全方面的漏洞，我会非常失望，人们对昂贵的商业产品的期望应该更高。

10.7.3 对传输中信息的攻击

尽管对传输中信息的攻击在今天仍然很严重也很常见，但这个问题在万维网安全中往往是放到最后考虑的。随着无线网络的普及，这种情况可能会改变。偷窃者可能会偷听你和银行的对话，窃走你的账号和密码等信息。但如果你和银行之间的通信是加过密的，就很难被理解了。程序可以窥探任何提供开放无线访问的未加密连接，并可能允许攻击者假装成你，而不被发现。有一宗信用卡数据的大规模失窃案涉及监听商店内终端之间的未加密无线通信，盗窃者把车停在商店外面，在车经过的时候窃取了信用卡信息。

HTTPS 是 HTTP 的一个版本，它对 TCP/IP 通信进行双向加密，这使得窃听者不可能读取内容或伪装成其中一方。HTTPS 的使用正在迅速增长，尽管它还没有完全被普及。

还有一种攻击形式是中间人攻击，即攻击者拦截传输中的消息，并按自身需要加以修改后发出去，该消息看起来是直接来自源头的。（第 8 章讲到的《基督山伯爵》中的一个故事，采用的就是这种攻击手法。）适当地进行加密也可以防止这种攻击。国家防火墙是另一种中间人攻击，在这种攻击中，流量变慢或搜索结果被修改。

虚拟专用网络（Virtual Private Network，VPN）在两台计算机间建立起加密的通道，以保证其间双向通信的安全。企业通常通过部署 VPN，使员工能够从家中或者从那些通讯网络安全不可信的国家，连接到办公网络办公。个人可以使用 VPN 在咖啡店和其他提供开放 Wi-Fi 的网站上更安全地工作。但要当心谁在运营 VPN，以及他们会在多大程度上顶住政府要求公开用户的信息的压力。

事实上，要小心他们的诚实度和能力。2020 年 7 月，一些声称不对连接信息进行记录的免费 VPN 服务遭遇了一次入侵，泄露了超过 1TB 的用户记录信息，包括日期、时间、IP 地址，甚至是未加密的密码。

Signal、WhatsApp 和 iMessage 等安全消息应用程序在用户之间提供加密的语音、视频和文本链接。所有通信进行端到端的加密，也就是说，它是在发送端进行加密，在接收端解密，使用的密钥仅存在于两个端点，不是在服务提供者的手中，所以原则上没有人可以偷听或进行中间人攻击。另一款即时通讯应用 Facebook Messenger 目前还没有进行端到端加密，尽管存在这样的选项。除非加密，否则它更容易受到攻击。

Signal 是开源软件，WhatsApp 是 Facebook 的产品，iMessage 则来自苹果。爱德华·斯诺登支持 Signal 作为首选的安全通信系统，他自己也在使用它。

我们许多人现在使用的 Zoom 视频会议系统声称可以使用 256 位 AES 提供端到端会议加密。但美国联邦贸易委员会（Federal Trade Commission）在 2020 年提出的一项投诉称，实际上 Zoom 保留了加密密钥，只使用 AES-128 加密，并悄悄安装了绕过 Safari 浏览器安全机制的软件。

10.8　自我防御

防御是件很难的事，你需要防御所有可能的攻击，但攻击者只需要找到一个弱点，因此优势在攻击者一边。然而，你可以提高获胜的概率，特别是在对潜在威胁的评估比较贴近现实的情况下。

你应该如何进行自我防御呢？有人向我征求这个意见时，我会告诉他以下内容。我把计算机用户的防御手段分成三类：第一类非常重要，第二类中等重要，第三类则要看你的多疑程度。（如你所知，我非常多疑，大多数人大概不会那么多疑。）

非常重要

谨慎选择密码，让别人不会猜出来，即使用电脑反复尝试也不至于马上就被破解。你需要一些比单个单词、你的生日、家人、宠物或重要的人的名字更安全的密码，尤其不要用"密码"这个字符串本身的变体，选择这种密码常见得令人惊讶。由几个单词组成的短语，包括大小写字母、数字和特殊字符，是安全性和易用性之间的一种适当折衷。有许多网站会估计你所给出的密码的强度。传统观点认为，你应该不时地修改密码，不过我并不这么认为。频繁的更改可能会适得其反，尤其是在不方便的时候强加给你，因为这显然会鼓励公式化的更改，比如增加最后一个数字的大小。

千万不要像对待在线新闻和社交媒体网站那样，对银行和电子邮件等重要网站使用相同的密码。千万不要在工作中使用与个人账户相同的密码。不要使用像 Facebook 或谷歌这样的单一网站来登录其他网站；如果出现问题，这会造成单点故障，你自己的信息都会泄露。你还可以在 haveibeenpwned.com 网站上查看某个特定密码是否已经被破解。这个网站收集各种入侵的信息。

像 LastPass 这样的密码管理器，可以为你的所有网站生成和存储安全的随机密码，你只需要记住一个主密码。当然，如果你忘记了密码，或者持有密码的公司或软件被泄露或被胁迫，就会出现单点故障问题。

如果可以的话，使用双因子身份验证。双因子不仅需要用户知道某些信息（密码），还需要拥有某些实物（设备）。在实际应用中，这个设备可以是手机里运行的程序，能按某种算法生成动态数码以便跟服务器上用同样算法生成的数码匹配。它可以是发送到你手机上的一条信息，或者是一个特殊用途的设备，如图 10.7 所示，它显示一个新近生成的随机数，用户必须在提供密码的同时提供这个随机数。

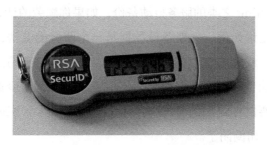

图 10.7　RSA SecurID 双因子设备

颇具讽刺意味的是，制造出被广泛使用的双因子认证设备 SecurID（图 10.7 所显示的）的 RSA 公司在 2011 年 3 月遭遇入侵，安全信息失窃，从而使某些 SecurID 设备不再安全。

收到来自陌生人的邮件不要打开附件。不要打开来自朋友或同事的邮件中让你觉得有些意外的附件。关闭微软 Office 程序的宏。不要因为软件提示你接受、点击或安装就全部照做。不要从可疑来源下载软件；除了可信来源之外，下载和安装软件都要保持警惕，包括本节的防御插件。这些不仅仅针对你的电脑，对手机而言亦是如此！

不要用开放的无线网络做重要的事，例如，不要在星巴克进行银行操作。保证用 HTTPS 连接无线网络，但别忘了 HTTPS 只加密内容。数据传输路径上的每个人都知道发送者和接收者；这种元数据在确定人员身份时非常有用。

安装防毒软件并保持更新。不要去点那些声称要对你的计算机进行安全检查的网站链接。保持浏览器和操作系统等软件使用最新版本，因为这些软件会经常进行安全修复。

定期将你的信息备份到一个安全的地方，可以通过苹果的 Time Machine 之类的服务自动备份，如果你勤劳的话，也可以手动备份。无论如何，定期备份数据是一个明智的做法，如果一个硬盘坏了，或者恶意软件破坏了磁盘，或者被加密勒索，提前做了备份会让你开心得多。如果你使用云服务来存储珍贵的文件和图片，也要做你自己的备份，以防你万一进不来云空间了，或者云供应商公司倒闭了。

谨慎行事

关闭第三方 cookie。烦人的一点是，每个浏览器都分别保存自己的 cookie，所以不得不为你使用的每个浏览器要分别设置一遍，并且如何启用它们的细节各不相同，但这个工作还是值得做的。

使用像 Adblock Plus、uBlock Origin 和 Privacy Badger 这样的插件来拒绝广告和跟踪，以及它们可能植入的恶意软件。使用 Ghostery 来消除大多数 JavaScript 跟踪。Adblock 和类似的插件的工作原理是，根据一长串广告网站 URL 记录，来过滤掉针对这些 URL 的 HTTP 请求。广告商声称，使用广告拦截器的用户在某种程度上是在欺骗或偷窃，但只要广告是传播恶意软件的主要载体之一，禁用它们只是一种良好的防御措施，你会发现你的浏览器似乎也运行得更快。

打开隐私浏览或隐身模式，并在每次会话结束时删除 cookie，不过这只会影响你自己的电脑，你仍然可能在网上被跟踪。"禁止跟踪"的设置没有多大用处，反而会让你更容易被识别。

关闭手机的定位服务，除非你需要地图或导航。

在邮件阅读器中禁用 HTML 和 JavaScript。

关掉不用的操作系统服务。比如，我的苹果电脑可以让我共享打印机、文件和设备，还能从别的计算机远程登录进来管理我的计算机。Windows 也有类似的一套服务。我把它们统统关掉了。

防火墙是一个程序，监视传入和传出的网络连接，并阻止那些违反访问规则的连接。打开你计算机中的防火墙。

使用密码锁定你的手机和笔记本电脑。如果有指纹识别器，则使用它。

给多疑者的建议

在浏览器中使用 NoScript 来减少 JavaScript 的使用。

关闭除显式列在白名单中的网站外的所有 cookie。

使用假的电子邮件地址临时注册。当一些网站坚持要我提供一个电子邮件地址，他们才让我访问一些服务或信息时，我使用 mailinator.com 或 yopmail.com 提供的临时邮件地址进行注册。

当你不使用手机的时候，关闭它。对你的手机加密，这在最新版本的 iOS 上是自动的，在 Android 上也可以使用。也要对你的笔记本电脑加密。

使用 Tor 浏览器进行匿名浏览（详见第 13 章）。

使用 Signal、WhatsApp 或 iMessage 进行安全通信，但请注意，如果你不小心，这些应用程序仍可能传递恶意软件。

鉴于手机也越来越多地成为攻击目标，在手机上采用类似的预防措施也是很必要的。要特别小心你下载的应用程序和其他内容。据报道，2018 年 5 月，亚马逊创始人杰夫·贝佐斯（Jeff Bezos）的手机似乎被沙特政府特工通过一段恶意视频入侵，该视频包含在一条 WhatsApp 信息中。

可以肯定的是，物联网也有类似的问题，而预防措施将更难采取，因为你几乎无法控制此类设备。布鲁斯·施奈尔（Bruce Schneier）的书《点击这里杀死所有人》（*Click Here to Kill Everybody*）对物联网的危险进行了出色的调查。

10.9 小结

1990 年以来，万维网从无到有，发展到如今成为我们生活中的关键一部分。它通过搜索、在线购物、评级系统、价格比较和产品评估网站这些方面改变了商业面貌，尤其是在消费者层面。它也改变了我们的行为，从我们如何找到朋友，到找到有共同兴趣的人，甚至伴侣。它决定了我们如何了解世界以及从哪里获得新闻。如果我们的新闻和观点来自一组集中的、符合我们兴趣的来源，那就不好了。事实上，"过滤泡沫"这个词反映了网络在塑造我们的思想和观点方面的影响力。

网络带来了无数的机会和好处，但也带来了问题和风险，因为它使人们可以远距离采取行动。我们在从未谋面的远方的人面前是可见的，也是脆弱的。

万维网引发了至今未得到解决的司法问题。例如，在美国，许多州对境内购买的商品征收销售税，但网上商店通常不向购买者征收销售税。这是根据这一原理：如果他们在一个州没有设立实体店，他们就不需要充当该州税务机关的代理人。购买者应该申报在州外购买的商品并为此纳税，但没有人这样做。

诽谤是另一个引发司法管辖权争议的领域。在一些国家，仅仅因为某个网站的诽谤言论（托管在其他地方）在该国可见，就可以提出诽谤诉讼，即使被指控诽谤的人从未到过提起诉讼的国家。

有些活动在一个国家是合法的，但在另一个国家却不合法，色情、网上赌博和批评政府是常见的例子。

当公民使用互联网从事在其境内非法的活动时，政府如何对他们实施规则？一些国家只提供有限数量的进出该国的互联网通道，可以使用这些通道来阻止、过滤或减慢这些国家不允许的访问。

另一种方法是要求人们在互联网上证明自己的身份。这听起来像是防止匿名滥用和骚扰的好方法，但它也对激进主义和异见人士产生了寒蝉效应。我们如何既限制来自匿名喷子和网络机器人的访问，同时在适当的时候又能提供匿名呢？

Facebook 和谷歌等公司强迫用户使用实名制的尝试遇到了强大的阻力。理由很充分：尽管网络匿名有许多缺点——仇恨言论、欺凌和挑衅是引人注目的例子，人们能够自由地表达自己而不用担心报复也很重要。我们还没有找到合适的平衡措施，如果这种措施真的存在的话。

个人、政府（无论他们是否得到公民的支持）和公司（其利益常常超越国界）的合法利益之间总会存在紧张关系。当然，犯罪分子并不担心管辖权或其他各方的合法利益。互联网使所有这些问题的解决变得更加紧迫。

第四部分

数　　据

数据是本书的第四部分。上一版分为三个部分，数据与通信放在一起。然而，在过去的几年里，数据变得如此重要，以至于有必要将其单独列为一部分。

"数据"这个词通常是很正式的——大数据、数据挖掘、数据科学，还有一个新的工作头衔——数据科学家。在这些方面，有书籍、教程、在线课程，甚至大学学位。现在让我们花点时间来非正式地解释一下。

大数据只意味着我们在处理大量的数据，这当然没错。对于世界上有多少数据，估计值变得越来越大。过去可以方便地用艾字节（exabytes，10^{18}）表示，但那个时代已经过去了，现在我们需要泽字节（zettabytes，10^{21}）。可以很有把握地预测，yottabytes（10^{24}）在不久的将来就会出现。yotta 是国际单位制（SI）中最大的前缀。最终，yotta 也会不够大，我们将不得不添加更多前缀，比如"超越 yotta"，灵感来自苏斯博士的《超越斑马！》

第四部分　数　据

数据挖掘是从所有大数据中寻找潜在有价值的信息和洞见的过程。数据科学是一个跨学科的领域，它应用统计学、机器学习和其他技术来理解数据，试图从中提取意义，并基于数据进行预测。数据科学家就是从事这些工作的人，他们有望在这样一个时髦而重要的工作领域得到丰厚的报酬。

所有这些数据从何而来？我们能用它们做什么？如果我们不想贡献关于我们自己的数据，我们又该如何规避呢？

在第11章中，我们将讨论海量数据的来源：我们的在线行为和离线行为是如何产生"数据废气"的，即我们在世界各地活动时产生的大量信息。

第12章是关于人工智能和机器学习的，讨论了相关的数据处理方法。其中一些方法能为我们的需求服务，例如，图像识别和计算机视觉，语音识别和语音处理，语言翻译，以及未来可能出现的其他应用，因为能用来学习的数据非常多。但缺点是，别人也可以了解关于我们的很多信息，而且通常是我们不想让任何人知道或者至少是我们不想让任何人利用的个人信息。

机器学习的广泛使用引发了人们对数据推论的严重担忧，这些推论可能支持种族主义、歧视和其他伦理问题。人们很容易认为机器学习是一种客观的指导，但在许多情况下，它的结论只是用一种权威的外衣掩盖了隐性的偏见。

第13章讨论防御：我们可以做些什么来限制无意中提供的数据，并减少这些数据被利用的可能性。完全隐形或完全安全是不可能的，但你可以更好地保护自己的个人隐私和并显著提高安全性。

第 11 章

数据和信息

"当你看互联网时，互联网也在看你。"

——向弗里德里希·尼采道歉，

改写自《超越善与恶》，1886 年

你用电脑、手机或信用卡做的几乎每一件事都会产生有关你的数据。这些数据被仔细收集、分析、永久保存，并经常被出售给那些你对其一无所知的机构。

考虑一个典型的交互场景。你用电脑或手机搜索想要买的东西、想去的地方或想要了解更多的话题。搜索引擎会记录你搜索的内容、时间、地点和点击的结果，如果可能的话，它们会将这些内容与你个人联系起来。广告商则利用这些信息向你发送关于其产品的定向信息。

我们所有人都通过在线电影和电视节目搜索、购物和进行娱乐活动。我们通过邮件和短信与朋友和家人沟通，有时甚至是语音通话。我们用 Facebook 或 Instagram 与朋友和熟人保持联系，用 LinkedIn 保持潜在的工作关系，也许还用约会网站寻找浪漫。我们阅读 Reddit、Twitter 和在线新闻，以了解我们周围世界的最新动态。我们在网上管理我们的资金，并在线支付账单。我们经常带着随时都知道我们在哪的手机四处走动。我们的汽车知道我们在哪里，并将信息传递给其他人。当然，无处不在的摄像头也知道我们的车在哪里。像联网恒温器、安全系统和智能电器这样的家庭系统会监视我们的一举一动，知道我们是否在家，以及我们在家时都做了些什么。

这些个人数据流中的每个比特都被收集了起来。网络硬件的主要制造商思科公司（Cisco）在 2018 年发布的一项预测中称，到 2021 年，全球年度互联网流量将超过 3 泽字节（zettabytes）。前缀 zetta 是 10^{21}，以任何标准衡量，这都是很大的字节数。这些数据从何而来，又被用来做什么？答案是发人深省的，因为大多数数据不是为我们所用的，而是关于我们自己的。数据越多，陌生人对我们的了解就越多，我们的隐私和安全也就越少。

我将从 Web 搜索开始介绍，因为大量数据的收集过程始于搜索引擎。继而就会引出跟踪的话题，比如你访问了哪些站点，在浏览网站时都做了什么。接下来，我将讨论人们为了娱乐或一项便利的服务而自愿提供或交换的个人信息。所有的数据都保存在哪里？这就导向了数据库——由各种团体收集的数据的集合——以及数据聚合和挖掘，因为数据的大部分价值体现在与其他数据结合以提供新的洞见。这也是隐私问题出现的主要之处，因为将来自多个来源的关于我们的数据汇集起来，会让我们的隐私信息暴露无遗。最后，我将讨论云计算。在云计算中，我们将所有的东西交给云计算公司，这些公司在他们的服务器上提供存储和处理，而不是在我们自己的计算机上。

11.1　搜索

网页搜索开始于 1995 年。按照现在的规模来看，当时的 Web 很小。接下来几年间，网页和查询的数量均快速增长。谷歌公司的谢尔盖·布林和拉里·佩奇于 1998 年初发表了论文"大规模超文本网络搜索引擎剖析（The anatomy of a large-scale hypertextual web search engine）"，其中曾提到一个最成功的早期搜索引擎 Altavista，说它在 1997 年年底时每天要处理 2 000 万个查询。这篇论文还准确地预言了 2000 年的 Web 将有 10 亿网页，每天要处理数亿次查询。其中一项估计显示，在 2017 年，平均每天会达到 50 亿次查询。

搜索是个大产业，它从无到有，短短不到 20 年就成为一个主要的产业。最典型的例子是谷歌，它成立于 1998 年，上市于 2004 年，到 2020 年秋季，市值已经达到 1 万亿美元，虽然排在苹果公司后面（超过 2 万亿美元），但远远领先于埃克森美孚（Exxon Mobil）和美国电话电报公司（AT&T）等老牌企业——这两家公司的市值都不到 2 000 亿美元。谷歌利润丰厚，但竞争对手林立，所以很难说将来会怎么样。（这里有必要透露一点：我是在谷歌兼职，我在公司有很多朋友。当然，本书中的任何观点都只代表我自己，与谷歌公司无关。）

搜索引擎是怎么工作的呢？从用户角度来看，他们在网页上的表单中填写查询条件，然后把这个查询发送给服务器。服务器差不多立即就会返回一个链接列表和文本摘要。从服务器的角度看则要复杂得多。服务器会生成一组包含查询关键词的页面，按照相关程度进行排序，再在 HTML 中附上页面的摘要，然后再发给用户。

互联网实在太大了，每个用户在查询时不可能开启一个对整个 Web 的新搜索。因此搜索引擎的主要任务就是为满足查询需求，事先把所有页面信息有组织地保存在服务器上。为此，搜索引擎需要利用爬虫程序扫描页面，把相关内容保存到数据库中，以便后续查询可以迅速返回结果。网页抓取是一个巨大规模的缓存示例：搜索结果基于预先计算的缓存页面信息索引，而不是实时的网络页面搜索。

图 11.1 可以大致说明搜索引擎的组织结构，包括在结果页面中插入广告：

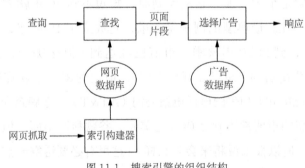

图 11.1 搜索引擎的组织结构

关键问题是规模太大。用户的数量有几十亿，网页的数量不知道又有多少个几十亿。谷歌以前总会公布它为构建索引抓取了多少多少页面，但在这个数字超过 100 亿之后，就不再公布了。如果一个网页平均 100 KB 大小，那么存储 1 000 亿页面就要占用 10 拍字节的磁盘空间。虽然有些页面是静态的，也就是说几个月甚至几年都不会更新，但也有相当多的页面更新得非常快（新的网站、博客、Twitter 消息），因此爬虫工作必须是持续的且高效的，一刻也不能停，否则索引的信息可能是过时的。搜索引擎每天要处理几十亿次查询，每次查询都必须扫描数据库、找到相关页面、按一定规则排序。在此期间还要精心选择与搜索结果匹配的广告，在后台把整个过程涉及的一切都记录下来，从而进一步改进搜索质量，领先于竞争对手，卖出更多广告。

从本书的角度来说，搜索引擎是实际应用算法的一个典型案例。但巨大的流量决定了没有简单的搜索和排序算法可以满足高性能的需求。

抓取网页有一整套算法：有的算法判断下一次抓取哪个页面，有的从网页中提取可供索引的信息（词、链接、图片等），把这些信息发送给索引构建器。首先从抽取 URL 开始，然后去掉其中重复或无关的，剩下的才会添加到待抓取网址队列中。抓取过程中比较棘手的问题在于不能过于频繁地访问一个站点，否则会显著增加站点负载，没准还会惹恼网站所有者，最终导致爬虫被拒之门外。由于页面变化的速度千差万别，因此算法必须准确判断页面变化的频率，从而保证对变化快的站点的抓取频率高于变化缓慢的站点。

抓取网页后就要开始建立索引。这个阶段要从爬虫抓取的页面中抽取每个页面的相关部分，然后在索引中记录这些内容，以及它们的 URL 和在页面中的位置。这一阶段的具体处理方式取决于要索引的内容是文本、图片、表格文件、PDF 文件、视频等，它们都有各自的处理方式。本质上，索引就是为网页中出现的词或其他可索引项，创建一组页面和位置，并以一种可以快速检索任何特定条目所在页面的方式存储起来。

最后一个任务就是针对具体的查询进行响应。简单来讲，就是以查询中所有的关键词为依据，通过索引列表迅速找到匹配的 URL，然后（同样也是迅速地）选择匹配度最高的 URL。这个过程涉及的技术是搜索引擎运营商的核心竞争力所在，在网上不大可能搜索到相关的技术文档。同样，规模仍然是问题的关键。任何一个给定的关键词都可能出现在数百万个页面中，一对关键词很可能同时出现在上百万个页面中。关键在于怎么才能迅速从这些页面中筛选出最为匹配的十个左右的页面。谁能把最佳匹配结果排在前头，谁的响应速度快，它就会比竞争对手更受用户青睐。

最初的搜索引擎只会显示一个包含搜索关键词的页面列表，而随着页面数量的增长，搜索结果中就会混入大量无关页面。谷歌原创的 PageRank 算法会给每个页面赋予一个权重，权重大小取决于是否有其他页面引用该页面，以及引用该页面的其他页面自身的权重。从理论上讲，权重越大的页面与查询的相关度就越高。正如布林和佩奇所说："凭直觉，那些在网上被许多地方引用的页面更值得一看。"当然，要产生高质量的搜索结果绝对不会只靠这一点。搜索引擎公司会不断采取措施来改进自己的搜索质量，以超越他们的竞争对手。

提供全面的搜索服务需要大量的计算资源——数百万的处理

器，太字节（2⁴⁰字节）计的内存，拍字节（2⁵⁰字节）计的二级存储，每秒数吉比特（2³⁰比特）的带宽，耗电量也要数十亿瓦。当然，还需要大量的人力。这些投入都要资金支持，而资金通常来自广告收入。

　　简单来说，搜索引擎的广告模式是这样的：广告客户付钱在网页上显示广告，价格由多少人看过以及什么样的人看到该网页来决定。这种定价模式叫按页面浏览量收费，也就是按广告在页面上被"展示"的次数收费；或者是按点击收费，即按浏览者点击广告的次数收费；或者是"转换率"，即浏览者最终购买了某样东西。对广告感兴趣的浏览者显然是很有价值的。因此，搜索引擎的广告模式说到底就是搜索引擎公司对搜索词进行实时拍卖，广告客户出价购买的是在特定关键词的搜索结果旁边显示广告的权利，并且当浏览者点击广告时，提供广告的搜索引擎公司就会赚钱。

　　谷歌 Ads（前身是 AdWords）简化了在线投放广告的评估过程。比如，他们的估算工具（见图 11.2）会告诉你搜索关键词"kernighan"以及一些相关的词语比如"unix"和"c 编程"的费用大约为每次点击 5 美分。换句话说，每当有人搜索这些词汇之一并点击了我的广告，我就付给谷歌 5 美分。谷歌还估计，我选择的搜索词每天将有 194 次点击，每天预算为 10 美元（一个月的平均值）。当然谁也不可能知道有多少人会点击我的广告，以及我因此一天要花多少钱。我倒从来没有做过这个实验来看看会发生什么。

　　广告客户可以花钱让搜索结果偏向他们自己吗？布林和佩奇也同样担心过这个问题。他们在同一篇论文中曾写道："我们认为靠广告支撑的搜索引擎会偏向广告客户，而远离消费者需求。"

谷歌的大部分收入来自广告，但会严格区分搜索结果和广告，其他主流搜索引擎也是这么做的。许多法律挑战声称谷歌不公平地偏向自己的产品。谷歌的回应是，搜索结果并没有对竞争对手有偏见，而是完全根据那些能搜索显示出人们认为最有用内容的算法。

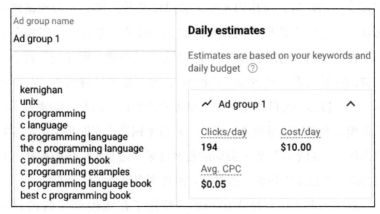

图 11.2 谷歌 Ads 对"kernighan"和相关术语的广告估计

　　另一种可能的偏见形式是，名义上中立的广告结果根据可能的种族、宗教或民族特征，对特定群体产生微妙的偏见。例如，一些名字可以预测种族或民族背景，所以当搜索这些名字时，广告商可以瞄准或远离这些群体。

　　在美国，某些类型的广告如果显示出基于种族、宗教或性别的偏好是非法的。Facebook 几乎所有的收入都来自广告。它向广告商提供了一套工具，使用大量的标准来定位他们的广告，其中大多数标准都很直接——收入，教育——但有些是明显非法的，其他则是潜在具有歧视性的定向投放。2019 年，Facebook 解决了一起诉讼，该诉讼指控其广告平台允许发布传播歧视内容的广告。

有可能在不被追踪的情况下搜索网络吗？DuckDuckGo 搜索引擎承诺不会维护你的个人搜索历史记录，也不会提供个性化的广告。它自己会进行一些搜索，并从大量的搜索引擎和其他来源聚合搜索结果。它也从广告中赚钱，但广告可以被 Adblock 等移除。DuckDuckGo 还提供了一些更私密、更安全的浏览和使用手机的指南。

11.2 跟踪

上面的讨论是关于搜索的，当然同样的考虑也适用于任何类型的广告：广告的定位越准确，就越有可能引起观众的积极回应，因此广告商就越愿意支付更多的钱。在网上跟踪你——你搜索什么，你访问什么网站，你在访问这些网站时做了什么——可以揭示出你是谁，以及你的职业。在很大程度上，如今跟踪的目标是为了更有效地向你销售，但不难想象这些关于你的详细信息的其他用途。在任何情况下，本节的重点主要是跟踪机制：cookie、web bug、JavaScript 和浏览器指纹。

当我们使用互联网时，个人信息被收集是不可避免的，做任何事都很难不留下痕迹。当我们使用其他系统时情况也是如此，尤其是手机。只要一打开手机，我们的物理位置就可以被获知。当你在户外时，一个带有 GPS 功能的手机（基本所有的智能手机都有这个功能），通常知道在十米精度范围内你的位置，并可以随时报告你的位置。一些数码相机也包含 GPS，它们在拍摄的每张照片时能对地理位置进行编码，这被称为地理标记（geo-tagging）。摄像头可以使用 Wi-Fi 或蓝牙上传照片。毫无疑问，你的相机也能被用于跟踪。

当这样的轨迹从多个来源被收集时，它们描绘了我们的活动、兴趣、财务、伙伴和我们生活的许多其他方面的详细画像。在善意的情况下，这些信息被用来帮助广告商更准确地定位我们，这样我们就会看到可能感兴趣的广告。但追踪并不仅限于此，其结果可以用于远没有那么单纯的目的，这些目的包括歧视、经济损失、身份盗窃、监视，甚至人身伤害。

2019 年和 2020 年，《纽约时报》发表了关于隐私和跟踪的延伸系列文章。其中最具启示性和令人不安的是一项对数据库的研究，该数据库包含美国几个大城市 1 200 万人的 500 亿手机位置记录。这些数据是由匿名来源提供的，很可能是在数据代理公司工作的人。以下引用《纽约时报》的原文：

收集有关你的所有移动位置信息的公司基于这三个理由来证明他们的业务的合理性：人们同意被跟踪，数据是匿名的，数据是安全的。

这些说法都站不住脚。

《纽约时报》通过将事件、家庭和工作地址等类似信息联系起来，可以识别出相当数量的个人。《纽约时报》曾处理过 500 亿份记录，但它表示，位置数据公司每天收集的信息要比这多几个数量级，包括大量人口数据，因此更容易实现相关识别。理论上，这种"匿名"数据中没有个人身份信息，但在实践中，建立数据之间的联系以识别个人很容易,特别是在合并数据源时。这篇文章的内容非常令人担忧,整个系列也是如此。

我们的信息是如何被收集的呢?一些信息会随着你浏览器发起的每次请求自动发送给服务器,包括你的 IP 地址、你正在查看的页面(在" referrer"属性中)、浏览器的类型和版本(在"用户代理"属性中)、操作系统,以及你的语言偏好。你对这件事的控制是有限的。图 11.3 显示了发送的一些信息,这些信息经过了编辑以去掉空白。

```
HTTP_ACCEPT text/html,application/xhtml+xml,application/xml;
        q=0.9,image/webp,*/*;q=0.8
HTTP_ACCEPT_ENCODING gzip, deflate
HTTP_ACCEPT_LANGUAGE en-US,en;q=0.5
HTTP_CONNECTION keep-alive
HTTP_DNT 1
HTTP_HOST [...].princeton.edu
HTTP_REFERER http://[...].princeton.edu/env.html
HTTP_USER_AGENT Mozilla/5.0 (Windows NT 10.0;
        rv:68.0) Gecko/20100101 Firefox/68.0
QUERY_STRING [...]
REMOTE_ADDR 128.112.139.195
TZ America/New_York
```

图 11.3 浏览器发送的一些信息

另外,如果有来自服务器域的 cookie,这些 cookie 也会被发送。正如在上一章所讨论的,cookie 只能返回它们来自的域,那么一个站点如何使用 cookie 来跟踪对其他站点的访问呢?

答案就在于链接的工作机制。Web 页面包含指向其他页面的链接——这是超链接的本质。我们对链接很熟悉,它必须由我们主动点击,浏览器才能打开所指向的新页面。但图像和脚本链接不需要点击,当页面被加载时,它们会从各自的源自动加载。网页中引用的图片可以来自任何域。于是，浏览器在取得图片时，提供该图片的域（根据请求中的来源页信息）就知道我访问过哪个页面了。并且，它还可以在我的电脑或手机上存储 cookie，并检索以前访问过的 cookie。JavaScript 脚本也是如此。

这就是跟踪的核心机制，让我们说得更具体一些。我做了一个实验，我关掉了所有的防御系统，用 Safari 浏览器访问了 toyota.com。首次访问下载了超过 25 个不同网站的 cookie，以及来自各种网站的 45 张图片和 50 多个 JavaScript 程序，总计超过 10 兆字节。

只要我还在页面上，页面就会继续发出网络请求。事实上，它正在进行大量的后台计算，以致于 Safari 警告了我（见图 11.4）。

Process Name	% CPU ∨	Real Mem	CPU Time	Sent Bytes	Rcvd Bytes
This webpage is using significant energy. Closing it may improve the responsiveness of your Mac.					
Activity Monitor (All Processes)					
CPU　Memory　Energy　Disk　Network					Q∨ Searc
https://www.toyota.com	60.9	238.1 MB	9:44.82	0 bytes	0 bytes

图 11.4　网页在进行持续计算

这就解释了为什么当我让我的学生对 cookie 计数时，他们说有数千个。这也解释了为什么这些页面加载缓慢。（你可以自己做实验；这些信息来自于浏览器的历史记录和隐私设置。）我没有在手机上进行这个实验，因为这会超出我每月本来也不多的数据流量。

如果我启用了常规防御，即使用 Ghostery、Adblock Plus、uBlock Origin、NoScript 这些软件或插件，则没有 cookie 也没有本地数据存储了，我不再接收 cookie 或脚本了。

页面中的大量图像与图 11.5 中高亮显示的图像类似。丰田的网页包括一个到 Facebook 的链接,用于获取一个图片。图片是 1 像素宽 1 像素高,并且是透明的,所以它是完全不可见的。

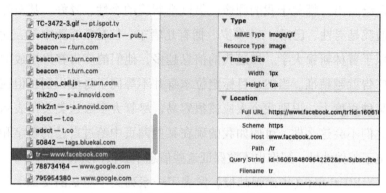

图 11.5　用于跟踪的单像素图像

像这样的单像素图像通常被称为网络 bug(web bugs)或网络信标(web beacons);它们唯一的目的就是跟踪。当我的浏览器请求来自 Facebook 的这个图像时,Facebook 就会知道我正在浏览丰田汽车公司网站的某个页面,而且(如果我允许)还会在我的计算机中保存一个 cookie 文件。当我访问其他网站时,每家跟踪公司都可以建立一张我正在访问的网站"足迹图"。如果我的"足迹"大都留在汽车网站上,这些公司可以把这个信息透露给自己的广告客户。于是乎,我就能看到汽车经销商、购车贷款、汽车配件等等各种广告。如果我的"足迹"更多与交通事故或止疼有关,那么就会看到更多关于维修服务,律师和治疗师的广告。

收集了用户访问过的站点信息后,谷歌、Facebook 和无数其他公司会根据这些信息向丰田等广告客户推销广告位。丰田公司继而利用这些信息定向投放广告，而且（可能）会参考我的 IP 地址之外的其他信息。随着我访问的页面越来越多，跟踪公司就可以绘制出一幅关于我的画像，借以推断我的个性、爱好，甚至知道我是男性、已婚、60 多岁、拥有几辆车、住在新泽西中部、就职于普林斯顿大学。知道我的信息越多，他们的广告客户投放的广告就越精准。当然，目标定位本身并不等同于身份识别，但在某种程度上，识别我个人应该很容易，尽管大多数这类公司表示他们不会这么做。可假如我的确在某些网页中给过自己的名字和电子邮件地址，那谁也不敢保证这些信息不会被四处传播。

2016 年，《华盛顿邮报》发表了一系列关于隐私的文章。其中一篇文章题为"Facebook 用来定向投放广告的 98 个个人数据点"。这 98 个数据点包括显而易见的信息，如地点、年龄、性别、语言、教育水平、收入和净资产，但也包括更敏感的信息，如"种族亲和力"，可能被用于非法歧视。

互联网广告是一个复杂的市场。当你请求一个网页时，网页发布者会通知像谷歌 Ad exchange 或 AppNexus 这样的广告交易应用，该网页上的空间是可用的，并提供潜在阅读者的信息，比如可能是旧金山一位喜欢科技和不错餐馆的 25 到 40 岁之间的单身女性。广告商对广告位出价，获得该广告位公司的广告就会被插入页面，这一切都在几百毫秒内完成。

如果你不喜欢被跟踪，那么你可以大幅度减少被跟踪情形，尽管需要付出一些精力。浏览器允许你完全关闭 cookie，或者禁用第三方 cookie。你可以在任何时候彻底地删除 cookie，或者在浏览器关闭时自动删除 cookie。大多数跟踪公司都支持自愿回避（opt-out）机制：如果他们在你的计算机中碰到了一个特定的 cookie，那他们就不会再为了定向广告而记录你的交互行为，但是很可能仍然会在他们自己的网站上跟踪你。

有一个半官方的"请勿跟踪"机制，它承诺的比实现的多。浏览器有一个复选框，通常在隐私和安全菜单中，叫作"禁止跟踪"。如果设置了这个复选框，就会导致一个额外的 HTTP 头随请求一起发送。（图 11.3 包含了一个示例。）一个遵循"请勿追踪"原则的网站不会将您的信息传递给其他网站，尽管它可以自由地保留信息供自己使用。在任何情况下，尊重访问者的意愿并不是强制的，大多数网站都忽略了这种偏好设置。例如，Netflix 表示："目前，我们不对浏览器发出的'请勿跟踪'信号做出响应。"

隐私浏览或隐身模式是一种客户端机制，它告诉浏览器在会话终止时清除历史记录、cookie 和其他浏览数据。这会阻止你电脑的其他用户知道你曾做过什么，但它不会影响你去过的地方的足迹，这些地方很有可能再次认出你。除此之外，一些网站如果发现你在使用隐身模式，就会拒绝提供内容。

防御机制在不同的浏览器之间，甚至在同一浏览器的不同版本之间，都不是标准化的，通常默认设置为不进行防御。

遗憾的是，很多站点离开 cookie 都无法运行。不过，即使没有第三方 cookie，大多数都可以正常工作，所以你应该始终关闭它们。当然有时候 cookie 的使用是合理的，比如服务器需要知道你是不是已经登录过了，或者想要跟踪你的购物车。而通常 cookie 就是用于跟踪。这让我很恼火，所以我一般不去光顾这样的网站。

JavaScript 是一种主要的跟踪工具。不管是在原始 HTML 中找到的 JavaScript 代码，还是通过 `<script>` 标签中 `src="name.js"` 属性指定的 URL 下载的脚本文件，浏览器都会执行。JavaScript 被大量用于"分析"，观察特定页面的浏览情况。比如，当我访问技术新闻网站 Slashdot.org 时，我的浏览器下载了 150KB 的页面本身，但它还从其他三个网站下载了 115KB 的 JavaScript 分析脚本，包括以下来自 Google 的脚本：

```
<script>
  src="https://google-analytics.com/ga.js">
</script>
```

当我个人实际访问 Slashdot 时，这些分析脚本实际上都没有下载，因为我使用了像 Adblock 和 Ghostery 这样的扩展程序来阻止它们。

JavaScript 代码可以从该代码自身来自的网站中设置和获取 cookie，有时候还可以读写浏览器访问过哪些页面的历史记录等其他信息。它还可以持续监视鼠标在屏幕上的位置，并将这些信息发回服务器，以便推断网页的哪些部分吸引用户或者用户很少关注；还可以监视你点击或者高亮了哪些位置，即使这些位置不是链接等能够做出反应的区域。

图 11.6 显示了几行 JavaScript 代码，当你移动鼠标时，它们将显示鼠标的当前位置。再多加几行就可以将相同的信息发送给你正在浏览的网页的提供者，同时还可以发送其他事件，如你在哪里进行了输入、点击或拖动。网站 clickclickclick.click 是同一个想法的一个更加精致和非常有趣的版本。

```
<html>
<script>
function move(event) {
  document.getElementById("body").innerHTML =
    "position: " + event.clientX + " " + event.clientY;
}
</script>
<body>
  <div id="body" style="width:100%; height: 500px;"
      onmousemove="move(event)">
  </div>
</body>
</html>
```

图 11.6 在鼠标移动时显示坐标的 JavaScript 代码

浏览器指纹识别（browser fingerprinting）使用浏览器的个人特征来识别你，通常是唯一的，不需要 cookie。操作系统、浏览器、版本、语言偏好、安装的字体和插件的组合提供了许多独特的信息。它使用 HTML5 中的新功能，一种称为*画布指纹*的技术，可以看到单个浏览器如何渲染特定的字符序列。不管用户的 cookie 设置如何，只需少量的这些识别信号就足以区分和识别个人用户。当然，广告商和其他组织希望对个人进行精确识别，无论他们是否禁用 cookie。

电子前沿基金会（EFF）提供了一项名为"Panopticclick"的指导服务，该服务以杰里米·边沁（Jeremy Bentham）的"Panopticon"命名，这是一种旨在让囚犯在不知情的情况下被持续监控的监狱。访问网站 panopticlick.eff.org，它会告诉你在最近的访问者中，你大体上有多么的独特。即使有良好的防御措施，你也可能被唯一识别，或至少接近它。当你下次再访问这个网站时，你很有可能被认出来。

你可以在 themarkup.org/blacklight 上找到 Blacklight，它

模拟了一个毫无防御能力的浏览器，并报告跟踪器（包括那些试图躲避广告拦截器的）、第三方 cookie、鼠标和键盘监控以及其他不正常的操作。有时候，看到这么多的跟踪会让人感到害怕，而试图找出最糟糕的冒犯者也会很有趣。例如，烹饪网站 epicurous. com 加载了 136 个第三方 cookie 和 44 个广告跟踪器，同时监控键盘和鼠标点击，并向 Facebook 和谷歌报告访问情况。

并不是只有浏览器可以跟踪用户，邮件阅读器以及其他系统也可以。如果你的邮件阅读器解析 HTML，那它就有可能"显示"那些能让别人跟踪你的单像素图像。苹果电视、Chromecast、Roku、TiVo 和亚马逊的 Fire 电视棒都知道你在看什么。所谓的"智能电视"也知道这一点，但它可能还会把你的声音发送给制造商，甚至从它们的摄像头发回图像。像亚马逊 Echo 这样的语音设备会把你说的话发送出去供分析。

如前所述，每个 IP 数据包从你的计算机出发，通常都要经过 15 ~ 20 个网关才能到达目的地，反过来也差不多。这条路径上的每个网关都有可能检查这些数据包，看到里面的信息，甚至还能以某种方式修改它们。这称为深度包检测（deep packet inspection），因为它不仅查看头部信息，还查看实际的内容。这通常发生在你的 ISP 之处，因为那里最容易认出你来。它不仅限于网页浏览，还包括你和互联网之间的所有通信。

深度包检测可以用于有效的目的，比如清除恶意软件；但它也可以用来更好地进行定向广告，或者监控或干预进出一个国家的通信，如 NSA 用于监听美国境内通信的设备。

防御深度包检测的唯一措施是使用 HTTPS 的端到端加密，

它能保护内容在传播过程中不受检查和修改，但它不隐藏来自源端以及目的端那样的元数据。

关于个人身份的哪些信息可以收集，以及可以如何使用这些信息，不同国家有不同的规定。以美国为例，简言之，做任何事情都行！任何公司或机构都可以收集和传播关于你的信息，不用通知你，也不需要给你提供规避的机会。

而在欧盟（同样简言之），隐私是一个严肃得多的话题：在没有得到个人明确许可的情况下，任何公司都不能收集或使用个人数据。2018 年年中生效的《通用数据保护条例》（General Data Protection Regulation，GDPR）的相关部分规定，除非得到明确同意，否则不能处理个人数据。即使是默认可以不填写的在线表格也不被认为是得到了充分的许可。人们也有权访问自己的个人信息，并查看这些信息是如何被使用的。还可以在任何时候撤回使用许可。

美国和欧盟在 2016 年达成了一项协议，用于管理数据如何在两个地区之间移动，同时保护欧盟公民的隐私权。然而，在 2020 年 7 月，欧盟最高法院裁定该协议不符合欧盟隐私权，目前的情况仍然不明朗。

《加州消费者隐私法》（CCPA）于 2020 年初生效，其目标和性质与 GDPR 类似。它包含一个明确的"不出售我的数据"选项。虽然它只适用于加州居民，但人们可能希望它会在美国产生更广泛的影响。加州人口占美国总人口的 10% 以上，在社会问题上往往走在前列。

然而，想要知道 GDPR 和 CCPA 是否运作良好还为时尚早。

11.3　社交网络

追踪我们访问的网站并不是收集我们信息的唯一方法。事实上，社交网络的用户可以说是自愿放弃了大量的个人隐私，以换取娱乐，以及与他人保持联系。

不久前，我在网上看到一篇文章，大概是这么写的："有一次面试，他们问了一些我简历上没提到的事情。原来他们看了我的Facebook主页，这太让人意外了。Facebook上可都是我个人隐私啊，跟他们有什么关系！"这真是太天真和单纯了！但我想很多Facebook用户在这种情况下可能都会有一种被冒犯的感觉，尽管他们清楚地知道公司人力资源部和大学招生办会例行地通过搜索引擎、社交网站及其他类似来源来了解申请人的更多信息。在美国，面试时问一个人的年龄、民族、宗教信仰、性取向、婚姻状况等很多关乎个人信息的问题都是非法的，但这些都可以通过搜索社交网络轻易地、悄无声息地得到。

搜索引擎和社交网络提供了有用的服务，而且是免费的，让人有什么理由不喜欢它们呢？但他们必须以某种方式赚钱，你应该记住，如果你不为产品付费，你就是产品。社交网站的商业模式是收集用户的大量信息，然后卖给广告商。因此，几乎单凭隐私一词的定义，他们就将面临隐私问题。

尽管出现的时间不长，但社交网络的用户规模和影响力增长迅猛。Facebook成立于2004年，而在2020年，每月的活跃用户已超过25亿，大约是全世界人口的三分之一（Facebook还拥有Instagram和WhatsApp，各运营部门之间共享信息。）它每年

700 亿美元的收入几乎全部来自广告。如此之快的增长速度，不可能有足够的时间来仔细考虑隐私政策，也不可能从容不迫地开发出稳定可靠的计算机程序。每个社交网站都面临着因功能不完善而泄露用户隐私、用户不清楚该如何进行隐私设置（因为设置方法改变太快）、软件错误，以及由于整个系统中的固有问题而暴露数据等问题。

作为最大也最成功的社交网站，Facebook 的问题也最明显。一些问题来源于 Facebook 给第三方提供 API，以方便他们编写 Facebook 用户可以使用的应用。但这些 API 有时候会违背公司隐私政策透露一些隐私信息。当然，并非只有 Facebook 一家公司是这样的情况。

地理定位服务会在手机上显示用户的位置，能够为和朋友见面或者玩基于位置的游戏提供方便。在知道潜在用户位置的情况下，定向广告的效果特别好。当你就站在餐馆门外的时候，比在报纸上读到它的消息时，更有可能推门进去体验一下。但另一方面，当你意识到你的手机被用来在商店内部跟踪你时，这有点令人毛骨悚然。而且，商店开始使用店内信标（in-store beacons）。如果你选择进入该系统，通常是通过下载一个特定的应用程序，并默认同意被跟踪，信标会使用蓝牙与你手机上的应用程序进行通信，监控你在商店里的位置。如果你看起来可能对某些特定的东西感兴趣，就会为你提供优惠。引用一家制作信标系统的公司的话："信标正在引领室内移动营销革命。"

位置隐私（location privacy），即让自己位置信息保密的权利，在很多系统中并没有得到保障，比如信用卡支付系统、高速公路和公共交通刷卡收费系统，当然还有手机。让别人对你都去过哪儿一点都不知情已经变得越来越困难了。手机应用程序是最恶劣的侵犯者，通常会要求获取关于你的基本所有信息，包括通话数据、物理位置等。一个手电筒应用程序真的需要我的位置、联系人和通话记录吗？

情报机关早就清楚，即使不知道双方说了什么，他们只要分析谁与谁在交流，就能掌握很多信息。正是因为这个原因，美国国家安全局一直在收集美国所有电话号码、时间和通话时长的元数据。最初的数据收集是对 2001 年 9 月 11 日恐怖袭击的仓促回应之一，但直到 2013 年斯诺登的文件泄露，人们才意识到数据收集造成影响的程度。即使人们接受"这只是元数据，而不是对话"这种说法，但元数据也特别能揭示问题。2013 年 10 月，在参议院司法委员会的听证会上，普林斯顿大学的 Ed Felten 解释了元数据如何让隐私的故事完全公开：

虽然这些元数据给人的第一印象可能只是与拨打的号码有关的信息，但对电话元数据的分析往往揭示出传统上只能通过检查通信内容才能获得的信息。也就是说，元数据通常是内容的代理。

在最简单的例子中，某些电话号码只用于一个目的，这样的话，任何联系都会泄露来电者的基本信息，通常是敏感信息。例如，为家庭暴力和强奸的受害者设立的支持热线。同样，有许多为想要自杀的人提供的热线，包括为急救人员、退伍军人提供特殊服务，也为各种形式的成瘾者（如酒精成瘾者、吸毒者和赌徒）设立了热线。

同样，几乎每个联邦机构（包括国家安全局）的监察长，都设有举报不当行为、浪费和欺诈的热线电话。同时，许多州的税务机构都有专门的举报骗税的热线。此外，还设立了举报仇杀、纵火、非法火器和虐待儿童的热线。在以上所有这些情况下，仅元数据就传达了大量关于电话内容的信息，即使在没有更进一步的信息的情况下。

显示有人拨打了性侵犯热线或税务欺诈举报热线的电话记录，当然不会透露这些电话中说的确切话语，但与这些号码中的任何一个进行了 30 分钟的通话记录，仍然会透露某种几乎所有人都会认为极其隐私的信息。

社交网络中的显性和隐性联系也是如此。当人们明确地提供联系时，人际关系就更容易建立。例如，Facebook 的点赞功能可以用来准确预测性别、种族背景、性取向和政治倾向等特征。这表明可以从社交网络用户免费提供的信息中做出推断。

Facebook 上的"赞"按钮，以及 Twitter、LinkedIn、YouTube 和其他网络上的类似按钮，让跟踪和关联变得更加容易。点击页面上的社交图标，会揭露你正在看这个页面，它实际上是一个广告图像，虽然是可见而不是隐藏的，但这会让供应商有了发送 cookie 的机会。

个人信息会从社交网络和其他网站泄露，甚至包括没有注册过这些网站用户的人。例如，当我收到一个善意的朋友发来的参加聚会的电子邀请函时，运营"邀请"服务的这个公司现在便掌握了我的电子邮件地址，即使我没有回应邀请或以任何方式允许使用我的地址。

如果有朋友在 Facebook 上发布的图片中标记了我，则我的隐私已在未经我同意的情况下受到损害。Facebook 提供了人脸识别功能，让好友之间可以更轻松地相互标记，并且默认允许不需要被标记对象的许可就能进行标记。看来我唯一可以控制的是，可以选择不让 Facebook 提示我被标记，但不能选择不被标记。Facebook 的标记功能说明如下：

When you turn your face recognition setting on, we'll use face recognition technology to analyze photos and videos we think you're in, such as your profile picture and photos you've already been tagged in, to create a template for you. We use your template to recognize you in other photos, videos and other places where the camera is used (like live video) on Facebook.

When you turn this setting off: [...] We won't use face recognition to suggest that people tag you in photos. This means that you'll still be able to be tagged in photos, but we won't suggest tags based on a face recognition template.

我根本不用 Facebook，因此很惊讶地发现我"拥有"一个 Facebook 页面，显然是由维基百科自动生成的。这让我很恼火，但我也无能为力，只能希望人们不要认为我支持它。

任何拥有大量用户的系统都很容易在其直接用户之间创建一个互动的"社交图"，还可以包括那些未经用户同意、甚至不知情而间接引入的用户。在所有这些情况下，个人都没有办法提前避免问题，而且一旦产生了信息，就很难删除这些信息。

仔细想想你告诉世界的关于你自己的信息。在发送邮件、发帖或发微博之前，暂停片刻，问问自己：如果你的文字或图片出现在《纽约时报》头版或电视新闻节目的头条，你是否会介意。你的邮件、短信和推文很可能会被永久保存，并可能在几年后出现在一些令人尴尬的情形下。

11.4　数据挖掘和聚合

互联网和 Web 已经引发了人们收集、存储和展现信息的革命。搜索引擎和数据库对每个人都具有不可估量的价值。很难想象没有互联网我们如何进行这些的。海量数据（"大数据"）为语音识别、语言翻译、信用卡欺诈检测、推荐系统、实时交通信息和许多其他极具价值的服务提供了原材料。

但是，网络数据的激增也有一些很大的缺点，尤其是那些可能会过多暴露我们的信息如果传出去，会相当麻烦。

有些信息明显就是公开的，还有些信息收集起来就是为了供人搜索和索引的。如果我为这本书创建了一个网页，那么我肯定希望人们通过搜索引擎可以很容易地发现它。

那怎么看待公共档案呢？法律上，某些信息任何人通过申请都可以查阅。在美国，这些信息包括可以公开的庭审记录、抵押文件、房价、地方房产税、出生和死亡记录、结婚证、选民名单、政治捐助等。（请注意，出生记录会透露出生日期，而且很可能会暴露"母亲的娘家姓"，这通常是用于验证身份的一部分信息。）

在很早以前，要得到这些信息必须亲自前往当地政府办公室查阅。因此，虽然这些档案在规定上是"公开"的，但不付出点努力也不可能访问到。谁要想获得这些数据，就得亲自跑一趟，或许需要出示身份证件，要想复制一份可能还得花点钱。今天，这些数据通常上网就可以得到，并且我可以坐在自己家里就可以匿名轻轻松松地查阅这些公共档案。我甚至可以运营一个业务，大量收集汇总这些信息，然后与其他信息整合起来。比如流行的网站 zillow.com，就整合了地图、房地产广告，以及有关财产和交易的公开数据，在地图上直观地显示房价。如果一个人想买房或者想卖房，这就是一个很有价值的服务；否则，可能会被认为它过多地暴露他人的信息。还有类似的网站添加了关于当前和过去居民的信息，他们的选民登记信息，以及作为一个挑逗性玩笑，还添加了潜在犯罪记录的暗示。通过查询联邦选举委员会（Federal Election Commission，FEC）的选举捐款数据库（fec.gov），可以知道哪位候选人得到哪些朋友和要人的捐赠，或许可以查到他们的家庭住址等信息。这种做法达成了一种令人不安的平衡，它更倾向于公众的知情权，而不是个人的隐私权。

什么样的信息才应该让人如此轻而易举地得到？这个问题很难回答。政治捐款应该公开，但捐赠者家的门牌号码可能就应该稍加隐藏。包含美国社会保险号等个人身份识别信息的公共档案似乎不该放在网上，因为这就给身份盗用打开了方便之门。逮捕记录和照片有时是公开的，有一些网站会显示这些信息；他们的商业模式是向想要删除图片的人收费！目前已有的法律无法完全阻止这类信息的公布，而且在很多情况下，如同一匹马已经离开了马厩——一旦上了网，信息很可能永远在网上。

随着在多个各不相关的来源都能查到同一类信息，这个问题就变得愈发严重了。比如，很多提供 Web 服务的公司都有自己大量的客户信息。搜索引擎会记录所有查询，以及查询来自的 IP 地址和上次访问的 cookie。

2006 年 8 月，AOL 出于好意而公开了一大批查询日志样本供研究。这些日志涉及三个多月以来 65 万用户的 2 000 万次的查询，并且已经做了匿名处理，因此从理论上讲，任何可以用于辨识个人身份的信息都已经彻底删除。尽管是善意之举，但人们也很快就发现这些日志在实践中不会像 AOL 认为的那样做到完全匿名。每个用户在查询时都会被赋予一个随机但唯一的标识符，这就很容易知道同一个人的查询序列。进而，又使我们能够识别出至少几个独一无二的个体信息。因为不少人都搜索过自己名字、地址、社会保险号以及其他个人信息，通过搜索相关性分析暴露出来的信息比 AOL 认为的多，也肯定比原始用户自己希望给出的信息多得多。AOL 很快从它的网站上删除了这些日志，当然为时已晚。这些数据早已被传播得满世界都是了。

查询日志包含了对经营业务和改进服务有价值的信息，但很明显其中可能包含敏感的个人信息。搜索引擎应该保留这样的信息多长时间呢？这里有相互矛盾的外部压力：考虑个人隐私则保留的时间应该短，而考虑执法目的则保留的时间应该长。这些公司内部该对数据进行怎样的处理，才使之匿名程度更高呢？虽然一些公司声称会删除每条查询对应 IP 的部分信息（一般是最右边那一字节），但仅仅如此似乎还不足以达到反识别用户的目的。政府机构应该如何获取这些信息？在民事诉讼中会查询到多少信息？所有这些问题还远没有明确的答案。AOL 公布的查询日志中有些是很吓人的，比如有人查询怎么杀死自己的配偶。因此，在有限的情景下向司法机关开放这些数据是合理的，但问题是这个限度应该放多大，很难确定。与此同时，有少数搜索引擎表示他们不保存查询日志；DuckDuckGo 是其中使用最广泛的。

　　AOL 的故事揭示了一个普遍的问题，即真正做到数据匿名化是非常困难的。删除身份识别信息可以降低识别度，单就特定的数据而言，确实无法识别一个特定的用户，因此它应该是无害的。但现实当中信息的来源是多方面的，把多个来源的信息组合起来则很可能推导出更多身份特征。而且某些来源的信息甚至连提供者自己都不知道，这些信息将来也未必还能找得到。

　　一个著名的早期例子生动地展示了这个再识别问题。1997 年，当时在麻省理工读博士的拉坦娅·斯威尼（Latanya Sweeney）分析了马萨诸塞州 135 000 名雇员的体检记录，这些记录都做了反识别处理。数据来源是该州的保险委员会，可用于研究目的，甚至被卖给了私人公司。每条体检记录中除了包含大量其他信息外，都有生日、性别和目前的邮政编码。斯威尼发现有 6 个人的生日都是 1945 年 7 月 31 日，其中 3 个是男性，而只有 1 人住在坎布里奇（Cambridge）。把这些信息和公开的选民登记名单结合起来，她便知道了这个人就是时任州长威廉·韦尔德（William Weld）。

　　这些都不是孤立的事件。2014 年，纽约市出租车和豪华轿车委员会（New York City Taxi and Limousine Commission）发布了 2013 年纽约市所有 1.73 亿次出租车出行的匿名数据集。但这并没有做很好的处理，所以可以对这一过程进行逆向工程，从而根据出租车的牌照号码，重新关联上每趟旅程所对应的那辆出租车的信息。这时，一名有心的数据科学实习生发现，他可以找到名人上出租车的照片，这些照片上的车牌号码是可见的。这足以重现十几次旅行的细节，甚至包括小费的金额。

人们很容易相信没有人能解开某些秘密，因为他们知道的不够多。这些例子说明，通过组合原本从未被一起检查过的数据集，通常可以产生很多新的东西。对手知道的信息可能比你想象的更多，即使他们现在还不知道，随着时间的推移，更多的信息会变得可用。

11.5 云计算

回顾一下第 6 章介绍的计算模型。相信你至少有一台电脑，也许更多。你使用不同的软件来完成不同的任务，比如用 Word 来创建文档、用 Quicken 或 Excel 进行个人理财、用 iPhoto 管理照片。虽然这些软件在你自己的电脑上运行，但它们有可能会上网使用某些服务。你可以时不时地下载一个修复了已知漏洞的新的版本，偶尔还会为了得到某些新功能而购买它们的升级版。

这种计算模型的本质是程序及其数据都保存在你自己的计算机中。如果你在一台计算机上修改了文件，然后想在另一台计算机上使用该文件，那得自己想法办拷过去。如果你在公司或在旅途中，突然需要一个保存在你家里计算机中的文件，那就算你运气不好了。如果你想在一台 Windows 系统的 PC 上和一台 Mac 上都使用 Excel 或 PowerPoint，那就得一台机器买一个。更不要去考虑使用你手机的情形了。

现在，一种不同的计算模型越来越普及，那就是使用浏览器或者手机来访问和操作在因特网服务器上保存的信息。Gmail 和

Outlook 等邮件服务是最常见的例子。任何计算机，甚至很多手机都可以收发邮件。当然，把在本地写的邮件上传到服务器，或把邮件下载保存到本地文件系统都没问题，但更多的时候，你只要把邮件保存在服务器上就行了。不用考虑升级软件，但新功能照样不期而至。与朋友保持联系并查看他们的照片通常是通过 Facebook 完成的；对话和图片都存储在 Facebook 上，而不是你自己的电脑上。而且这些服务几乎全都是免费的，唯一的"成本"就是在你看邮件或者登陆某个网站以查看你的朋友在做什么的时候瞄两眼广告。

这种模型通常被称为云计算（cloud computing），也就是把因特网比喻成了不会固定在某个地理位置的"云"（见图 11.7），而信息都保存在"云端"。邮件和社交网络是最常见的云服务，但其他类型的也非常多。比如，Dropbox、Twitter、LinkedIn、YouTube，以及在线日历等。数据不是保存在本地，而是保存在云上。换句话说，就是保存在服务提供商的服务器上，比如你的邮件和日历在谷歌服务器上，你的照片在 Dropbox 或 Facebook 服务器上，你的简历在 LinkedIn 上等。

图 11.7　云

云计算的实现可能有赖于一系列因素。个人计算机能力越来越强，浏览器也是如此。现在的浏览器已经可以高效地运行涉及大量显示要求的大型程序，而编程语言使用的仍然是解释型的JavaScript。与 10 年前相比，服务器到客户端的带宽和延迟有了明显改善。这就为快速地发送和取回数据提供了可能，甚至可以在你输入时对单个按键做出响应，以提示搜索词。于是，原先必须依靠独立的软件才能处理好的大部分用户交互功能，现在通过浏览器就可以搞定，而且可以把大量数据保存在服务器上，并进行任何繁重的计算。这种组织方式也适用于手机，并且不需要下载应用程序。

以浏览器为基础的系统，其响应速度可以几乎与桌面应用一般无二，但却可以访问保存在任何地方的数据。想想谷歌的基于云的"办公"工具吧，它提供了文字处理、电子表格和 PPT 程序，而且支持随处访问和多用户同步更新等功能。

这里面最有意思的问题是，云办公系统最终能否抢滩桌面版。不用说，微软最关心这个问题，因为其 Office 产品收入在总收入中占有很大份额。而且，Office 主要在 Windows 上运行，而 Windows 又是微软另一个主要收入来源。浏览器版的文字处理和电子表格应用不依赖微软的任何产品，因而直接威胁这两块核心利益。目前，Google Docs 及类似的系统还不具备 Word、Excel 和 PowerPoint 的全部功能。然而，纵观技术发展史，一个明显不如前一代产品完善的新产品，从更完善的老产品那抢夺用户，逐渐将其挤出市场，这样的事例俯拾皆是。微软显然意识到了这个问题，而且事实上也提供了称为 Office 365 的 Office 的云端版本。

基于 Web 的服务对微软和其他供应商很有吸引力，因为它很容易实行订购模式，用户必须为了可以访问持续支付费用。然而，消费者可能更喜欢一次性购买软件，并在必要时支付升级费用。比如我吧，仍然在旧的 Mac 电脑上使用 2008 版的 Microsoft Office。它运行得很好，而且（值得微软称赞的是）还会偶尔进行安全更新，所以我并不急于升级。

云计算依赖客户端的快速处理能力和大量内存，以及连接到服务器端的高带宽。客户端代码用 JavaScript 编写，这通常会很复杂。JavaScript 代码无疑会要求浏览器快速刷新图形显示，并对用户的一些操作（如拖放）和服务器端操作（如更新内容）迅速做出响应。要做到这一点很困难，而浏览器和 JavaScript 各版本的不兼容则使事情更糟。为了解决这个问题，开发人员必须找到一种好办法，从而将合适的代码传送给不同客户端。不过，这两方面的问题都会得到解决，因为计算机处理速度越来越快，而标准也越来越得到广泛支持。

云计算可以在执行计算的位置与处理期间信息驻留的位置之间进行权衡。比如，为了让 JavaScript 代码独立于特定的浏览器，可以在代码中使用条件判断，类似于"如果当前浏览器是 Firefox 版本 75，则执行如下代码；如果是 Safari 12，则执行如下代码；否则，执行另外的代码"。这种代码经常一写就是一堆，这意味着需要更大的带宽来将 JavaScript 程序发送到客户端。同时，额外的检测也会导致浏览器运行变得更慢。换一种做法，服务器可以询问客户端正使用什么浏览器，然后只将适合特定浏览器的代码发过来。这样可以保证代码可以更加简洁，运行得更快。当然，对于小程序而言，差别可能不明显。

网页内容可以不压缩就发送，这样前后端处理速度会很快，但占用网络带宽较多。另外一种选择是进行压缩，这样占用的带宽更少，但会要求在两个端点进行处理。有时候，只在一端压缩也可以。比如对大型 JavaScript 程序，开发人员会经常去除所有不必要的空格，使用两个字母来代替变量和函数名，以此来压缩代码。虽然压缩后人很难看懂，但丝毫不影响客户端的计算机的执行。

尽管技术实现上有一些挑战，但你如果经常上网，则云计算对你而言好处多多。软件任何时候都保持最新版本，信息保存在由专业人员管理的服务器上，而且容量不成问题。客户端数据随时进行备份，丢失信息的几率大大降低。任何文档可以只有一份，而不是在多个电脑里保存许多不一致的版本。共享文档很容易，并支持实时协作。它在价格方面无人能及，个人消费者通常可以免费使用，但企业客户可能要付费。

另一方面，云计算也带来了难以保护隐私和安全的问题。谁掌控着保存在云端的数据？谁可以读取它，什么情况下可以读取它？如果信息被意外泄露是否需要承担责任？那些已经去世的人的账户怎么处理？谁有权强制公开数据？比如，在什么情况下，你的邮件服务商可以自愿或在法律诉讼的压力下向政府机关公开你的通信记录，或者在打官司时这么做？如果真发生了这种事，你会知道吗？在美国，通过所谓的"国家安全函"（National Security Letter），公司可能被禁止告诉客户，他们是被政府要求提供信息的对象。这个问题的答案与你住在哪里有什么关系？如果你住在欧盟国家，那里关于个人数据隐私的规定相对严苛，而你的云端数据保存在美国的服务器上，受《爱国者法案》(Patriot Act) 管制，那该怎么办？

这些问题可不是凭空臆想出来的。身为大学教授，我自然有权读取通过邮件发过来的和保存在大学计算机中的学生私人信息，当然包括成绩，偶尔还有个人和家庭的敏感信息。我使用微软的云服务来保存我的成绩册和信件合法吗？如果由于我个人方面的原因，导致这些信息可以被全世界看到，那会有什么后果？如果微软收到执法部门的传票，要求查询某个或一批学生的信息，那又该如何？我不是律师，也不知道答案。可是我担心这些事发生，所以我不使用云服务来保存学生档案和通信记录。如果我把这些信息都保存在学校配给我的计算机里，那至少由于单位管理疏忽或错误导致某些个人隐私泄露，我应该得到某种程度的保护而免责。当然，如果是我自己把事情搞砸了，那么无论数据保存在哪里，我都难辞其咎。

谁可以看你的邮件，在什么情况下可以呢？这个问题部分涉及技术，部分涉及法律，而从法律角度出发的回答取决于你居住在哪个司法管辖区。在美国，我的理解是，如果你是一名公司员工，你的老板可以随便看你公司账号下的邮件，不用跟你打招呼，这不犯法。无论你的邮件是否与公司业务有关，老板都有这个权力。从理论上讲，你的邮件账号是老板为方便你开展工作才给你开设的，因此他有权确保这个便利工具被用于开展业务，而且遵循公司的规定和法律条款。

我的邮件通常没啥吸引人的地方，但如果校领导没有严肃的原因随便就看，那即使他们有这个权力我也会非常不舒服。如果你是学生，你应该知道很多大学都把学生邮件当成个人隐私，就像学生的纸质信件一样。根据我的经验，学生除了转发之外都不太常用他们的校园邮箱，他们把所有邮件都转到 Gmail。许多大学，包括我所在的大学，都默认了这一事实，将学生邮件外包给外部服务机构。这些账户旨在与一般服务分开，遵守学生隐私的规定，并且不含广告，但数据仍然由提供商一方保存。

如果你像大多数人一样通过 ISP 或云服务来托管自己的个人邮箱（比如，使用 Gmail、Outlook、Yahoo 以及许多其他邮件服务），那隐私问题就只涉及你和这些服务。一般来说，这些服务商都公开宣称用户的邮件属于隐私。因此，除非接到法律方面的要求，他们一般不会查看或泄露你的邮件。可他们也不会说明是否会坚决地抵制那些过于宽泛的传票，或拉大旗做虎皮以"国家安全"名义提出的非正式要求。这些完全取决于服务商自己抗拒强权的意愿。美国政府想要更方便地访问邮件，在 9·11 之前的名义是打击有组织犯罪，之后则是反恐。在任何恐怖事件发生后，这类获取渠道的压力都在稳步增加，而且是急剧增加。

例如，2013 年，一家名为 Lavabit 的为客户提供安全邮件的小公司被要求在公司网络上安装监控，以便美国政府能够访问邮件。政府还命令交出加密密钥，并告诉密钥的所有者拉达尔·列维森（Ladar Levison），他不能告诉他的客户发生了这样的事情。列维森拒绝了，他辩称自己被剥夺了正当法律程序。最终，他选择关闭自己的公司，而不是打开客户的邮件。后来有证据表明政府在追踪一个账户的信息，那就是爱德华·斯诺登。

现在，你可以选择 ProtonMail 作为替代。这家公司承诺保护隐私，它选择把总部设在瑞士，当然是为了忽略来自其他国家的获取信息的请求。但任何公司都可能发现自己受到政府机构和商业金融压力的挤压，无论它在哪里。

抛开隐私和安全问题，亚马逊或者其他云服务提供商还应该负有什么责任？如果因为一个配置错误导致 AWS 的服务慢了一整天，那么 AWS 客户有什么追索权？标准的做法是将这些内容写到服务协议中，但协议并不能保证高质量服务，它只能在出现严重问题时为打官司提供一个法律依据。

服务提供商对其客户有什么义务呢？什么时候应该站起来战斗，什么时候可能会向法律威胁或来自"权威人士"的声音低头？诸如此类的问题还可以提出很多，但极少能给出明确的回答。政府和个人总是想要更多关于别人的信息，同时又试图减少关于自己的信息。包括亚马逊、Facebook 和谷歌在内的许多大公司现在都发布了"透明度报告"，给出政府要求删除信息、提供用户信息、删除侵犯版权的内容以及类似行为的大致次数。除此之外，这些报告还提供了一些诱人的线索，表明主要商业实体反击的频率以及理由是什么。例如，2019 年谷歌收到了 16 万多份政府要求提供约 35 万个用户账户信息的请求。它披露了其中大约 70% 的"一些信息"。Facebook 也报告了类似数量的请求和信息披露。

11.6　小结

当我们使用技术时，我们创造了大量而详细的数据流，比我们想象的要大得多。它们被用于商业用途，如共享、合并、研究和销售，远远超出我们所意识到的。这是对我们习以为常的有价值的免费服务的回报，比如搜索、社交网络、手机应用程序和无限的在线存储。公众对数据收集程度的认识（尽管还远远不够）正在提高。广告拦截器现已被足够多的人使用，以至于广告商开始注意到这一点。考虑到广告网络经常是无意中提供恶意软件的供应商，因此屏蔽广告是小心谨慎的做法，但如果每个人都开始使用 Ghostery 和 Adblock Plus，还不清楚会发生什么。我们所熟知的万维网会停止发展吗？还是会有人发明出其他商业模式来支持谷歌、Facebook 和 Twitter？

数据也被收集起来供政府使用，从长远来看，这似乎更有害。政府拥有商业企业所没有的权力，因此也更难以抵制。人们试图改变政府行为的方式因国而异，但在所有情况下，先了解情况都是良好的第一步。

20 世纪 80 年代初期，AT&T 曾有一句效果很好的广告语："举手之劳，无不可及"（Reach out and touch someone）。今天，Web、电子邮件、文本消息、社交网站、云计算都可以实现这个愿景。有时候，这幅图景很美好。你可以在比以前大得多的圈子里交朋友，分享自己的兴趣爱好。与此同时，举手之劳的行为会让你受到来自全世界的关注和接触，不是每个人都把你的最大利益放在心上。垃圾邮件、欺诈、间谍软件、病毒、追踪、监视、冒名顶替，以及泄漏你的隐私信息，甚至遗失财产，种种不幸都会接踵而来。小心谨慎才是明智之举。

第12章

人工智能和机器学习

"如果一台计算机能思考、学习和创造，那它将依靠赋予它这些能力的程序。……它将是这样一个程序，能通过某种方式分析其自身的性能，诊断其故障，并做出改变，以增强其未来功能的有效性。"

——赫伯特·西蒙,《管理决策新科学》, 1960 年

"我的同行们都在研究人工智能，而我呢，却在研究人们与生俱来的愚蠢。"

——现代行为经济学创始人阿莫斯·特沃斯基
（1937—1996），摘自 2019 年 4 月的《自然》杂志

如果我们把稳定增长的计算能力和内存应用于大量数据，并引入一些复杂的数学，就有可能解决人工智能领域许多长期存在的问题：让计算机按照我们通常认为只属于人类独有的方式运行。

真正取得实际应用效果的人工智能相对较新，尽管它的历史根源可以追溯到 20 世纪 50 年代。今天，这个领域是时髦词汇、

炒作、一厢情愿和相当多的真正成就的混合体。人工智能、机器学习和自然语言处理（AI、ML、NLP）在以下领域已经非常成功：游戏（比人类棋手更出色的国际象棋和围棋的程序）、语音识别和合成（想想 Alexa 和 Siri）、机器翻译、图像识别和计算机视觉，还有自动驾驶汽车等机器人系统。Netflix 和 Goodreads 使用的推荐系统将人们的目标锁定在新电影和新书上，而亚马逊向顾客推荐的相关商品列表无疑为公司的盈利做出了很大贡献。垃圾邮件检测系统达到了不错的效果，尽管跟上垃圾邮件发送者技术的步伐是一项永无止境的任务。

图像识别系统可以非常有效地分离出图像的组成部分，然后给出这些组成部分是什么，尽管它们经常被愚弄。用于识别癌细胞、视网膜疾病等类似疾病的医学图像处理有时与普通临床医生一样好，尽管还不如最专业的专家。人脸识别技术用于打开手机和开门方面已经卓有成效，尽管它可能（而且经常）被滥用于商业和政府目的。

这个领域有很多术语，各种说法有时会混为一谈。为了做好准备，这里给出一些术语的简单解释。

人工智能（artificial intelligence）包含的范畴较为广泛，指使用计算机来做我们通常认为只有人类才能做的事情的："智能"是我们人类赋予自己的荣誉，而"人工"意味着计算机也在做这件事。

机器学习（machine learning）是人工智能的一个子领域，该技术被用于训练算法以便它们能够做出自己的决定，从而执行一些我们称之为 AI 的任务。

机器学习与统计学不同，尽管它们有交叉之处。简而言之，在统计分析中，我们对产生一些数据的某种机制进行建模，然后试图找到最吻合该数据的模型参数。相比之下，机器学习系统不假设一个模型，而是试图找到数据中的关系。通常机器学习系统应用于更大的数据集。统计学和机器学习都具有概率性：它们给出的答案有一定的概率是正确的，但不能保证完全正确。

深度学习是机器学习的一种特殊形式，它使用的计算模型，至少从比喻意义上说，类似于我们自己大脑中的神经网络。深度学习的实现松散地模仿人类大脑的处理方式：一组神经元用于检测低级特征；它们的输出为其他神经元提供输入，这些神经元根据较低水平的特征识别较高水平的特征，以此类推。随着该系统的不断学习，一些神经元之间的联系被加强，而另一些被削弱。

深度学习是一种高效的方法，尤其是对计算机视觉。它是机器学习研究最活跃的领域之一，有大量不同的模型。

关于这些话题有无数的书籍、学术论文、热门文章、博客和教程，即使一个人在生活中只专注于此，也很难跟上这个领域的最新发展。本章是机器学习的一个快速概述，我希望它能帮助你理解一些术语，机器学习是用来干什么的，目前主要的一些系统是如何工作的，它们运行的效果如何，以及很重要的一点，它们在什么情况下会失败。

12.1　历史背景

早在 20 世纪中期，那还是计算机发展的早期，人们就开始思考如何使用计算机来执行通常只能由人类完成的任务。其中一个显著的目标是让计算机玩像西洋跳棋、国际象棋这样的游戏，其优点是规则完全明确，而且有很多人对此感兴趣并具有专家资格。另一个目标是将一种语言翻译到另一种语言，这个目标显然更困难，但更加重要。例如，从俄语到英语的机器翻译在冷战时期是一个关键事务。其他应用包括语音识别和生成、数学和逻辑推理、决策和学习过程。

研究这些课题的资金很容易获得，通常来自美国国防部等政府机构。我们已经看到了国防部资助早期网络研究的价值，这些研究导致了互联网的发展。人工智能的研究也受到了同样的激励和慷慨的支持。

我认为把 20 世纪 50 年代和 60 年代的人工智能研究定性为天真乐观是合理的。科学家们认为突破指日可待。他们认为再过五年或十年，计算机就能准确地翻译语言，并在国际象棋比赛中战胜最优秀的人类棋手。

当时我只是一名本科生，但我发现这个领域以及潜在的发展很吸引人，并且我的毕业论文就是关于人工智能的。遗憾的是，我再也找不到这本论文了，不知道遗失在哪里了，而且我也不记得当时我分享了多少乐观情绪。

但几乎每个人工智能应用都比想象的要困难得多，"再花 5 年或 10 年"总是如此。结果是，研究成果寥寥，资金耗尽，这一领域沉寂了 10 年或 20 年，这一时期后来被称为"人工智能的冬天"。然后，在 20 世纪 80 年代和 90 年代，人们开始采用一种不同的方法，即专家系统或基于规则的系统。

在专家系统中，领域专家写下大量的规则，程序员将这些规则转换成代码，然后计算机应用它们执行一些任务。医学诊断就是一个流行的应用领域。医生会制定规则来判断病人的病情，然后程序就可以进行诊断，从而支持、补充，甚至在理论上取代真正的医生。例如，早期的例子之一，一个被称作 MYCIN 的程序，被设计用于诊断血液感染。它使用了大约 600 条规则，至少和全科医生一样好。MYCIN 是由爱德华·费根鲍姆开发的，他是专家系统的先驱之一；由于在人工智能方面的杰出工作他获得了 1994年的图灵奖。

专家系统确实在一些领域取得了一些成功，包括客户支持、机械系统的维护和维修，以及其他关注的领域，但最终人们发现，专家系统也有一些大的局限性。在实践中，很难收集到一套全面的规则，而且有太多的例外。该技术不能很好地扩展到大型主题或新的问题领域。规则需要随着条件的变化或理解的提高而更新。例如，就想想 2020 年的情形，如果医生遇到高烧、喉咙痛和严重咳嗽的病人时，他们的决策规则是如何改变的。曾经可能是普通的感冒，可能伴随着轻微的并发症，但在这年就很可能是新冠肺炎，这是一种高度传染性的疾病，对患者和医护人员而言都有严重风险。

12.2　经典机器学习

机器学习的基本思想是给一个算法输入大量的示例，从而让它自己"学习"，不需要给定规则，也不需要明确编程来解决特定的问题。在最简单的形式中，我们为程序提供一组训练示例，并给这些示例标记了它们的正确值。例如，我们不是试图发明如何识别手写数字的规则，而是用大量的样本数字的图片去训练一个学习算法，每个数字的图片都标有其数值，算法利用在训练数据上的成功和失败来学习如何结合训练数据的特征来获得最佳的识别结果。当然，"最佳"并不是必然的，机器学习算法试图提高获得良好结果的概率，但不保证结果能完美无缺。

训练结束后，算法根据从训练集中学到的知识对新的条目进行分类或预测它们的值。

基于标记数据的学习称为监督学习（supervised learning）。大多数监督学习算法都有一个共同的结构。它们处理大量标有正确类别的例子，例如，某些文本是否为垃圾信息，图片中出现了哪种动物，或者房子的可能价格。该算法确定参数值，使其能够基于该训练集做出最佳分类或预测。实际上，它学习了如何从示例中进行归纳。

我们仍然需要告诉算法哪些"特征"与做出正确的决策有关，但不需要告诉算法如何权衡或组合这些特征。例如，如果我们试图过滤电子邮件，我们需要以某种方式获得与垃圾邮件内容相关的特征，比如垃圾邮件单词（"免费!"）、已知的垃圾邮件主题、奇怪的字符、拼写错误、不正确的语法等。这些特性都不是单独确定的，但只要有足够多的标记数据，算法就可以开始将垃圾邮件与非垃圾邮件区分开来，至少在垃圾邮件制造者做出相应改变之前是这样。

手写数字识别是一个众所周知的技术。NIST，即美国国家标准与技术研究所，提供了一个包含 60 000 张训练图像和

10 000 张测试图像的公共测试套件。图 12.1 显示了一个小示例。机器学习系统在这些数据上表现很好：在公开比赛中的错误率低于 0.25%，也就是说，大约 400 个字符中会有一处错误。

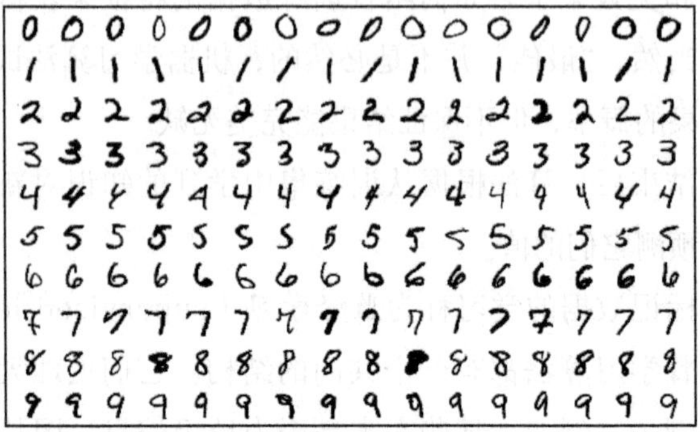

图 12.1 NIST 手写数字样本（引自 Wikipedia）

机器学习算法在很多方面都可能失败——例如，"过拟合"，即算法在训练数据上表现良好，但在新数据上表现很差。我们可能没有足够的训练数据，或者我们可能有一组错误的特征集合。或者算法产生的结果可能会证实训练数据中存在着偏差。这在刑事司法应用中是一个特别敏感的问题，比如量刑或预测再犯，但只要是算法在做关于人的判断基本都是如此：信用评分、抵押贷款申请和履历。

垃圾邮件检测和数字识别是**分类**的例子，即将条目放入正确的类别。**预测**算法试图预测一些数值，比如房价、体育比分或股市趋势。例如，我们可能试图根据核心特征，像是位置、年龄、居住面积和房间数量来预测房价；更复杂的模型，比如 Zillow 使用的模型，能添加类似房屋以前的销售价格、社区特征、房地产税和当地学校的质量等特征。

与监督学习相比，**无监督学习**使用的是未标记的训练数据，即没有标记或做了任意标记的数据。非监督学习算法试图在数据中找到模式或结构，根据它们的特征对条目进行分组。有一种流行的算法——k-means 聚类，该算法尽最大努力将数据分配给 k 组，其方式是最大化同一组中各个条目的相似性，同时最小化一组与另一组之间的相似性。例如，为了确定文档的作者身份，我们可以假设有两个作者。我们选择潜在相关的特征，如句子长度、词汇量、标点符号风格等，并让聚类算法尽可能地将文档分成两组。

无监督学习对于识别某些数据项组中的异常值也很有用。如果大多数条目以某种明显的方式聚集在一起，但也有少数条目不是这样，它们可能代表需要进一步检查的数据。例如，假设图 12.2 中的人造数据表示信用卡使用的某个方面。大多数数据点都属于这两大聚类中的一个，但也有一些不是。它们可能是正常的数据——聚类不需要是完美的，但它们也可能是欺诈或错误的例子。

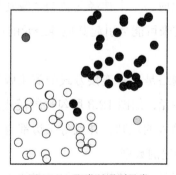

图 12.2 聚类以识别异常

无监督学习的优点是不需要进行昂贵的标记或具有标记的训练数据，但它并不适用于所有情况。它需要找出一组与集群相关的有用特性，当然也需要对集群的数量有一个合适的斟酌。以我个人为例，我曾经做过一个实验，看看如果我使用标准的k-means 聚类算法将大约 5 000 张人脸图像分成两个聚类会发生什么。我天真地希望，这可能会按性别对人口进行分组。从经验上看，它的正确率似乎达到了 90%，但我不知道它的结论是基于什么，我在错误中也看不到明显的模式。

12.3 神经网络和深度学习

如果计算机能模拟人脑的工作方式，它们就能在智力任务上表现得和人类一样好。这是人工智能的圣杯，人们已经尝试这种方法很多年了。

大脑的功能是基于神经元的连接，神经元是一种特殊的细胞，对触摸、声音、光线或其他神经元的输入等刺激做出反应。当它的输入刺激足够强时，一个神经元就会"激发"并在其输出端上发出信号，这反过来可能会引起其他神经元的反应。（这当然过于简单化了。）

计算机神经网络是这种连接方式的简化版本，基于以规则模式连接的人工神经元，如图 12.3 所勾勒的模式示意。每个神经元都有一个合并其输入的规则，并且每条边都有一个权值，权值应用于沿着这条边传递的数据。

神经网络并不是一个新概念，但早期的研究并没有产生足够

有效的结果，因此神经网络没有得到推崇。然而，在 20 世纪 80
年代和 90 年代，少数研究人员坚持继续研究神经网络。到 21 世
纪初，出乎大多数人所料，人工神经网络在图像识别等任务上表
现出了比现有最好的技术更好的效果。大部分机器学习的最新进
展是基于神经网络。2018 年图灵奖颁给了这些坚持不懈的科学家
中的三位杰出者：约书亚·本吉奥（Yoshua Bengio）、杰弗里·辛
顿（Geoffrey Hinton）和杨立昆（Yann LeCun）。

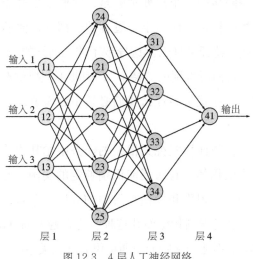

图 12.3　4 层人工神经网络

　　这种网络的核心思想是，前面的层识别低级特征，例如识别
可能是图像边缘的像素模式。后面的层识别更高级的特征，比如
物体或颜色区域，最后的层识别像猫或脸这样的实体。深度学习
中的"深度"一词指的是神经元有多层；根据特定的算法，可能
只有几层，也可能是十几层或更多。

从图 12.3 的图中看不出网络内部计算的复杂性，也没有展示出网络中的信息向前和向后流动的事实。网络通过迭代处理和更新每个节点的权值，提高了网络在每一层的识别能力。

网络通过反复处理输入和生成输出进行学习，进行大量的迭代。在每次迭代中，算法测量神经网络所做的与我们希望它做到的之间的误差，并修改权值，以尽量减少下一次迭代的误差。当训练时间耗尽，或者权重变化不大时，它就会结束计算。

关于神经网络的一个重要观察是，它们不需要给定一组特征来在其中寻找。相反，作为学习过程的一部分，他们会自己发现特征，不管这些特征是什么。这导致了神经网络的一个潜在缺点：它们不能解释它们所识别的"特征"，因此不能提供对其结果的具体解释或理解。这就是为什么我们必须小心谨慎，不要盲目依赖它们的原因之一。

深度学习在与计算机视觉相关的任务中尤其成功，即让计算机识别图像中的物体，有时还能识别特定的实例，比如人脸。例如，谷歌地图可以识别和模糊街景中的人脸、车牌，有时还可以模糊门牌号。这是识别特定面孔这种较为普遍的问题的简化版本，因为即使模糊了不是一张脸的东西也没有什么关系。

计算机视觉是许多机器人应用的核心，特别是自动驾驶汽车，显然必须能够解读周围的世界，而且必须以很快的速度完成这一任务。

与此同时，人脸识别尤其引起了大量的关注。显而易见是，它会极大地增加监控的潜力，但人脸识别也能实现微妙的歧视。大多数人脸识别系统对有色人种的识别都不准确，因为训练图像的多样性不够。2020 年，在全球范围内反对种族主义的抗议活动中，大公司宣布完全退出该领域的计划（IBM）或暂停向执法部门提供面部识别技术（亚马逊、微软）。这些公司都不是该领域的大玩家，因此没有太大的商业影响，但也许其象征意义是更标志了更深层次的承诺。

深度学习最引人注目的成功之一，是创造出了能出色玩国际象棋和围棋等最难的人类游戏的算法，而且比最优秀的人类棋手更出色。它们不仅比人类强，而且通过与自己对弈，它们在几个小时内就学会了如何做到这一点。

AlphaGo 是由 DeepMind 公司（后来被谷歌收购）开发的程序，也是第一个击败专业围棋选手的程序。紧随其后出现的 AlphaGo Zero 表现更胜一筹，然后是 AlphaZero，它不仅会下围棋，还会下国际象棋和难度相当的日本桌游 shogi。AlphaZero 通过与自己对弈来自学如何下棋，经过一天的训练，它能够击败最好的传统国际象棋程序 Stockfish。在一场 100 局的比赛中，AlphaZero 以 28 胜、零负、72 平击败了 Stockfish。

AlphaZero 基于一种被称为强化学习的深度学习形式，它利用来自外部环境的反馈（在游戏中，就是输还是赢了）来不断提高其性能。它不需要训练数据，因为环境会告诉它是否在做正确的事情，至少是朝着正确的方向前进。

如果你想自己做一些机器学习的实验，谷歌的网站 teachablemachine.withgoogle.com 可以让你轻松地进行图像和声音识别等任务的实验。

12.4 自然语言处理

自然语言处理（NLP）是机器学习的一个子领域，研究如何让计算机处理人类语言——如何理解一些文本的意思，总结它，把它翻译成另一种语言，或把它转换成语音（或把语音转换成文本），甚至生成有意义的文本，看起来和人类完成的一样好。今天，我们看到 NLP 在 Siri 和 Alexa 这样的语音驱动系统中发挥着作用，它能识别语音并将其转化为文本，找出问题是什么，搜索相关答案，然后合成一个自然语音的回应。

计算机能告诉我们一份文档是关于什么的，它的意思是什么，或者它与我们正在做的工作有什么关系？计算机能对一长文档做出准确的摘要吗？计算机能否找到相关的文本么，比如从不同角度看相同的新闻故事，或可能相关的法律案件？它能可靠地检测到抄袭吗？如果计算机能更好地理解语言，这些问题都可以解决。

情感分析（sentiment analysis）是自然语言理解的一种有趣的特殊情况，它试图确定一段文本从本质上是积极的还是消极的。这在评估客户的反馈和评论、对调研的回复、新闻报道等方面都有广泛应用。

人们可能天真地认为，数一数褒义词（"奇妙的""伟大的""稳定的""天才的"）和贬义词（"可怕的""愚蠢的"），并把它们区别出来就足够了。但这种方法并没有开始捕捉语言的微妙之处。即使是简单的否定也很有挑战性（"他既不稳重，也不是天才"），而讽刺的话（"他一点也不出色"）就更难了。

人工智能面临的另一个挑战是以人类水平进行对话。这又回到了图灵的计算机智能测试，我们在第 3 章的末尾描述过。智能的对话需要理解对方所说的内容，并能够生成合适的回应。

　　使用自然语言与计算机交互的最初尝试之一是一个名为 ELIZA 的程序，它模拟了病人与罗杰斯式心理治疗师之间的对话。ELIZA 是麻省理工学院教授约瑟夫·魏森鲍姆在 1966 年创造的，它令人惊讶地有效，至少在第一次见到它时是这样的感觉。网络上有很多 ELIZA 模拟器；虽然它们的弱点很快就会显现出来，但与它们一起玩几分钟还是很有趣的。图 12.4 是一个示例对话。

```
ELIZA：你好，请告诉我你的问题。
你：　　写书是件很辛苦的工作。
ELIZA：这对你来说意味着什么？
你：　　也许我应该做些不同的事情？
ELIZA：你就不能更积极一点吗？
你：　　我当然应该做些不同的事情。
ELIZA：这是相当有趣的。
你：　　是么？
ELIZA：很有趣的。请继续。
```

图 12.4　与 ELIZA 的"对话"

　　自 1966 年以来，聊天机器人一直在进步，但同样，人们不需要太多经验就能发现它们的局限性。你是否经常给一些公司打电话，然后像这样的进行录音对话？

　　"请用简单的几个词，告诉我您需要什么帮助。您可以说账单、维修、订单或其他东西。"

　　语音识别软件在你的回复中寻找关键词，然后在这个令人困惑的过程中把你带到下一步。然而，这个过程中计算机并没有真正地理解你，所以如果你的问题与某个关键字不匹配，它就不会准确定位到话题。大多数时候，我甚至不会尝试，而是试图通过反复按 0 来绕过整个步骤，最后通常会让我找到一个真人，他更有可能提供我需要的帮助。

更复杂的系统，比如基于经过大量文本训练的语言模型，可以产生更好的输出，尽管不是响应特定的人类互动。一个有趣的例子是 Talk to Transformer，它根据用户提供的初始短语，合理地进行续写。它基于一个拥有 800 万网页的数据库，试图根据之前所有单词的模式预测接下来的单词。结果通常至少是可信的，有时甚至是非常好的。举个实例，我提供了第一句话"写书是一项艰苦的工作。"这里它生成了以下两个结果。

写书是一项艰苦的工作。你需要试着想出一些有意义的，独特的，有你的名字和你的愿景的东西。版权所有者可以争辩说你没有经过他们的允许就抄袭了他们的书，甚至可以提起诉讼。你必须能够处理好所有这些问题，并且尽可能写出最好的书。

写书是一项艰苦的工作。正确处理这件事很重要。很多作家都不明白。我花了好几年的时间试图写出《我想写的书》。在过去的一年里，我的新书《第一次就做对》取得了巨大的成功。我收到了编辑和读者的留言，他们对我表示感谢和鼓励。

在各种奇怪的情况下，在 2020 年的春天，我和别人共同教授了一门关于诗歌和计算的课程。我们争论的问题之一是，计算机是否能像人类一样写诗，这是一种狭隘领域的图灵测试。答案取决于许多定义不明确的术语，所以我不能肯定地给出答案，但为了好玩，图 12.5 包含了三首诗供你评估：作者是人类还是程序？

本章末尾会揭示答案[一]。

Illegibility of this World. All twice-over. Robust Clocks agree the Cracked-Hour, hoarsely. You, clamped in your Depths, climb out of yourself for ever. Listening to find she hides deep within her yet in mortal reach. WHAT was the use of not leaving it there where it would hang what was the use if there was no chance of ever seeing it come there and show that it was handsome and right in the way it showed it. The lesson is to learn that it does show it, that it shows it and that nothing, that there is nothing, that there is no more to do about it and just so much more is there plenty of reason for making an exchange.	这嘴脸模糊的世界。万 物都是双重。钟声为分 裂的时辰辩护，刺耳的 轰鸣。你，沉重地走进 你最深处，永远从你自 己爬出来。 倾听寻觅她深深隐藏却 是凡人所及之处。 有什么用呢？不让它适 得其所又有什么用呢？ 如果没有机会看它来到 那里证明它贵重又恰如 其分。教训是知道它确 实表现自己，它表现 它，以及空无，什么都 没有，没有什么事情要 做，就是这样有充分的 理由来做一个交换。

图 12.5　三首诗——哪些是由程序写的，哪些是由人写的？

使用计算机将一种人类语言翻译成另一种语言是一个老问题。早在 20 世纪 50 年代，人们就自信地预测，这个问题会在 60 年代得到解决，而 60 年代的预期则是 70 年代。遗憾的是，我们至今仍然没有做到这一点，尽管情况比以前好多了，这要归功于强大的计算能力和可以用来训练机器学习算法的大量的文本集合。

[一]　第一首诗的翻译摘自《我听见斧头开花了：保罗·策兰诗选》，北京联合出版公司，2021 年出版。

最经典的挑战是把英语表达"精神上愿意但是肉体虚弱无力（心有余而力不足）"翻译成俄语，然后再翻译回英语。至少在传说中，这在俄语中被翻译成了"伏特加很烈，但肉很烂"。如今，谷歌翻译可以给出如图 12.6 所示的翻译序列。现在的情况有所改善，但还不够完美，这清楚地表明机器翻译还是一个尚未得到解决的问题。（谷歌的算法经常更改，因此在你进行尝试的时候，结果可能会有所不同。）

目前，机器翻译对于了解一些文本的大致内容是很有帮助的，尤其是当你对这些语言或者字符集完全不了解的时候。但细节往往会出错，细微处甚至会千差万别。

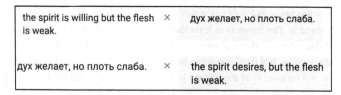

图 12.6　从英语翻译到俄语再翻译回来

12.5　小结

机器学习并不是万能的，关于它到底效果如何，尤其是如何解释它得出的结果，还有很多悬而未决的问题。图 12.7 中的 xkcd 网站上的漫画完美地表现了这一点。

人工智能和机器学习为我们在计算机视觉、语音识别和生成、自然语言处理、机器人等许多领域带来了突破。与此同时，它们引起了人们对技术的公平性、偏见、责任和技术使用的道德程度的严重担忧。也许最重要的问题是，机器学习系统的答案可能"看起来是正确的"，但却只是因为它们反映了使用的数据中带有的偏差。

图 12.7　xkcd.com/1838 网站中关于机器学习的漫画

　　人工准备的训练数据很有可能把算法引入歧途。例如，有一个陈旧的故事，一项研究在训练图片中很好地检测了坦克，但在实践中却严重失败。原因是：大多数训练照片都是在晴天拍摄的，所以算法已经学会了识别好天气，而不是坦克。不幸的是，正如格温·布兰文（Gwern Branwen）在 www.gwern.net/Tanks 上所记录的那样，这只是一个吸引人的都市传说。但这给了一个有用的警示，即使这个故事不是真的：确保你没有被一些无关的人为的东西所误导。

机器学习算法能比它们的数据做得更好吗？亚马逊废弃了一个用于招聘的内部工具，因为它明显表现出了对女性求职者的偏见。亚马逊的模型通过观察 10 年内投递给该公司的简历的模式来评估求职者。但这些申请者大多是男性，因此训练数据并不能代表当前的申请人群体。结果是，系统学会了偏向男性申请者。简而言之，没有任何 AI 或机器学习系统可以比它的输入数据更好，而且这类系统很有可能只会确认其数据中固有的偏差。

例如，计算机视觉系统能够识别人脸，有时准确率相当高。这可以用于积极的用途，比如解锁你的手机或办公室，但它也可以用于更多是带来麻烦的用途。像 Amazon Ring 这样的智能门铃系统可以监控你家附近发生的事情，并在发生可疑事件时向你和当地警方发送警报。然而，如果该系统开始在一个以白人为主的社区中将有色人种标记为"可疑的"，这似乎是种族主义的机械化。

出于对这些问题的担忧，亚马逊在 2020 年年中暂停了警方对其 Rekognition 软件的使用；这一举动是在美国针对警察暴行和种族偏见存在广泛抗议的时候采取的。此后不久，几起针对 Clearview AI 的诉讼被提出。该公司从数十亿张网络照片中创建了一个人脸数据库，并将这些数据提供给执法机构。Clearview 认为收集公开的信息是受第一修正案的言论自由条款保护的。

计算机视觉系统目前被用于各种监视设置。那么限制是什么呢？如果一个潜在恐怖分子领导人的身份被确认，用于定位这类人的军事系统是否应该采取无人机打击？我们应该把这样的决策机械化到什么程度？更一般而言，我们应该如何处理安全作为第一优先级的系统中的机器学习，如自动驾驶汽车、自动驾驶仪、工业控制系统，以及许多其他系统？当不存在需要审查或审核的确定性行为时，我们如何确保模型不会选择灾难性行动，例如，突然加速自动驾驶汽车，或向人群发射导弹？

机器学习模型有时被用于刑事司法系统，以预测被指控犯罪的人是否有再犯风险，这会影响保释和量刑的决定。问题是，训练数据反映了当前的情况，这可能会反映出所基于的数据中的种族、性别和其他特征的系统性不公平。消除这些数据中存在的偏见是一个难题。

在很多方面，我们仍处于人工智能和机器学习的早期阶段。看起来它们还会继续给人类带来好处，但也会继续伴随着不利之处，我们必须对承认和控制后者保持警惕。

图 12.5 的第一首和最后一首诗是人类写的，分别是保罗·策兰（Paul Celan）和格特鲁德·斯坦（Gertrude Stein）；中间的一首是由雷·库兹韦尔的"控制论诗人"程序生成的，可以通过 botpoet.com 访问。

第 13 章

隐私和安全

"你并没有任何隐私。克服它吧。"

——斯科特·麦克尼利，太阳微系统公司的 CEO，1999 年

"科技如今使一种无处不在的监视成为可能，而这种监视以前只有最有想象力的科幻小说作家才能做到。"

——格伦·格林沃尔德，《无处可藏》，2014 年

数字技术给我们带来了很多好处，如果没有它，我们的生活将会贫乏得多。与此同时，它对个人隐私和安全也产生了巨大的负面影响，而且情况越来越糟。一些对隐私的侵蚀与互联网及其支持的应用程序有关，而另一些仅仅是数字设备变得更小、更便宜和更快的副产品。处理能力、存储容量和通信带宽的提高，使从许多来源捕获和保存个人信息，有效地聚合、分析并广泛传播这些信息变得容易，所有这些都以最低的成本进行。

对隐私的一种解释是有权力和能力不让别人知道自己个人生活的方方面面。我不希望政府或与我打交道的公司知道我买了什

么，我和谁交流，我去哪里旅行，我读什么书，我喜欢什么娱乐。所有这些都是我的私事，只有在我明确同意的情况下别人才可能知道。这并不是说我有藏得很深的令人尴尬的秘密，至少不会比一般人多，但我应该确保，我的生活和习惯没有分享给别人，尤其是不与那些想向我出售更多东西的商业利益相关的公司分享，也不与政府机构分享，不管它们的意图有多好。

人们有时会说："我不在乎，我没什么好隐瞒的。"这真是天真且愚蠢的。你难道希望随便一个人就能够看到你的家庭地址、电话号码、纳税申报表、电子邮件、信用报告、医疗记录和所有你走过或开车去过的地方，以及你与谁互通电话和发送短信？不太可能吧。但除了你的纳税申报单和医疗记录之外，所有这些信息都有可能被数据经纪人获得，他们可以把这些信息卖给其他人。

政府使用**安全**这个词的意义是"国家安全"，即从整体上保护国家免受恐怖袭击和其他国家的行动等威胁。公司用这个词来指保护他们的资产不受犯罪分子和其他公司的侵犯。对于个人来说，安全常常与隐私混为一谈，因为如果你个人生活的大部分方面都广为人知或很容易被发现，你就很难感到安全。互联网尤其对我们的个人安全产生了重大的影响，更多的是在财务上而不是物理上，因为它使私人信息很容易从许多地方被收集，它把我们的生活暴露给电子入侵者。

如果你在乎你的个人隐私和网络安全，你就必须比大多数人更懂技术。如果你学会了基础知识，你就会比你那些信息不那么灵通的朋友要好得多。在第 10 章中，我们讨论了管理浏览和手机使用的具体方法。在本章中，我们将研究个人可以采取的更广泛的对策，以减缓对其隐私的侵犯并提高其安全性。然而，这是一个大话题，所以这里只是一个样例，而不是整个故事。

13.1　密码学

密码学，一种"秘密书写"的艺术，从很多方面来说，是我们抵御隐私攻击的最佳防御手段。如果处理得当，密码学将非常灵活和强大。不幸的是，好的密码学也是困难和微妙的，而且经常因为人为的错误而失效。

密码术用于和其他各方交换私密信息，已有数千年历史。凯撒大帝曾用过一种简单的密码方案（后人称之为凯撒密码）：把消息原文中的字母向后移动三个位置，于是 A 变成 D、B 变成 E，依此类推。因此，消息"HI JULIUS"就编码成了"KL MXOLXV"。这种算法现在仍然有生命力，有个叫 rot13 的程序就是把字母移动 13 个位置进行变换，常用在新闻组里，以隐藏剧透和攻击性材料，以防被人意外看到，并不是真的用来加密。（你可能会想，为什么用 13 来移动英文文本会更方便。）

密码学有着悠久的历史，涌现出了丰富多彩的故事。对于那些轻信密码学可以保护他们秘密的人来说，有时甚至是危险的。1587 年，苏格兰女王玛丽就因为加密不当而掉了脑袋。她和那些想要密谋罢黜英格兰女王伊丽莎白一世并把她本人推上英格兰王位的同谋者通信。然而密码系统被破解，阴谋内容和同谋者名字在中间人攻击下暴露出来，因此而被残酷斩首。1943 年，由于日本的军用加密系统不够安全，日本联合舰队总司令山本五十六也丢了性命。美国情报机关得知了山本的飞行计划，因此成功击落了他的座机。据称，尽管没有得到普遍认可，正是由于英国人靠阿兰·图灵的计算技术和专业知识破解了恩尼格玛密码机（见图 13.1），解密了德军的军事情报，才使得第二次世界大战结束时间大大提前。

图 13.1　德国恩尼格玛密码机

　　密码学的基本思想是，假设 Alice 和 Bob 想要交换消息，并且即使对手可以读取交换的消息，也需要保持其内容的私密性。要做到这一点，Alice 和 Bob 需要某种共享的秘密，可以用来加密和解密信息，使这些信息对彼此来说是可理解的，但对其他人来说是不可理解的。这个秘密叫作密钥。例如，在凯撒密码中，密钥是字母移动的距离，也就是说，使用该距离值为 3 将 D 替换 A，以此类推。对于像恩尼格码（Enigma）机这样复杂的机械加密装置来说，密钥是几个密码轮的设置和一组插头的接线的组合。对于现代基于计算机的加密系统而言，密钥是一个由一种算法使用的大的秘密数字，该算法利用这个数字把一个几比特的信息进行转换，如果不知道这个保密数字就无法解读。

加密算法需要抵御各种各样的攻击。频率分析主要用于研究和计算每个符号出现的次数。它对于凯撒密码，以及报纸解谜题目采用的简单替换密码很有效。要抵御频率分析，加密算法必须要做到让密文中所有符号都以大致相等的机会出现，这样就没有模式可供分析。另一种攻击可能是利用已知的明文，即已知使用目标密钥加密的消息，或者利用选定的明文，诱使被攻击者用待破解密钥加密这段明文，从而进行对照，达到破解的目的。好的算法要能有效抵御所有这些攻击。

密码系统必须假定攻击者知道并完全理解密码系统的工作原理，从而将所有的安全性都寄托在密钥上。与此相反的做法是假定对手不知道系统用什么加密方案、如何破解，这被称为隐匿式安全（security by obscurity），即使可以工作，也不会长久。实际上，如果有人鼓吹他们的加密系统十分安全，却不愿说出其工作原理，那就可以确信它并不安全。

加密系统的开放式开发至关重要。密码系统需要尽可能多的专家的经验，以探查漏洞。即便如此，也很难确定系统是否能正常工作。可能在最初的开发和分析之后很长时间，算法的弱点才会显现出来。错误通常发生在无意或恶意地加入的代码中。此外，可能存在有意削弱密码系统的企图，当美国国家安全局试图定义一个重要密码标准中使用的随机数生成器的关键参数时，情况似乎就是这样。

13.1.1　密钥加密

目前使用的加密系统基本可分成两类。一类是历史较长的**密钥加密**（secret-key cryptography），也称对称密钥加密，因为加密和解密要使用相同的钥匙。"对称"这个词能更好地描述其本质，但"密钥"则让人更容易区分它与另一类更新的加密系统：**公钥加密**（public-key cryptography）。公钥加密系统将在下一节中进行介绍。

在密钥加密系统中，使用同一个密钥对消息进行加密和解密，这个密钥由希望交换消息的各方共享。假定选用的算法完全为人所理解，而且也没有任何缺陷和弱点，那么破解消息的唯一方法就是**蛮力攻击**（brute force attack），即尝试所有可能的密钥，以找出用来加密的那个。蛮力攻击很耗费时间，如果密钥有 N 位，穷举时间就大约和 2^N 成正比。然而蛮力攻击也并非没有用，因为攻击者可以先尝试短密钥，再尝试长的；先尝试可能性大的密钥，再尝试可能性小的。比如**字典攻击**（dictionary attack）就是尝试用"password"和"123456"这些常见单词和数字进行攻击。如果人们选择密钥时偷懒或粗心，这种攻击就可以很容易成功。

直到 21 世纪初，最常用的密钥加密算法是 DES（Data Encryption Standard，数据加密标准），该算法由 IBM 和 NSA（National Security Agency，美国国家安全局）于 20 世纪 70 年代初共同开发。尽管有人怀疑 NSA 在 DES 里安排了一个秘密的后门机制，这样他们就能轻松破解用 DES 加密的信息，但这种怀疑从未得到证实。在任何情况下，DES 总是使用 56 位密钥，随着计算机的运算速度越来越快，56 位的长度被证明太短了。到 1999 年的时候，一台相当便宜的专用计算机，就可以用一天时间使用蛮力攻击破解 DES 密钥。这导致了具有更长的密钥的新算法的产生。

这些算法中使用最多的是 AES（Advanced Encryption Standard，高级加密标准）。该算法是作为全球公开竞赛的一部分开发的，竞赛的赞助方为美国国家标准技术研究所（National Institute of Standards and Technology，NIST）。当时，来自全世界的参赛选手提交了几十个算法。经过激烈的公开评测。比利时密码学家琼·德门（Joan Daemen）和文森特·赖伊曼（Vincent Rijmen）发明的 Rijndael 算法摘取桂冠，并于 2002 年成为美国政府的官方标准。这个算法已归入公有领域，任何人都可以无偿使用，也无需许可证。AES 支持 128、192 和 256 位三种密钥长度，潜在的密钥数量非常多，用蛮力攻击就算很多年也不会有结果，除非能发现该算法的某个弱点。

我们可以量化地描述这个问题。如果像 GPU 这样的专门处理器每秒可以执行 10^{13} 次运算，那么一百万个 GPU 每秒可以执行 10^{19} 次运算，也就是每年大约 3×10^{26} 次，也就是大约 2^{90} 次。这距离 2^{128} 还差很远，所以即使是 AES-128 也应该不会受到蛮力攻击的破解。

AES 和其他密钥加密系统面临的一个大问题是密钥分发（key distribution）：参与秘密通信的每一方都必须知道所用的密钥，所以必须有绝对安全的渠道把密钥送到通信参与方。这看似很简单，就像把大家都请到家里来聚餐一样，但是如果某些参与者是处于敌对环境中的间谍或持不同政见者，那么可能就没有任何安全可靠的通道来发送密钥。还有一个问题是**密钥扩散**（key proliferation）：要想和不相关的各方进行独立的秘密对话，就要为每组会话准备不同的密钥。这就导致密钥分发更加困难。这些考量导致了公钥加密的发展，我们将在下一节讨论。

13.1.2　公钥加密

公钥加密采用了与密钥加密完全不同的思想，是怀特菲尔德·迪菲（Whitfield Diffie）和马丁·赫尔曼（Martin Hellman）于 1976 年在斯坦福发明的，借鉴了拉尔夫·默克尔（Ralph Merkle）的一些思想。迪菲和赫尔曼因为这项工作共同获得了 2015 年的图灵奖。这个想法由詹姆斯·埃利斯（James Ellis）和克利福德·科克斯（Clifford Cocks）在更早的几年前独立发现，他们是英国政府通信总部的密码学家，但他们的工作被一直保密到 1997 年，所以他们不能发表该成果，因此也与大部分荣誉失之交臂。

在公钥加密系统里，每个人都有一个**密钥对**（key pair），包含一个公钥和一个私钥。这对密钥是在数学上有关联的整数，具有如下性质：用其中一个密钥加密过的消息只能用另一个密钥解密，反之亦然。在公钥加密系统中，只要密钥足够长，攻击者不论是想解密私密消息，还是想从公钥推算出密钥，从计算的角度而言都是不可行的。攻击者可以采用的哪怕是最著名的算法，所需要的运行时间也随密钥长度呈指数增长。

在实际使用中，公钥是真正很公开的：任何人都能拿到，一般是公布在网站上；私钥则一定要严格保持私密，是一个只有这个密钥对的主人才知道的秘密。

设想以下场景：Alice 想给 Bob 发一条消息，该消息进行了加密，以保证只有 Bob 才能读取。她需要到 Bob 的网站上得到他的公钥，用这个公钥把消息加密后发给他。当她发送出该加密的消息时，窃听者 Eve 可能会看到 Alice 正在向 Bob 发送一条消息，但因为内容加密了，所以 Eve 不知道消息中本来是什么内容。

Bob 用自己的私钥解开 Alice 发来的消息。该私钥只有 Bob 自己知道，而且只有用这个私钥才能解开用他的公钥加密过的消息（见图 13.2）。反过来，如果 Bob 要给 Alice 发一条加密的回信，就要用 Alice 的公钥来加密该消息。这次，Eve 仍然知道有消息发回来，但她同样只能看到加密过的密文，不能理解其中的内容。Alice 收到消息后，用只有自己知道的私钥解就可以解开 Bob 的回信。

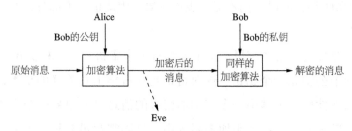

图 13.2　Alice 向 Bob 发送一条加密消息

由于不需要传送共享的密钥，这个方案有效解决了密钥分发的问题。Alice 和 Bob 把各自的公钥放在了他们的网站上，任

何人都可以给他们发送秘密消息，既不需要事先商定，也不需要
交换任何密钥。参与通信的各方甚至根本不需要认识。当然，如
果 Alice 想要向 Bob、Carol 和其他人发送相同的加密消息，她
必须为每个接收方分别加密，并针对每个接收方使用正确的
公钥。

公钥加密是在互联网上进行安全通信的关键要素。假设我想
在网上购买一本书。我得告诉亚马逊网站我的信用卡号，但我并
不想发送明文，这样我们就需要使用加密的通信通道。我和亚马
逊之间不能直接使用 AES，因为我们没有共享密钥。为了商定
共享密钥，我的浏览器必须首先随机生成一个临时密钥，并用亚
马逊的公钥加密这个临时密钥，然后将其安全地传给亚马逊。亚
马逊用它的私钥解出临时密钥后，亚马逊和我的浏览器就可以在
AES 算法中用这个临时密钥来加密要传送的信息了，比如我的信
用卡号。

公钥加密的一个缺点是其算法的运算速度慢，比 AES 这种密
钥加密算法要慢好几个数量级。所以，通常不会用公钥加密算法
加密全部数据，而是分两步走：先用公钥加密协商出一个临时的
密钥，再使用 AES 传输大量的数据。

上述通信过程的每个阶段都是安全的，首先是用公钥加密算
法设置临时密钥，然后再用 AES 交换大量数据。如果你访问网上
商店、电子邮件服务，以及很多别的网站时，你都在使用这种技
术。你能在浏览器上看到它的应用，因为你的浏览器会显示正在
用 HTTPS 协议（即安全的 HTTP）进行连接，还会显示门锁图
标，表示这个连接是加密过的：

🔒 https://

　　现在大多数网站默认使用 HTTPS。这可能会使事务处理得慢一些，但不会慢很多，而且即使特定的应用并没有必要当下就进行安全通信，为其增加安全性也很重要。

　　公钥加密还有其他有用的特性。例如，可以用做*数字签名*（digital signature）方案。设想 Alice 想签署一条消息，以便让收信人能确定该消息来自她而不是别人假冒的。如果 Alice 用自己的私钥加密消息然后把结果发送出去，这样任何人都能用 Alice 的公钥来解密该消息。假设除了 Alice 之外再也没有别人知道她的私钥，因此接收者可以断定这条消息一定是 Alice 加密过的。显然，这只有在 Alice 的私钥没有泄露的情况下才成立。

　　另外，你还可以想到 Alice 如何可以做到只给 Bob 签署一条私密消息，让除 Bob 之外的人都无法读取该消息，而 Bob 还能确认是 Alice 发给他的。具体做法是：Alice 先用自己的私钥签署这条消息，然后用 Bob 的公钥加密签署后的结果。Eve 虽然可以发现 Alice 给 Bob 发了一些信息，但只有 Bob 能用自己的私钥解开密文。他用自己的私钥解密外层消息，然后再用 Alice 的公钥解密内层消息，同时证明了消息真是 Alice 发来的。

　　公钥加密方案也并非完美无缺。如果 Alice 的私钥泄露了，之前别人发给她的所有消息就形同明文，而她之前的签名也就不可信了。另外，尽管大多数密钥生成方案都包括密钥生成时间和失效时间的信息，但撤销一个密钥，即宣布某个密钥从此以后失效，是很困难的。一种称为*前向保密*（forward secrecy）的技术可以解决这个问题。每条消息都使用如上所示的一次性密码进行加密，然后该密码被丢弃。如果一次性密码的生成方式使对手无法重新创建它们，那么即使私钥被泄露，知道一条消息的密码也无助于解密以前或将来的消息。

最被广泛使用的公钥加密算法称为 RSA，这个算法是麻省理工学院的三位计算机科学家罗纳德·李维斯特（Ronald Rivest）、阿迪·沙米尔（Adi Shamir）和伦纳德·阿德曼（Leonard Adleman）在 1978 年发明的，RSA 就是这三位发明人姓氏的首字母缩写。RSA 算法的可靠性来自于对大的合数做因式分解的难度。RSA 的工作原理是生成一个很大的整数，至少 500 位长度的十进制数字，这个整数有两个素数因子，每个长度约为二者乘积的一半，以此作为生成公钥和私钥的基础。知道这两个素数因子的人（即私钥的持有者）能迅速解开密文，而其他人要解密就得先分解素因子。由于计算量过大，这实际上是不可能完成的。李维斯特、沙米尔和阿德曼因为发明 RSA 算法而获得了 2002 年图灵奖。

密钥的长度很重要。据我们目前所知，要把一个大整数分解成两个长度大致相同的素数的乘积，所需的计算工作量随着其长度的增长而迅速增长，这样的因式分解基本是不可能的。RSA 实验室是持有 RSA 专利的公司，曾于 1991 年到 2007 年举办过分解素因子大赛。它公布了一个包含着长度越来越长的巨大合数的列表，设立奖金给第一个能对每个合数进行因数分解的人。最小的合数有 100 多位，很快就被分解了。2007 年这个竞赛停办之时，分解出来的最大合数有 193 位（二进制 640 位），奖金是 2 万美元。2019 年，RSA-240（240 位，795 位）被分解。这个列表还挂在网上，感兴趣的读者不妨一试。

因为公钥算法很慢，所以一般不直接用公钥算法对文档签名，而是签署从原始文档提取出来的小得多的文档。选用适当方法生成的这种小文档无法被伪造。这样的小文档就叫作消息摘要（message digest）或密码散列（cryptographic hash），其创建方法是用某种算法把任意输入的比特流加密成固定长度的比特流，也就是摘要或散列，最终得到的结果具有如下特性：无法通过计算找到别的输入来生成同样的摘要。此外，输入中最轻微的改变都会让输出摘要中大约一半的比特发生变化。这样，通过比较接收者计算生成的文档摘要与原始摘要是否匹配，就能有效检测文档是否遭到了篡改。

为了说明这一点，在 ASCII 码中，字母 x 和 X 只差一位；十六进制为 78 和 58，二进制为 0111 1000 和 0101 1000。下面是他们使用 MD5 算法的密码散列。第一行是 x 的哈希值的前一半，第二行是 X 的哈希值的前一半；第三和第四行是他们的后一半。虽然我使用了一个程序来计算，但用手工计算有多少位不同（128 位中的 66 位）也是很容易的。

```
10011101 11010100 11100100 01100001 00100110 10001100 10000000 00110100
00000010 00010010 10011011 10111000 01100001 00000110 00011101 00011010
11110101 11001000 01011010 01001110 00010101 01011100 01100111 10100110
00000101 00101010 01011001 00101110 00101101 11000110 10110011 10000011
```

在计算上，要找到另一个与这两个输入具有相同哈希值的输入是不可行的，而且也没有办法从哈希值反推到原始输入。

有几种消息摘要算法被广泛使用：一个是以上展示过的罗纳德·李维斯特开发的 MD5，它生成 128 位的摘要。另一个是

SHA-1，来自 NIST（美国国家标准技术研究所），生成 160 位的摘要。已有研究表明 MD5 和 SHA-1 都有弱点，因此不赞成使用它们。SHA-2 是美国国家安全局开发的一系列算法，目前还没有已知的弱点。尽管如此，NIST 开展了一个公开的竞赛，类似于产生 AES 的竞赛，以创建一个新的消息摘要算法。获胜者在 2015 年选出，现在被称为 SHA-3。SHA-2 和 SHA-3 支持从 224 位到 512 位不等的摘要大小。

尽管现代密码学具有惊人的特性，但在实践中它仍然需要可信的第三方的存在。例如，当我订购一本书时，我怎么能确定我正在与亚马逊（Amazon）交谈，而不是一个老练的冒名顶替者？当我访问时，亚马逊通过向我发送一个证书来验证其身份，一个来自独立证书颁发机构的数字签名信息集合，可用于验证亚马逊的身份。我的浏览器用证书颁发机构的公钥检查它，以验证它属于 Amazon 而不是其他人。从理论上讲，我可以肯定，如果权威机构说这是亚马逊的证书，它应该确实就是了。

但我首先必须信任证书颁发机构；如果这是骗局，那我就不能相信任何使用它的人。2011 年，一名黑客入侵了荷兰的一家认证机构 DigiNotar，并为包括谷歌在内的许多网站创建了欺骗性的证书。

典型的浏览器知道数量惊人的证书颁发机构——在我的 Firefox 版本中有将近 80 个，而在 Chrome 版本中有超过 200 个，其中大多数都是我从未听说过的机构，并且位于遥远的地方。

Let's Encrypt（让我们加密）是一个非营利性的证书权威机构，它向任何人提供免费的证书，其理念是，如果获得证书很容易，最终所有网站都将使用 HTTPS，所有流量都将被加密。到 2020 年初，Let's Encrypt 已经发行了 10 亿张证书。

13.2 匿名

使用互联网可能会暴露你的很多信息。在最低的层次上，您的 IP 地址是每次交互的必要部分，而它揭示了你的 ISP，并让任何人得以猜测您的位置。根据你连接互联网的方式，这种猜测可能是准确的，比如如果你是一所小型学院的学生的话；而如果你在一家大型公司的网络中，这种猜测就不太准确了。

使用浏览器（这是大多数人最常见的情况），则更多信息会被揭示出来（图 11.3）。浏览器会发送引用页面的 URL，以及关于它是哪种浏览器和它可以处理哪种响应的详细信息（例如，是否压缩数据，或者它将接受哪种类型的图像）。使用合适的 JavaScript 代码，浏览器将报告加载了什么字体和其他属性，这些属性结合在一起，可以在数百万用户中识别特定的用户。这种浏览器指纹识别越来越普遍，而且很难被攻克。

正如我们在第 11 章中所看到的，panopticlick.eff.org 可以让你估计自己到底有多独特。在我用一台笔记本电脑进行的实验中，当我用 Chrome 访问网站时，我在最近的 28 万多名用户中是独一无二的。当我使用 Firefox 和 Safari 的时候，分别有一个人设置和我的浏览器一样。这些值根据防御系统（如广告拦截器）的不同而不同，但大多数的区别来自于自动发送的用户代理头部信息（图 11.3）和已安装的字体和插件，这些我几乎无法控制。浏览器供应商可以减少发送这种潜在的跟踪信息，但似乎没有采取什么措施来改善这种情况。有些令人沮丧的是，如果我禁用 cookie 或启用"不跟踪"，这将使我变得更独特，从而更容易明确地被识别出来。

一些网站承诺匿名。例如，Snapchat 用户可以向朋友发送消息、图片和视频，并承诺内容将在指定的短时间内消失。Snapchat 能在多大程度上抵御法律诉讼的威胁呢？Snapchat 的隐私政策表示："如果我们有理由相信披露信息是为了遵守任何有效的法律程序、政府要求或适用的法律、规则或监管，我们可能会分享您的信息。"当然，这种语言在所有隐私政策中都很常见，这表明你具有的匿名性并不是很强，它也会因你所在的国家而有所不同。

13.2.1　Tor 以及 Tor 浏览器

假设你是一个揭发者，想要在不被发现的情况下公开一些渎职行为。(想想爱德华·斯诺登。)或者像我一样，你只是想在不被监视的情况下使用互联网。你能做些什么让自己不那么容易被识别呢？在第 10 章末尾的建议将会有所帮助，但是另一种技术也是有效的，尽管要花费一定的成本。

可以使用密码技术将对话隐藏得足够好，使连接的最终接收方不知道连接源自哪里。这类系统中使用最广泛的是 Tor，它最初是"洋葱路由器"的缩写，隐喻着当对话从一个地方传递到另一个地方的过程中，围绕着这些对话的层层加密。图 13.3 中的 Tor 标志暗示了它的词源。

图 13.3 Tor 浏览器的 logo

Tor 使用加密技术通过一系列中继结点发送互联网上的流量，这样每个中继结点只知道路径上紧邻的中继结点的身份，而不知道其他中继结点的身份。路径上的第一个接力者知道发起者是谁，但不知道最终的目的地。路径上的最后一个中继结点（"出口节点"）知道目的地，但不知道谁发起了连接。中间的中继结点只知道提供信息的中继结点和信息所发向的中继结点，而不知道其他的结点。这个过程中的每一步都对实际内容进行了加密。

消息被包装在多个加密层中，每个中继结点应用一个加密层。这样，每个中继在发送消息时去掉一层（因此有了洋葱的比喻）。在相反的方向使用相同的技术。通常使用三个中继结点，所以中间的那个结点对起点和终点一无所知。

在任何时候，全世界大约有 7 000 个中继结点。Tor 应用程序随机选择一组中继结点并设置路径，该路径不时更改，甚至在单个会话期间也会更改。

Tor 浏览器是使用 Tor 的最常见方式，Firefox 的一个版本已经被配置为使用 Tor 进行传输，Tor 还能适当地进行 Firefox 的隐私设置。从网址 torproject.org 下载并安装它，然后像其他浏览器一样使用它，但要注意关于如何安全地使用它的警告。

　　它的浏览体验和 Firefox 差不多，不过可能会慢一点，因为它需要花时间通过额外的路由器和层层加密。一些网站也对 Tor 用户有偏见，有时是出于自我防卫，因为攻击者和好人一样喜欢匿名。

　　图 13.4 是分别从 Tor（左边）和 Firefox（右边）上看到的普林斯顿的天气图，它展示了匿名化对普通用户的影响。使用每个浏览器，我访问了 weather.yahoo.com。雅虎认为它知道我在哪里，但当我使用 Tor 时，它错了。几乎每次我尝试这个实验，都显示退出结点在欧洲的某个地方；一小时后我重新加载页面，我从拉脱维亚来到了卢森堡。唯一让我需要想想的是，气温报告总是以华氏度为单位，这在美国以外的地方并不常用。雅虎是如何做决定呢？其他气象站倒确实是以摄氏温度报告天气的。

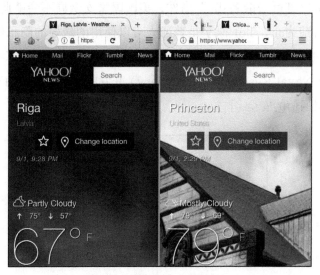

图 13.4　运行中的 Tor 浏览器

根据 Panopticlick 的数据，当我使用 Tor 浏览器时，在他们最近访问者的 28 万名样本中，大约有 3 200 人与我有相同的特征，所以更难以用浏览器指纹来识别我，当然，也比直接使用浏览器连接要不明显得多。也就是说，Tor 绝不是所有隐私问题的完美解决方案。如果你不是非常小心地在使用它，你的匿名性可能会被泄露。浏览器和出口节点可能会受到攻击，而受损的中继结点也将是一个问题。如果你使用 Tor，你就会在人群中显得很突出，这可能是一个问题，但随着越来越多的人使用 Tor，情况会变得更好。

Tor 能免受美国国家安全局或其他类似机构的威胁吗？斯诺登曝光出来的其中一份文件是 2007 年美国国家安全局的一次演示，其中一张幻灯片（图 13.5）说："我们永远不可能一直对所有 Tor 用户进行去匿名化。"当然，美国国家安全局不会就此放弃，但到目前为止，Tor 似乎是普通人可以使用的最好的隐私保护工具。[略带讽刺意味的是，Tor 最初是由美国政府机构海军研究实验室（Naval Research Laboratory）开发的，目的是帮助确保美国情报通信的安全。]

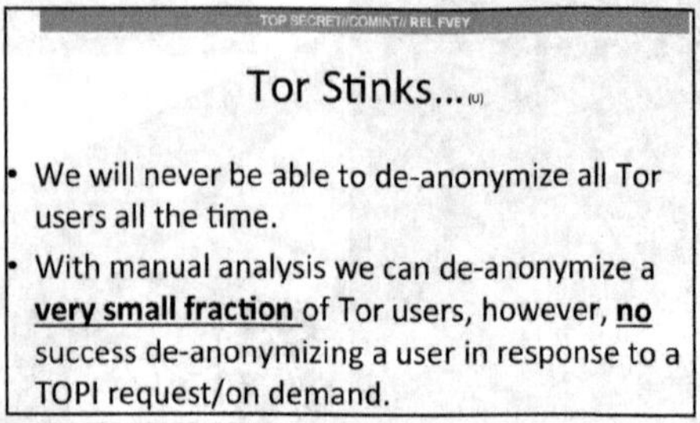

图 13.5　NSA 关于 Tor 的演示文档（2007 年）

如果你感觉对于稳私特别偏执，可以尝试一种名为 TAILS 的系统，即"失忆隐身实时系统"，它是在 Linux 系统上运行的，能安装在 DVD、USB 驱动器或 SD 卡等可引导设备上。它在启动后能运行 Tor 技术和 Tor 浏览器，并且不会在运行它的电脑上留下任何痕迹。软件在 TAILS 的运行下使用 Tor 连接到因特网，所以你应该是匿名的。它也不在本地二级存储上存储任何东西，而只是使用主内存；当计算机在 TAILS 会话之后关闭的时候，内存中的内容将被清除。这使你无需在主机上留下任何记录即可处理文档。TAILS 还提供了一套其他加密工具，包括 OpenPGP，它允许对邮件、文件和其他任何内容进行加密。TAILS 是开源软件，可以从网上下载。

13.2.2　比特币

发送和接收资金是另一个高度重视匿名性的领域。现金是匿名的，如果你使用现金支付，那么既没有记录，也没有办法识别当事人。如今，除了在当地购买汽油和杂货等小件商品外，用现金支付越来越困难。租车、飞机票、酒店，当然还有网上购物，都需要使用信用卡或借记卡来识别购买者。数字支付很方便，但当你使用信用卡或网上购物时，你就会留下痕迹。

事实证明，巧妙的密码学可以用来创造匿名货币。最成功的例子是比特币，一个由中本聪（Satoshi Nakamoto）发明的方案，于 2009 年作为开源软件发布。（中本聪的真实身份不得而知，这是一个不同寻常的匿名成功的例子。）

比特币是一种去中心化的数字货币或加密货币；它不由任何

政府或其他政党发行或控制，不像传统货币的纸币和硬币，它也没有实体形式。它的价值不像政府发行的货币那样来自法定货币，也不是基于某种稀缺的自然资源，如黄金。然而，就像黄金一样，它的价值取决于用户在多少程度上愿意用它来支付商品和接受服务。

比特币使用点对点协议，让双方在不使用中介或可信的第三方的情况下交换比特币，这是一种模拟现金的方式。比特币协议确保了比特币真正进行了交换，即所有权转移，在交易中没有创造或丢失比特币，交易也不能被逆转，但双方可以对彼此和周围的世界保持匿名。

比特币维护着一个名为区块链的所有交易的公共账本，而交易背后的各方是匿名的，只能通过一个实际上是加密公钥的地址来识别。比特币的创建（"挖矿"）是通过进行一定数量具有计算难度的工作，从而在公共账本中验证和存储支付信息。区块链中的块经过数字签名，并指向之前的块，因此除非重新执行创建原始块的所有工作，否则无法修改以前的交易。所有交易从一开始的状态都隐含在区块链中，原则上可以重新创建，但没有人可以在不重新做所有工作的情况下伪造一个新的区块链，这在计算上是不可行的。

需要注意的是，区块链是完全公开的。因此比特币的匿名性更像是"冒名"的，因为每个人都知道与特定地址相关的所有交易，但他们不知道这个地址是你的。但是，如果你没有正确管理你的地址，你和你的交易可能会被关联起来。如果你丢失了一个私钥，你也可能永远失去你的比特币。

由于交易背后的各方只要小心谨慎，就可以保持匿名，比特币成为毒品交易、勒索软件支付和其他非法活动的首选货币。一个名为"丝绸之路"（Silk Road）的在线市场被广泛用于非法毒品销售，就是用比特币支付的。它的所有者最终被查出来，并不是因为匿名软件存在任何缺陷，而是因为他在网上评论中留下了一丝线索，一名勤奋的美国国税局（IRS）探员得以通过这些线索追踪到其真实世界的身份。操作安全（情报行话中的"opsec"）是很难做好的，而且只需要一个小失误就会泄露秘密。

比特币是一种"虚拟货币"，但可以与传统货币进行兑换。历史上的汇率一直不稳定；比特币兑美元的汇率在一些重要因素的影响下上下波动严重。图 13.6 显示了多年期的比特币汇率走势。

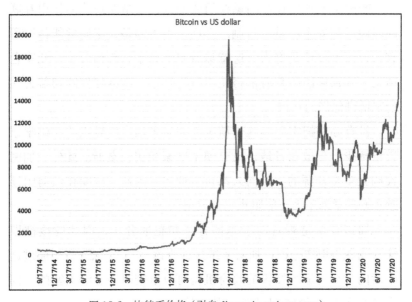

图 13.6　比特币价格（引自 financie.yahoo.com）

　　银行等大玩家，甚至 Facebook 这样的公司，通过提供服务甚至是发行自己版本的区块链货币，已经开始涉足加密货币领域。当然，税务机关也对比特币感兴趣，因为匿名交易所的一个用途是逃避税收。在美国，像比特币这样的虚拟货币在联邦所得税体系中被视为财产，因此交易可能会产生应纳税的资本利得。

　　尝试比特币技术其实很容易，Bitcoin.org 网站是一个很好的起点，另外，coindesk.com 有优秀的教程信息。此外，还有许多相关书籍和在线课程。

13.3　小结

　　密码学是现代技术的重要组成部分；它是保护我们使用互联网时隐私和安全的基本机制。然而，不幸的是，密码学能帮助所有人，而不仅仅是好人。这意味着犯罪分子、恐怖分子、儿童色情犯、贩毒集团和政府都将使用密码技术，以牺牲你的利益为代价来增进他们的利益。

　　没有办法把密码学这一精灵放回瓶子里。世界级的密码学家数量稀少，分散在各地，没有哪个国家能实现垄断。此外，加密代码大多是开源的，任何人都可以使用。因此，试图在任何国家禁止密码学都不太可能阻止它的使用。

　　加密技术是否有助于恐怖分子和犯罪分子，因此应该被取缔？或者更现实地说，加密系统是否应该有一个"后门"，通过这个后门，经过适当授权的政府机构可以解密对手已经加密的任何内容？这些问题经常引发激烈的辩论。

专家一致认为这并不是一个好主意。2015年，一个具有特殊资历的组织发布了一份名为《门垫下的钥匙：通过要求政府访问所有数据和通信来强制保障安全》的报告；标题暗示了他们经过深思熟虑的意见。

首先，密码学本来就是极其困难的，如果加上故意设置的弱点，无论如何精心设计，都会导致更大的失败。正如我们反复看到的，政府在保守秘密方面很糟糕——想想斯诺登和美国国家安全局就明白了。所以依赖一个政府机构来保证后门钥匙的安全并适当地使用，这个想法先天就是一个坏主意，即使假设这种做法是善意的。当然，这个"假设"本身又是一个很大胆的假设。

最根本的问题是我们不能在不削弱所有人加密安全性的情况下削弱恐怖分子使用的加密。正如苹果首席执行官蒂姆·库克（Tim Cook）所说："现实是，如果你在系统中设置一个后门，所有人都可以使用，好人坏人都可以。"当然，骗子、恐怖分子和其他政府无论如何也不会使用削弱版，所以我们得到的结果更糟。

苹果软件使用用户提供而苹果并不知道的密钥，对运行 iOS 系统的 iPhone 的所有内容进行加密。如果政府机构或法官要求苹果解密手机，苹果可以诚实地说它做不到这些。苹果的立场并未赢得政界人士或执法部门的支持，但这是一种站得住脚的立场。这也有商业意义，因为精明的客户不愿意购买政府机构可以轻易窥探内容和通话的手机。

2015年底，两名恐怖分子在加州圣贝纳迪诺杀死14人后自杀。联邦调查局曾试图迫使苹果公司破解恐怖分子一部 iPhone 的加密。苹果辩称，即便是创建一种特殊目的的机制来获取信息，也会开创一个先例，严重削弱所有手机的安全性。

圣贝纳迪诺事件最终变得毫无意义，因为联邦调查局声称已经找到了恢复信息的替代方法，但在2019年底佛罗里达州发生另一起枪击事件后，这个问题又再次回到人们的视野。联邦调查局请求帮助。苹果表示，它已经提供了所拥有的所有信息，无法得到密码。

这场辩论非常激烈，双方都有合理的担忧。我个人的立场是，强大的加密是普通人抵御政府过度干预和犯罪入侵的为数不多的防御手段之一，我们不能放弃它。正如我们在前面讨论元数据时提到的，执法机构可以通过许多其他方式获取信息，只需要提出一个像样的案例。没有必要为了调查一小部分人而削弱所有人的加密。然而，这些都是棘手的问题，它们经常出现在政治和情感敏感的情况下，比如在一些暴力事件之后。我们不太可能在短期内看到令人满意的解决方案。

在任何安全系统中，最薄弱的环节是相关人员，他们会无意或有意地破坏过于复杂或难以使用的系统。想想当你被迫更改密码时你会怎么做，尤其是当你必须马上发明一个新的密码，并且必须满足一些奇怪的要求，比如大写字母和小写字母，至少一个数字，以及一些特殊字符，但不包括其他字符时。大多数人求助于公式并将其写下来，这两种方法都有可能危及安全性。问问你自己：如果对手看到了你的两三个密码，他或她能猜到其他密码吗？想想鱼叉式网络钓鱼。有多少次你收到看似可信的邮件，要求你点击、下载或打开？你受到诱惑了吗？

即使每个人都努力确保安全，一个坚定的对手总是可以利用 4B，即贿赂（bribery）、勒索（blackmail）、盗窃（burglary）、野蛮（brutality）来获得访问权。政府可以用坐牢来威胁那些在被要求泄露密码时拒绝的人。然而，如果你很小心，你可以采取一些体面的措施来保护自己。尽管不总是能抵御所有的威胁，但足以让你在现代世界中正常工作。

第 14 章

接下来会发生什么

"预测是困难的，尤其是对未来的预测。"

——约吉·贝拉、尼尔斯·玻尔、

塞缪尔·高德温和马克·吐温等人

——"老师应该为学生的未来做准备，

而不是为老师的过去做准备。"

——理查德·汉明，

《科学与工程的艺术：学会学习》，1996 年

我们已经讨论了很多问题。在这个过程中你应该学到什么？未来什么才是重要的？5 年或 10 年后，我们还会遇到哪些计算问题？哪些问题会过时或无关紧要？

浮于表面的细节总是在变化。我所讨论的许多技术细节并不是特别重要，除非将它们作为具体方法以帮助你理解事物是如何工作的——大多数人从具体的实例中学得比从抽象的例子中学得更好，而且计算有太多抽象的概念。

在硬件方面，理解计算机是如何组织的，它们如何表示和处理信息，一些术语和数字的含义是什么，以及它们是如何随着时间的推移而变化的，是很有帮助的。

对于软件来说，重要的是要知道如何精确地定义计算过程，包括抽象算法（对其计算时间如何随着数据量的增长而增长有一定程度的了解），以及具体的计算机程序。了解软件系统是如何组织的，它们是如何使用各种语言编写的程序创建的，又是如何由各种组件构建的，这有助于你理解我们都在使用的软件的主要部分的构建原理。幸运的话，几章中的一些编程相关内容足以鼓励你尝试编写更多代码。即使你从来没有这样做过，了解其中涉及的内容也很好。

通信系统既在本地也在世界各地运转。重要的是要了解信息是如何流动的，谁可以访问它，以及它是如何被控制的。协议是系统如何交互的规则，也很重要，因为它们的属性可以产生深远的影响，正如我们在当今网上身份验证问题中看到的那样。

一些计算的思想能为思考世界提供方法。例如，我经常区分逻辑结构和物理实现。这个中心思想以各种各样的形式出现。计算机就是一个很好的例子：计算机构造的方式变化很快，但其架构在很长一段时间内保持了基本不变。更概括地说，数字计算机都具有相同的逻辑特性——原则上它们都可以计算相同的东西。在软件中，代码提供了一种隐藏实现的抽象；实现可以进行更改，而不用改变使用它们的东西。虚拟机、虚拟操作系统，甚至真实的操作系统都是使用接口将逻辑结构与实际实现分离的例子。可以说，编程语言也具有这种功能，因为它们使我们能够与计算机交谈，就好像它们说的是同一种语言，而且我们也能理解这种语言。

计算机系统是进行工程方面权衡的一个很好的例子，它提醒我们，没有什么是不需要成本的——没有免费的午餐。正如我们所看到的，台式机、笔记本电脑、平板电脑和手机是等价的计算设备，但它们在处理尺寸、重量、功耗和成本方面的约束方面存在显著差异。

计算机系统也是如何将大型和复杂的系统划分为更小的、更易于管理的、可以独立创建的部分的很好的例子。软件、API、协议和标准的分层都是例证。

我在绪论部分中提到的四个"共性"对理解数字技术仍然很重要。再次概括如下：

首先是信息的通用数字化表示（universal digital representation of information）。化学有100多种元素。物理学有十几个基本粒子。而数字计算机有两个元素，0和1，其他一切都是由这两个元素构成的。比特可以表示任意种类的信息，从最简单的二分选择，如真与假或是与否，到数字和字母，再到任何东西。许多大的实体——比如从你的浏览和购物得到的生活记录、你的电话，以及无处不在的监控摄像头，都是更简单的数据项的集合，继续分解下去，一直到单个比特这一层级。

其次是通用数字处理器（universal digital processor）。计算机是一种对比特进行操作的数字设备。指令用于告诉处理器该做什么，它们被编码为比特，并且通常与数据存储在同一内存中；改变指令会导致计算机做不同的事情，这就是为什么计算机能成为通用机器的原因。比特的意义取决于上下文，一个人的指令就是另一个人的数据。复制、加密、压缩和错误检测等过程可以独立于比特所表示的内容来执行，尽管特定的技术可能对已知类型的数据更有效。用运行通用操作系统的通用计算机取代专用设备的趋势将继续下去。未来很可能会出现基于生物计算或量子计算机或其他尚未发明的东西的其他类型的处理器，但数字计算机将在很长一段时间内与我们相伴。

第三种是**通用数字网络**（universal digital network），它将比特（包括数据和指令）从一个处理器传送到世界任何地方的另一个处理器。互联网和电话网络很可能会融合成一个通用网络，这模拟了我们今天在手机中看到的计算和通信的融合。互联网肯定会继续发展，尽管它是否会保留早年如此多产的那种自由奔放的西部特征仍是一个悬而未决的问题。它可能会变得更受企业和政府的约束和控制，就像一套"围墙花园"——当然很吸引人，但毕竟是围墙。不幸的是，我认为互联网发展的结果可能是后者。我们已经看到了一些例子，比如在动荡时期，整个国家日常性地限制互联网的访问，或完全切断互联网。

最后，**数字系统的普遍可用性**（universal availability of digital systems）。随着技术的进步，数字设备将继续变得更小、更便宜、更快、更普及。存储密度等单一技术的改进通常会对所有数字设备产生影响。随着越来越多的设备包含计算机并联网，物联网将无处不在——这将使安全问题变得更糟。

数字技术的核心限制和问题仍然会存在，你应该意识到这些。技术带来了许多积极的东西，但它也提出了新的难题，并加剧了现有的问题。以下是其中一些较重要的问题。

各种错误信息、虚假信息和假新闻（misinformation, disinformation, and fake news）在互联网上迅速增长。虚假和误导性的新闻报道、图片、视频等在社交媒体网站上泛滥，这些网站在控制危险的错误内容方面过于被动。对审查制度和干涉言论自由的担忧当然是有根据的，但在我看来，钟摆太偏向一边了。随便举一个例子，在2020年新冠肺炎大流行期间的一个3个月周期内，Facebook删除了700万条帖子。这些帖子给出了这样的信息："美国疾病控制与预防中心和其他健康专家告诉我们的虚假预防措施或夸大的治疗方法是危险的。"Facebook还对其他近1亿条帖子发出了警告。

隐私正在受到企图颠覆其概念的商业、政府和犯罪目的的持续威胁。大量收集我们个人数据的工作将继续快速进行着，个人隐私今后可能会比现在更少。最初，互联网让匿名变得太容易了，尤其是对于一些不好的行为但今天，即使有良好意图所做的事情，在互联网上保持匿名也几乎是不可能的。政府试图控制公民对互联网的访问，削弱加密技术，这对好人没有帮助，反而会给坏人提供帮助、安慰，以及一个可以利用的单点故障。有人可能会嘲讽地说，政府希望很容易识别并监控本国公民，但却支持其他国家异见人士的隐私和匿名。企业渴望尽可能多地了解现有的以及潜在的客户。一旦信息出现在网上，它就永远存在了，没有可行的方法召回它。

监控，从无处不在的摄像头到网络跟踪，再到记录我们手机的位置，都在持续增加，而存储和处理成本的指数级下降，使得对我们的整个生活进行完整的数字记录变得越来越可行。需要多少磁盘空间来记录你生活中到目前为止所听到和所说的一切，存储又需要花费多少钱呢？如果你是 20 岁，答案是大约 10TB，按 2021 年价格计算的话，成本不到 200 美元。一个完整的视频记录也不会超过 10 或 20 倍。

针对个人、企业和政府的安全也是一个持续存在的问题。我不确定诸如网络战之类的术语是否有用，但可以肯定的是，个人和更大的团体可能会，而且实际上经常受到国家和有组织犯罪分子的某种网络攻击。糟糕的安全措施使我们所有人都容易遭到来自政府和商业数据库的信息窃取。

在一个可以无限复制数字资料，并以零成本在全世界发行的世界里，维护版权是很困难的。在数字时代之前，传统版权对创意作品所起的保护作用还可以接受，因为书籍、音乐、电影和电视节目的制造和发行需要专业知识和专门的设备，但那样的日子一去不复返了。版权和合理的使用正被授权和数字版权管理所取代，但它们不会阻碍真正的盗版，反而它们会给普通人带来不便。我们如何防止制造商利用版权来减少竞争和造成客户锁定呢？我们又如何保护作者、作曲家、表演者、电影制作人和程序员的权利，同时确保他们的作品不会永远受到限制？

专利也是一个棘手的问题。随着越来越多的设备包含由软件控制的通用计算机，我们如何在保护创新者的合法利益的同时，防止专利持有人的敲诈勒索？

资源的分配，尤其是像频谱这样稀缺但有价值的资源，总是充满了争议。占有市场份额大的企业——那些既得利益者，比如大型电信公司，在这方面有很大的优势，他们可以利用自己的地位通过金钱、游说和自然的网络效应来维持这一优势。

反垄断在欧盟和美国都是一个重大问题。像亚马逊、Facebook和谷歌这样的公司主导着它们的市场，这让它们拥有了巨大的垄断权力。谷歌可能是最容易受到反垄断诉讼的；美国司法部在2020年底宣布对谷歌提起反垄断诉讼。全球至少有70%的搜索是通过谷歌进行的（90%在美国）。它是广告业最重要的公司，其大部分收入都来自广告业。绝大多数手机都运行谷歌的Android操作系统。Facebook通过直接，或者通过其子公司Instagram等主导着社交媒体。Facebook和谷歌经常收购小公司，以获得技术和专业知识，同时也在这些小公司成长之前消除潜在竞争。大型科技公司辩称，它们之所以成功，是因为它们提供的服务比竞争对手更好，它们的成功是随之而来的结果。但也可以认为他们拥有太多的权力，无论是否合法。欧盟和美国似乎都开始担心这一点，在某些情况下甚至采取行动来控制这类公司的权力。

在一个信息可以到处传播的世界里，管辖权也很困难。在一个司法管辖区合法的商业和社会行为，在另一个司法管辖区可能是非法的。法律体系根本没有跟上这一点。这一问题体现在美国跨州征税，以及欧盟和美国相互冲突的数据隐私规定等问题上。这种情况也出现在法庭纠纷中，原告在他们期望得到有利结果的司法管辖区启动专利或诽谤诉讼等相关法律行动，而不管犯罪可能发生在哪里或被告可能在哪里。互联网管辖权本身也受到了一些实体的威胁，这些实体为了自己的利益想要获得更多的控制权。

控制可能是最大的问题。政府希望控制公民在互联网上的言论和行为。当然，互联网越来越成为所有媒体的代名词，国家防火墙可能会变得越来越普遍，越来越难以规避。各国将对公司在本国的业务实施越来越多的限制。公司希望他们的客户被限制在难以逃离的围墙花园中。想想你使用的设备中有多少是被它们的供应商锁定的，从而你不能在这些设备上运行你自己的软件，甚至不能确定它们能做什么。用户个人希望限制政府和企业的影响，但竞争环境远没有达到公平。上面讨论的防御可以提供一些帮助，但还远远不够。

　　最后，我们必须永远记住，尽管技术在迅速变化，但人却没有。在大多数方面，我们和几千年前一样，好人和坏人的比例差不多，他们的动机有好有坏。社会、法律和政治机制确实会适应技术的变化，但这可能是一个缓慢的过程，在世界的不同地方，这种变化以不同的速度进行着，从而得到不同的解决方案。我不知道未来几年事态会如何发展，我希望这本书能帮助你预测、应对和积极影响一些不可避免的变化。

注　解

"你的论文组织结构合理，选材明智，文笔也很好。但你还没有完全掌握脚注的要领。评分 C + 。"

——1963 年，老师对我大三的时候写的一篇论文的评论

本部分收集了关于书中资源的注释（虽然并不完整），包括我喜欢并且认为你可能也会喜欢的书。一如既往，维基百科是一个极好的来源，可以针对几乎任何主题给出快速概览和基本事实。搜索引擎则在查找相关资料方面很有作用。我没有试图提供那些容易在网上找到的信息的直接链接。这些链接往往在书籍出版的时候没问题，但之后不久可能就已经失效了。

前言

1. IBM 7094 有大约 150 KB 的 RAM，500 千赫的时钟速度，耗资近 300 万美元。en.wikipedia.org/wiki/IBM_7090。

2. Richard Muller, Physics for Future Presidents, Norton, 2008. 这是一本优秀的书，也是本书的灵感来源之一。

3. Hal Abelson, Ken Ledeen, Harry Lewis, Wendy Seltzer, Blown to Bits: Your Life, Liberty, and *Happiness After the Digital Explosion*, Second edition, Addison-Wesley, 2020. 这本书涉及许多重要的社会和政治话题，特别是关于互联网的。可以说，这些零碎的东西会成为我在普林斯顿上这门课的好材料，而且它们来自哈佛的一门类似的课程。

引言

1. 当联邦贸易委员会指控 Zoom 在端到端加密问题上撒谎时，该公司的股价遭受了重大打击，不过后来该公司收复了大部分损失。

2. 布鲁斯·施奈尔（Bruce Schneier）对合同追踪应用程序无效性的看法：www.schneier.com/blog/archives/2020/05/me_on_covad-19_.html。

3. 格伦·格林沃尔德（Glenn Greenwald）的《无处可藏》（2014）、劳拉·普瓦特（Laura Poitras）拉斯的获奖纪录片《第四公民》（2015）、斯诺登自己写的《永久记录》（2019）和巴特·格尔曼（Bart Gellman）的《黑镜》（2020）讲述了斯诺登的故事。

4. www.npr.org/sections/thetwo-way/2014/03/18/291165247/report-nsa-can-record-store-phone-conversations-of-whole-countries.

5. James Gleick, *The Information: A History, A Theory, A Flood*, Pantheon, 2011. 一份关于通信系统的有趣材料，重点介绍信息理论之父克劳德·香农。历史部分尤其引人入胜。

6.国家安全局关于限制位置数据的建议：media.defense.gov/2020/Aug/04/2002469874/-1/-1/0/CSI_LIMITING_LOCATION_DATA_EXPOSURE_FINAL.PDF。

7. Bruce Schneier, *Data and Goliath: The Hidden Battles to Collect Your Data and Control Your World*, Norton, 2015（p. 127）.本书权威，令人不安，但写得很好。阅读本书很可能会让你无可非议地感到气愤。

第一部分　硬件

1. James Essinger, *Jacquard's Web: How a Hand-loom Led to the Birth of the Information Age*, Oxford University Press, 2004. 从雅卡尔的织布机开始，介绍到巴贝奇，霍尔瑞斯和艾肯。

2.差分引擎图片是来自维基百科的公开图片：commons.wikimedia.org/wiki/File:Babbage_Difference_Engine_(1).jpg。

3. Doron Swade, *The Difference Engine: Charles Babbage and the Quest to Build the First Computer*, Penguin, 2002.斯韦德还描述了1991年巴贝奇的一台机器的建造过程，现在存放在伦敦科学博物馆；一个2008年的克隆（图I.1）放在加州山景城的计算机历史博物馆。参见www.computerhistory.org/babbage。

4.关于音乐作曲的引文来自阿达·洛芙蕾丝（Ada Lovelace）对 Luigi Menabrea 所著的《分析机的草图》的翻译和注释，1843年。

5. Mathematica 软件的创作人斯蒂芬·沃尔夫勒姆（Stephen Wolfram）写了一篇内容丰富的长篇博客，讲述了 Lovelace 的历史：writings.stephenwolfram.com/2015/12/untangling-the-tale-of-ada-lovelace。

6. 阿达·洛芙蕾丝（Ada Lovelace）的肖像是来自维基百科的公开图像。wikimedia.org/wiki/File：Carpenter_portrait_of_Ada_Lovelace_-_detail.png。

7. Scott McCartney, *ENIAC: The Triumphs and Tragedies of the World's First Computer*, Walker & Company, 1999.

第 1 章

1. Burks, Goldstine and von Neumann, "Preliminary discussion of the logical design of an electronic computing instrument," www.cs.unc.edu/~adyilie/comp265/vonNeumann.html.

2. macOS 是苹果操作系统的当前名称，以前被称为 Mac OS X。

3.《傲慢与偏见》网络版：www.gutenberg.org/ebooks/1342。

4. Charles Petzold, Code: *The Hidden Language of Computer Hardware and Software*, Microsoft Press, 2000. 讨论了计算机是如何由逻辑门构成的，它所涵盖的内容，从计算模型的分层角度而言，比本书要低一两个级别。

5. Gordon Moore, "Cramming more components onto integrated circuits," newsroom.intel.com/wp-content/uploads/sites/11/2018/05/moores-law-electronics.pdf.

第 2 章

1. 此文很好地解释了数码相机的工作原理：www.
irregularwebcomic.net/3359.html。

2. 莱布尼茨在 17 世纪 70 年代探索了二进制甚至十六进制，
他用音符（ut, re, mi, fa, sol, la）来表示额外的六个数字。

3. colornames.org 是一个有趣的网站，它说明了 1600 万种
颜色是什么概念。

4. 到 2020 年，苹果的卡特琳娜版（Catalina）macOS 将不再
支持 32 位程序。

5. Donald Knuth, *The Art of Computer Programming,
Vol 2: Seminumerical Algorithms,* Section 4.1, Addison-
Wesley, 1997.

第 3 章

1. 图灵机是一种抽象的计算模型，以下网址有一个很不错的
具体实现：www.youtube.com/watch?v=E3keLeMwfHY。

2. 艾伦·图灵，"计算机器与智能"。《大西洋月刊》（*The
Atlantic*）上有一篇关于图灵测试的文章，内容丰富且有趣：
www.theatlantic.com/magazine/archive/2011/03/mind-
vsmachine/8386。

3. 验证码（CAPTCHA）是一个公开领域图像：en.wikipedia.
org/wiki/File：Modern-captcha.jpg。

4. 图灵主页由安德鲁·霍奇斯（Andrew Hodges）维护：www.
turing.org.uk/turing。霍奇斯是权威传记《艾伦·图灵传——如谜
的解谜者》的作者。更新版，普林斯顿大学出版社，2014 年。

5. ACM 图灵奖：amturing.acm.org/。

6. 2020 年，德国海军 1944 年使用的一台机器"谜"（Enigma）以 43.7 万美元的价格被拍卖：www.zdnet.com/article/rare-and-hardest-to-crack-enigma-code-machine-sells-for-437000。

硬件部分小结

1. 这是关于讨论摩尔定律终结的众多文章之一：https://www.technologyreview.com/2020/02/24/905789/were-not-prepared-for-the-end-of-moores-law/。

第二部分　软件

1. 从软件角度描述 737 MAX 的情况：spectrum.ieee.org/aerospace/aviation/how-the-boeing-737-max-disaster-looks-to-a-software-developer。

2. 艾奥瓦州民主党初选惨败：www.nytimes.com/2020/02/09/us/politics/iowa-democraticcaucuses.html。

3. 由对冠状病毒的担忧引发的网络投票危机：www.politico.com/news/2020/06/08/online-voting-304013。

4. www.cnn.com/2016/02/03/politics/cyberattack-ukraine-power-grid.

5. en.wikipedia.org/wiki/WannaCry_ransomware_attack.

6. thehill.com/policy/national-security/507744-russian-hackers-return-to-spotlight-with-vaccineresearch-attack.

第 4 章

1.詹姆斯·格莱克（James Gleick）评价理查德·费曼（Richard Feynman）："部分是表演家，完全是天才。"www.nytimes.com/1992/09/20/magazine/part-showman-all-genius.html。

2. The River Café（一家泰晤士河边做意大利菜的米其林一星餐厅）食谱：《史上最好吃的巧克力蛋糕》；books.google.com/books?id=INFnzXj81-QC&pg=PT512。

3. William Cook's *In Pursuit of the Traveling Salesman*, Princeton University Press, 2011.这本书对旅行推销员的历史和现状进行了引人入胜的描述。

4. 2013 年的一个连续剧《基本演绎法》的其中一集，内容聚焦在 P=NP 这一计算机问题上，网址为 www.imdb.com/title/tt3125780/。

5. John MacCormick's *Nine Algorithms That Changed the Future: The Ingenious Ideas That Drive Today's Computers*, Princeton University Press, 2011，给出了一些主要算法的浅显描述，包括搜索、压缩、错误纠正和加密。

第 5 章

1. Kurt Beyer, *Grace Hopper and the Invention of the Information Age*, MIT Press, 2009.霍珀（Hopper）是一位杰出的人物，一位具有巨大影响力的计算机先驱，在 79 岁高龄退休时，她是美国海军年龄最大的现役军官。她在演讲中有一个固定套路，就是双手分开一英尺说："那只是一纳秒。"

2. 美国宇航局火星气候轨道器报告：llis.nasa.gov/llis_lib/pdf/1009464main1_0641-mr.pdf。

3. www.wired.com/2015/09/google-2-billion-lines-codeand-one-place.

4. bug 图片是一个来自以下网址的公开图片 www.history.navy.mil/our-collections/photography/numerical-list-of-images/nhhc-series/nh-series/NH-96000/NH-96566-KN.html。

5. www.theregister.co.uk/2015/09/04/nsa_explains_handling_zerodays.

6. 最高法院的决定确认了 1998 年《桑尼·波诺版权期限延长法案》（讽刺地被称为《米老鼠保护法案》）的合宪性，因为它延长了对米老鼠和其他迪士尼人物本来就已经很长的版权保护。en.wikipedia.org/wiki/Eldred_v._Ashcroft。

7. 亚马逊的"一键下单（1-Click）"专利：www.google.com/patents?id=O2YXAAAAEBAJ。

8. 维基百科有一个关于专利巨魔的很好的讨论：en.wikipedia.org/wiki/Patent_troll。

9. 最终用户许可协议（End User Licence Agreement，EULA）可以从菜单"关于这个Mac／支持／重要信息…／软件许可协议"找到。大概有 12 页长。

10. 来自 macOS Mojave 的 EULA："您还同意，您不会将'苹果软件'用于美国法律禁止的任何目的，包括但不限于开发、设计、制造或生产导弹、核武器、化学或生物武器。"

11. en.wikipedia.org/wiki/Oracle_America,_Inc._v._Google,_Inc.

12. 适用于我的汽车的规则条文：www.fujitsu-ten.com/support/source/oem/14f。

第 6 章

1. *Unix: A History and a Memoir* (Kindle Direct Publishing, 2019) 是我个人对 Unix 历史的看法，是作为一个参与创建的人的角度来谈的，尽管并不负责该项目。

2. 最初的 Linux 代码可以从 www.kernel.org/pub/linux/kernel/Historic 得到。

3. Windows 文件恢复工具：www.microsoft.com/en-us/p/windows-file-recovery/9n26s50ln705。

4. 谷歌搜索返回的 6 500 万个结果中的一个例子："泄露的白宫电子邮件揭示了在应对冠状病毒中关于药物氯喹的幕后斗争。"

5. 微软 Windows 运行在 ARM 处理器上：docs.microsoft.com/en-us/windows/uwp/porting/appson-arm。

6. 法院的事实调查结论，第 154 段，1999 年，www.justice.gov/atr/cases/f3800/msjudgex.htm。该案最终于 2011 年结束，那时对微软合规的最后一次监管结束了。

第 7 章

1. 奥巴马在 YouTube 上的这一劝诫是计算机科学教育周活动的一部分：www.whitehouse.gov/blog/2013/12/09/don-t-just-play-your-phone-program-it。

2. jsfiddle.net 和 w3schools.com 是学习 JavaScript 的两个

有用网站。

3. 你可以从 python.org 下载 Python。

4. Colab 的网址是 colab.research.google.com。

5. Jupyter notebook 是"一个开源的网络应用程序，允许你创建和共享包含实时代码、方程、可视化和叙述文本的文档"。参见 jupter.org。

第三部分　通信

1. Gerard Holzmann and Bjorn Pehrson, *The Early History of Data Networks*, IEEE Press, 1994. 关于光电报的详细而有趣的历史。

2. 本光电报的图片是来自 en.wikipedia.org/wiki/File：Telegraph_Chappe_1.jpg. 的公开图像。

3. Tom Standage, *The Victorian Internet: The Remarkable Story of the Telegraph and the Nineteenth Century's On-Line Pioneers*, Walker, 1998. 吸引人和有趣的读物。

4. 我不是唯一一个怀念没有手机的生活的人：www.theatlantic.com/technology/archive/2015/08/why-people-hate-making-phone-calls/401114。

第 8 章

1. 亚历山大·格雷厄姆·贝尔（Alexander Graham Bell）的论文在线可以获取；引用的话来自 memory.loc.gov/mss/magbell/253/25300201/0022.jpg。

2. www.10stripe.com/articles/why-is-56k-the-

fastest-dialup-modem-speed.php。

3.关于 DSL 的一个很好的描述：broadbandnow.com/DSL。

4. Guy Klemens, Cellphone: *The History and Technology of the Gadget that Changed the World,* McFarland, 2010. 手机进化的详细历史和技术事实。有些部分是沉重的，但很多是浅显易懂的；它很好地描绘了一个我们习以为常的系统的不同寻常的复杂性。

5.一名美国联邦法官隐瞒了"黄貂鱼"监控设备的证据：www.reuters.com/article/us-usa-crimestingray-idUSKCN0ZS2VI。

6.一篇很好地解释了 4G 和 LTE 的文章，参见 www.digitaltrends.com/mobile/4g-vs-lte。

7.交互式地解释 JPEG 如何工作：parametric.press/issue-01/unraveling-the-jpeg/。

第 9 章

1.国家安全局（NSA）和国家通信总部（GCHQ）都在监听登陆地的光纤电缆：www.theatlantic.com/international/archive/2013/07/the-creepy-long-standing-practice-of-undersea-cable-tapping/277855。

2.飞鸟（Avian）航空公司的 RFC：tools.ietf.org/html/rfc1149。你可能也会喜欢 RFC-2324。

3.当前顶级域名列表位于 www.iana.org/domains/root/db；有将近 1 600 个。

4.执法部门常常没有意识到 IP 地址并不能确定一个人的身

份：www.eff.org/files/2016/09/22/2016.09.20_final_formatted_ip_address_white_paper.pdf。

5. 与许多 IXPs 一样，DE-CIX 提供了广泛的流量图；参见www.de-cix.net。

6. traceroute 是范·雅各布森（Van Jacobson）在 1987 年创建的。

7. SMTP 最初由 Jon Postel 于 1981 年在 RFC 788 中定义。

8. SMTP 会话的介绍：technet.microsoft.com/en-us/library/bb123686.aspx。

9. 2015 年，Keurig 试图在其咖啡机上实施 DRM 数字版权管理；用户不满意这种做法，导致销量急剧下降：boingboing.net/2015/05/08/keurig-ceo-blames-disastrous-f.html。

10. arstechnica.com/security/2016/01/how-to-search-the-internet-of-things-for-photos-of-sleepingbabies。

11. Gordon Chu，Noah Apthorpe，Nick Feamster，"Security and Privacy Analyses of Internet of Things Children's Toys,"2019.

12. 通过 Telnet 方式接入物联网设备：www.schneier.com/blog/archives/2020/07/half_a_million.html。

13. 对风力涡轮机的攻击：news.softpedia.com/news/script-kiddies-can-now-launch-xss-attacksagainst-iot-wind-turbines-497331.shtml。

第 10 章

1. 为视障人士提供无障碍环境：www.afb.org/about-afb/

what-we-do/afb-consulting/afb-accessibility-resources/
improving-your-web-site。

2.微软的10条永恒的安全法则：docs.microsoft.com/
en-us/archive/blogs/rhalbheer/ten-immutable-laws-of-
security-version-2-0。

3. Kim Zetter，*Countdown to Zero Day*，Crown，2014，
书中描述了震网病毒。

4. blog.twitter.com/en_us/topics/company/2020/an-
update-on-our-security-incident.html.

5. 2016年，CEO网络钓鱼泄露了希捷所有员工的w-2表：
krebsonsecurity.com/2016/03/seagate-phish-exposes-all-
employee-w-2s。

6. www.ucsf.edu/news/2020/06/417911/update-it-
security-incident-ucsf.

7. epic.org/privacy/data-breach/equifax/.

8. Wawa关于他们安全漏洞的声明：www.wawa.com/alerts/
data-security。

9. Clearview AI数据泄露：www.cnn.com/2020/02/26/tech/
clearview-ai-hack/index.html。

10 news.marriott.com/news/2020/03/31/marriott-
international-notifies-guests-of-property-systemincident.

11.亚马逊DDoS攻击：www.theverge.com/2020/6/18/21295337/
amazon-aws-biggest-ddos-attackever-2-3-tbps-shield-github-
netscout-arbor。

12. 免费的"无日志"VPN 造成的破坏：www.theregister.com/2020/07/17/ufo_vpn_database/。

13. 联邦贸易委员会（FTC）投诉并提议与 Zoom 达成和解：www.ftc.gov/news-events/pressreleases/2020/11/ftc-requires-zoom-enhance-its-security-practices-part-settlement。

14. Steve Bellovin's *Thinking Security*, Addison-Wesley, 2015，对威胁模型进行了广泛的讨论。

15. xkcd 有一个关于选择密码的著名漫画：xkcd.com/936。

16. help.getadblock.com/support/solutions/articles/6000087914-how-does-adblock-work-.

17. www.theguardian.com/technology/2020/jan/21/amazon-boss-jeff-bezoss-phone-hacked-by-saudicrown-prince.

18. *Click Here to Kill Everybody*, Bruce Schneier, Norton, 2018.

19. Eli Pariser, *The Filter Bubble: What the Internet Is Hiding from You*, Penguin, 2011.

第四部分　数据

1. 苏斯（Seuss）博士 1955 年出版的儿童读物《超越斑马》描述了一个奇特的扩展字母表。

第 11 章

1. 思科是预计到互联网流量将大幅增加的其中一员：www.

cisco.com/c/en/us/solutions/collateral/executive-perspectives/annual-internet-report/white-paperc11-741490.html。

2.谷歌发表的原始论文：infolab.stanford.edu/~backrub/google.html。这个系统最初被称为"BackRub"。

· 3.两个关于大数字的网站：www.domo.com/learn/data-never-sleeps-5，www.forbes.com/sites/bernardmarr/2018/05/21/how-much-data-do-we-create-every-day-the-mind-blowing-stats-everyone-should-read.

4.拉塔尼亚·斯威尼（Latanya Sweeney）发现，搜索名字"产生的暗示逮捕的广告"中，"与种族有关"的名字明显更多。参见papers.ssrn.com/sol3/papers.cfm?abstract_id=2208240。

5.www.reuters.com/article/us-facebook-advertisers/hud-charges-facebook-with-housing-discrimination-in-targeted-ads-on-its-platform-idUSKCN1R91E8.

6.www.propublica.org/article/facebook-ads-can-still-discriminate-against-women-and-older-workers-despite-a-civil-rights-settlement.

7.DuckDuckGo的隐私建议可以在spreadprivacy.com上找到。

8.www.nytimes.com/series/new-york-times-privacy-project.

9.www.nytimes.com/interactive/2019/12/19/opinion/location-tracking-cell-phone.html.

10.www.washingtonpost.com/news/the-intersect/

wp/2016/08/19/98-personal-data-points-that-facebook-uses-to-target-ads-to-you/.

11. Facebook 用来瞄准你的 98 个方法：www.washingtonpost.com/technology/2020/01/28/offfacebook-activity-page。

12. Netflix 隐私政策：help.netflix.com/legal/privacy，June 2020。

13. 画布指纹：en.wikipedia.org/wiki/Canvas_fingerprinting。

14. 如何关闭语音智能电视：www.consumerreports.org/privacy/how-to-turn-offsmart-tv-snooping-features/。

15. www.nytimes.com/2020/07/16/business/eu-data-transfer-pact-rejected.html.

16. www.pewresearch.org/internet/2019/01/16/facebook-algorithms-and-personal-data.

17. 2019 年，《纽约时报》分析了 150 项隐私政策。"They were an incomprehensible disaster." www.nytimes.com/interactive/2019/06/12/opinion/facebook-google-privacy-policies.html。

18. www.swirl.com/products/beacons.

19. 位置隐私：www.eff.org/wp/locational-privacy。网址为 eff.org 的电子前沿基金会（Electronic Frontier Foundation）是一个很好的隐私和安全政策信息的来源。

20. fas.org/irp/congress/2013_hr/100213felten.pdf.

21. Kosinski et al., "Private traits and attributes are predictable from digital records of human behavior,"

www.pnas.org/content/early/2013/03/06/1218772110.full.pdf+html.

22. Facebook 标签帮助：www.facebook.com/help/187272841323203（2020 六月）。

23. Simson L. Garfifinkel, De-Identifification of Personal Information, dx.doi.org/10.6028/NIST.IR.8053。

24. georgetownlawtechreview.org/re-identification-of-anonymized-data/GLTR-04-2017.

25. 云图来自 clipartion.com/free-clipart-549。

26. 2016 年 4 月，微软就这类要求起诉了司法部：blogs.microsoft.com/on-the-issues/2016/04/14/keeping-secrecy-exception-not-rule-issue-consumersbusinesses。

27. www.theguardian.com/commentisfree/2014/may/20/why-did-lavabit-shut-down-snowden-email.

28. 政府的一项编辑错误揭示了斯诺登是目标：www.wired.com/2016/03/government-error-just-revealed-snowden-target-lavabit-case。

29. 透明度报告：www.google.com/transparencyreport, govtrequests.facebook.com, aws.amazon.com/compliance/amazon-information-requests。

第 12 章

1. 关于机器学习（ML）与统计的关系：www.svds.com/machine-learning-vs-statistics。

2. 瓦西里·祖巴列夫（Vasily Zubarev）撰写的" vas3k.

com/blog/machine_learning"是一个很好的对机器学习的非正式介绍，有很好的插图，没有使用数学。

3. 计算机历史博物馆关于专家系统的回顾展（2018 年）：www.computerhistory.org/collections/catalog/102781121。

4. 关于本吉奥（Bengio）、辛顿（Hinton）和杨立昆（LeCun）的图灵奖页面位于 awards.acm.org/about/2018-turing。

5. www.nytimes.com/2020/06/24/technology/facial-recognition-arrest.html.

6. IBM 放弃了面部识别：www.ibm.com/blogs/policy/facial-recognition-susset-racial-justice-reforms。

7. 亚马逊暂停人脸识别：yro.slashdot.org/story/20/06/10/2336230/amazon-pausespolice-use-of-facial-recognition-tech-for-a-year。

8. 伊莱莎（Eliza）的对话来自 www.masswerk.at/elizabot。

9. 可以通过访问 inferkit.com 与变形金刚对话。

10. Amazon Rekognition 服务：www.nytimes.com/2020/06/10/technology/amazon-facial-recognition-backlash.html。

11. Clearview AI 套装：www.nytimes.com/2020/08/11/technology/clearview-floyd-abrams.html。

12. 这一部分的重要思想来自巴罗卡斯（Barocas）、哈特（Hardt）和纳拉亚南（Narayanan）合著的 Fairness and Machine Learning：Limitations and Opportunities（fairmlbook.org）。

13. Botpoet.com 是一个有趣的在线诗歌图灵测试。

第 13 章

1. Simon Singh, *The Code Book*, Anchor, 2000. 对普通读者来说，这是一部描述令人愉快的密码学历史的书籍。巴宾顿阴谋（试图让苏格兰女王玛丽登上王位）引人入胜。

2. 机器"谜"的照片来自维基百科的公开图片：commons.wikimedia.org/wiki/File: EnigmaMachine.jpg。

3. 布鲁斯·施奈尔（Bruce Schneier）写了几篇关于为什么业余密码学行不通的文章；这个例子也指向了之前的例子：www.schneier.com/blog/archives/2015/05/amateurs_produc.html。

4. 罗纳德·里维斯特说："这个标准很有可能是由国家安全局设计的，目的是明确地将用户的关键信息泄露给国家安全局（而不是其他人）。显然，Dual-EC-DRBG 标准（我认为，几乎可以肯定）包含一个'后门'，使美国国家安全局能够秘密访问"。www.nist.gov/public_affairs/releases/upload/VCAT-Report-on-NIST-Cryptographic-Standards-and-Guidelines-Process.pdf。

5. Alice, Bob and Eve at xkcd.com/177.

6. 当签名和加密结合在一起时，内部加密层必须以某种方式依赖于外层，以便揭示对外层的任何篡改。world.std.com/~dtd/sign_encrypt/sign_encrypt7.html。

7. Snapchat 隐私政策：www.snapchat.com/privacy。

8. 使用 Tor 时不要做的事情列表：www.whonix.org/wiki/DoNot。

9. www.washingtonpost.com/news/the-switch/wp/2013/10/04/everything-you-need-to-know-aboutthe-

nsa-and-tor-in-one-faq.

10. 斯诺登的文件可以在 www.aclu.org/nsa-documents-search 和 www.cjfe.org/snowden 等网站上找到。

11. TAIL 网站：tails.boum.org。

12. 来自雅虎财经的比特币历史价格。

13. 在被黑的 Ashley Madison 网站上具有身份的一些人被发现有婚外情，他们收到了 2000 美元比特币的勒索要求：www.grahamcluley.com/2016/01/ashleymadison-blackmail-letter。

14. www.irs.gov/individuals/international-taxpayers/frequently-asked-questions-on-virtual-currencytransactions.

15. Arvind Narayanan et al., *Bitcoin and Cryptocurrency Technologies*, Princeton University Press, 2016.

16. "Keys under doormats": dspace.mit.edu/handle/1721.1/97690。作者是一群真正知识渊博的密码学专家。我认识其中一半的人，相信他们的专业知识和动机。

17. www.nytimes.com/2020/01/07/technology/apple-fbi-iphone-encryption.html.

第 14 章

1. www.msn.com/en-us/news/technology/facebook-says-it-removed-over-7m-pieces-of-wrongcovid-19-content-in-quarter/ar-BB17Q4qu.

术　语　表

"有些词我无法解释，因为我不理解它们。"

——塞缪尔·约翰逊，《英语词典》，1755 年

术语表提供了书中出现的重要术语的简要定义或解释，重点是那些使用普通词汇但具有特殊含义、你可能会经常遇到的术语。

计算机和互联网这样的通信系统处理非常大的数字，通常用你不熟悉的单位来表示。下表定义了书中出现的所有单位，以及国际单位制（International System of Units）中的其他单位。随着技术的进步，你会看到更多代表大数字的单位。该表还显示了最接近该数的 2 的幂。10^{24} 的误差只有 21%，也就是说，2^{80} 约等于 1.21×10^{24}。

国际单位制名称	10 的幂次	常用名	最接近该数的 2 的幂
yocto	10^{-24}		2^{-80}
zepto	10^{-21}		2^{-70}
atto	10^{-18}		2^{-60}

（续）

国际单位制名称	10 的幂次	常用名	最接近该数的 2 的幂
femto	10^{-15}		2^{-50}
pico	10^{-12}	万亿分之一	2^{-40}
nano	10^{-9}	十亿分之一	2^{-30}
micro	10^{-6}	百万分之一	2^{-20}
milli	10^{-3}	千分之一	2^{-10}
—	10^{0}		2^{0}
kilo	10^{3}	一千	2^{10}
mega	10^{6}	百万	2^{20}
giga	10^{9}	十亿	2^{30}
tera	10^{12}	万亿	2^{40}
peta	10^{15}	百万之四次方	2^{50}
exa	10^{18}	百万的三次方	2^{60}
zetta	10^{21}		2^{70}
yotta	10^{24}		2^{80}

5G 第五代，定义更精确，大约 2020 年以后出现的技术；4G 的替代品。

802.11 用于笔记本电脑和家庭路由器等无线系统的标准，也称为 Wi-Fi。

插件（add-on） 一个小型的 JavaScript 程序，添加到浏览器以获得额外的功能或便利；像 Adblock Plus 和 NoScript 这样的隐私插件就是例子。也称为扩展程序。

AES 高级加密标准，最广泛使用的密钥加密算法。

算法（algorithm） 一种精确而完整的计算过程的说明，但与程序相反，它是抽象的，不能由计算机直接执行。

振幅调制（Amplitude Modulation，AM） 一种通过修改信号振幅，从而将声音或数据等信息添加到信号的机制；通常见于调幅广播。参见 FM（调频）。

模拟（analog）用按比例平滑变化的物理性质表示信息的通用术语，如温度计中的液面高度；与数字形成对比。

应用编程接口（Application Programming Interface，API） 程序员对软件库或其他软件集合提供的服务的描述；例如，谷歌 Maps API 描述了如何用 JavaScript 控制地图显示。

应用（application，app） 执行某些任务的一个或一系列程序，例如 Word 或 iPhoto；App 常用于手机应用程序，比如日历和游戏等。"杀手级应用"是较早期的说法。

架构（architecture） 一个不精确的词，指计算机程序、系统或硬件的组织或结构。

美国信息交换标准码（American Standard Code for Information Interchange.ASCII） 对字母、数字和标点符号进行的 7 位编码，几乎总是存储为 8 位。

汇编程序（assembler） 一种程序，它把处理器指令库中的指令转换成可直接加载到计算机内存中的位，汇编语言是相应级别的编程语言。

后门（backdoor） 密码学的术语，一种有意设置的系统弱点，允许对系统有更多了解的人破解或绕过加密。

带宽（bandwidth） 描述一条通信路径传输信息的速度有多快，以每秒比特（bps）来衡量，例如电话调制解调器为 56Kbps，以太网为 100Mbps。

基站（base station） 将无线设备（手机、笔记本电脑）连接到网络（电话网、计算机网）的无线电设备。

二进制（binary） 只有两种状态或可能值；也指以 2 为基底的数，也就是二进制数。

二分搜索（binary search） 一种搜索已经排好序的列表的算法，通过重复地将接下来要搜索的部分分成相等的两部分进行搜索。

比特或位（bit） 一种二进制数字（0 或 1），以像开或关这样的二选一的方式来表达信息。

比特币（bitcoin） 一种允许使用点对点网络进行匿名在线交易的数字或加密货币。

BitTorrent 高效分发大型文件的点对点协议。下载者同时也作为上传者。

区块链（blockchain） 记录了所有以前交易的分布式账本，被比特币协议所使用。

蓝牙（bluetooth） 用于免提电话、游戏、键盘等的短距离、低功率无线电通信方式。

僵尸机器，僵尸网络（bot，botnet） 在坏人控制下运行程序的计算机；僵尸网络是在统一控制下的一组机器。来源于机器人（robot）一词。

浏览器（browser） 一个像 Chrome、Firefox、Internet Explorer、Edge 或 Safari 这样的程序，为大多数人提供网络服务的主要界面。

浏览器指纹（browser fingerprinting） 一种技术，通过这种技术，服务器可以使用用户浏览器的属性来或多或少地唯一地识别该用户。画布指纹识别（Canvas fingerprinting）是一种实现机制。

漏洞（bug） 程序或其他系统中的错误。

主线（bus） 用来连接电子设备的一组线路；参见 USB。

字节（byte） 八位比特，足以存储一个字母、一个小数或一个较大数量的一部分，在现代计算机中作为一个单元。

电缆调制解调器（cable modem） 一种用于在有线电视网络上发送和接收数字数据的装置。

缓存（cache） 提供对最近使用过的信息的快速访问的本地存储。

验证码（CAPTCHA） 区分人类和计算机的测试；用于检测是否是机器人程序。

证书（certificate） 可用于验证网站真实性的数字签名加密数据。

芯片（chip） 小型电子电路，在平面硅表面制造，并安装在陶瓷封装内；也称为集成电路、微芯片。

Chrome OS 谷歌推出的一款操作系统，在该系统中，应用程序和用户数据主要位在云中而不是本地机器上，并使用浏览器访问。

客户端（client） 向服务器（如在客户端 – 服务器模式中）发出请求的程序，通常是浏览器。

云计算（cloud computing） 在服务器上进行的计算，数据存储在服务器上，用于取代桌面应用程序；邮件、日历和照片共享网站都是云计算的例子。

编码（code） 指用程序设计语言编写的程序文本，如源代码；也指一种编码方式，如 ASCII 码。

编译器（compiler） 一种程序，用于将用 C 或 Fortran 等高级语言编写的程序转换为汇编语言等较低级形式。

复杂性（complexity） 一种计算任务或算法难度的度量，以处理 N 个数据项所需的时间表示，如 N 或 $\log N$。

压缩（compression） 把数字表示压缩成更少的位，比如在 MP3 格式中压缩数字音乐，或使用 JPEG 标准压缩图像。

cookie 从服务器发送给客户端的文本，由你电脑上的浏览器存储，然后在你下次访问该服务器时由浏览器返回；广泛用于跟踪对网站的访问。

CPU 中央处理单元；参见"处理器（processor）"条目。

加密电子货币（cryptocurrency） 基于加密技术的数字货币（如比特币），而不是实物资产或政府法令。

暗网（dark web） 只有使用特殊软件和（或）访问信息，才能进入的万维网部分；主要与非法活动有关。

声明（declaration） 一种程序设计语言结构，它规定计算机程序某些部分的名称和属性，例如在计算过程中存储信息的变量。

深度学习（deep learning） 基于人工神经元网络的机器学习技术。

弃用的（deprecated） 在计算机技术中，表示一项技术将被取代或淘汰，因此应该避免使用。

数据加密标准（Data Encryption Standard, DES） 第一个广泛使用的数字加密算法；已被 AES 所取代。

数字的（digital） 信息表示方式，仅采用离散数值；与模拟形成对比。

目录（directory） 和文件夹（folder）同义。

数位千年版权法案（Digital Millennium Copyright Act，DMCA） 于 1998 年生效的美国的法律，用于保护受版权保护的数字材料。

域名系统（Domain Name System，DNS） 将域名转换为 IP 地址的互联网服务。

域名（domain name） 一种分级命名方案，用于命名连接到互联网的计算机，例如 www.cs.nott.ac.uk。

驱动程序（driver） 控制特定硬件设备（如打印机）的软件；通常按需加载到操作系统中。

数码版权管理（Digital Rights Management，DRM） 防止非法复制受版权保护资料的技术；一般不成功。

数字用户环路（Digital Subscriber Loop，DSL） 一种通过电话线发送数字数据的技术。与有线电视相当，但使用频率较低。

Ethernet 最常见的局域网技术，用于构建大多数家庭和办公室中的无线网络。

最终用户许可协议（End User License Agreement，EULA） 是一份用小字印刷的长长的法律文件，它给出了你可以对软件和其他数字信息做什么的限制。

指数的（exponential） 按照每个固定步长或时间段以固定比例增长，例如，每月增长 6%；常被粗略地用来表示"增长得很快"。

光纤（fiber, optical fiber） 极纯的细玻璃，用于远距离传输光信号；这些信号对数字信息进行了编码。大多数长途数字通信都是通过光纤电缆进行的。

文件系统（file system） 操作系统的组成部分，用于组织和访问磁盘和其他辅助存储介质上的信息。

过滤泡（filter bubble） 由于依赖有限的网络信息来源而导致的信息来源和信息的狭隘。

防火墙（firewall） 一种程序，可能还有相关硬件，用于控制或阻止来自其他计算机或网络的网络接入和传出连接。

Flash 用于在网页上显示视频和动画的 Adobe 软件系统，现已被弃用。

闪存（flash memory） 保存数据的集成电路存储技术，不耗电；用于相机、手机、USB 记忆棒，并作为磁盘驱动器的替代品。

频率调制（Frequency Modulation，FM） 一种通过改变无线电信号的频率来发送信息的技术；通常出现在调频广播中。参见 AM。

文件夹（folder） 一种特殊的文件，保存文件和文件夹信息，这些信息包括大小、日期、权限和位置；和目录（directory）同义。

函数（function） 执行特定的集中计算任务的程序组件，例如计算平方根或弹出一个对话框，如 JavaScript 中的 prompt 函数。

网关（gateway） 将一个网络连接到另一个网络的计算机；通常称为路由器。

通用数据保护条例（General Data Protection Regulation，GDPR）是欧盟的一项法律，赋予了个人对其在线数据的控制权。

图形交换格式（Graphics Interchange Format，GIF） 采用了一种压缩算法，用于由颜色块构成的简单图像，但不能用于照片。参见 JPEG、PNG。

GNU 通用公共许可证（General Public License，GNU GPL）一
种版权许可证，通过要求自由访问源代码来保护开源代码，从
而防止它被私有化。

全球定位系统（Global Positioning System，GPS）利用卫星发
出的时间信号来计算地球表面的位置。它是单向的；像汽车
导航仪这样的 GPS 设备不会向卫星广播。

全球移动通信系统（Global System for Mobile Communications，
GSM）一种在世界大部分地区使用的手机系统。

硬盘（hard disk）将数据存储在具有磁性材料的旋转磁盘上的装
置；也称为硬盘驱动器。与软盘形成对比。

十六进制（hexadecimal）以 16 为基数的表示法，常见于 Unicode
表、URL 和颜色规范中。

超文本标记语言（Hypertext Markup Language，HTML）用于
描述网页的内容和格式。

超文本传输协议（Hypertext Transfer Protocol，HTTP）用
于客户端如浏览器和服务器之间；HTTPS 是端到端加密的
HTTP 协议，因此相对安全，可以抵御窥探和中间人攻击。

集成电路（integrated circuit，IC）在平面上制造的电子电路元
件，安装在密封包中，并在电路中与其他设备连接。大多数
数字设备主要是由集成电路组成的。

互联网名称和数字地址分配机构（Internet Corporation for Assigned
Names and Numbers，ICANN）负责分配互联网资源的组
织，这些互联网资源必须是唯一的，如域名和协议编号。

知识产权（intellectual property）具有创造性或者发明行为产生

的产品，受著作权和专利保护；它包括软件和数字媒体。有时采用容易与网络协议 IP 混淆的缩写 IP。

接口（interface）　一个含糊的通用名称，指两个独立实体之间的边界。参见 API。另一个用途是指图形用户界面，是人类直接与计算机程序交互的部分。

解释器（interpreter）　为计算机解释指令的程序，无论计算机是虚拟的还是否真实的，从而模拟该计算机的行为；浏览器中的 JavaScript 程序就是由解释器处理的。参见 virtual machine。

互联网协议（Internet Protocol，IP）　通过 Internet 发送数据包的基本协议；如前所述，该缩写 IP 也可以指知识产权。

IP 地址（IP address）　互联网协议地址，目前与 Internet 上的一台计算机相关联的唯一数字地址；大致类似于电话号码。

IPv4，IPv6　两个版本的 IP 协议；IPv4 使用 32 位地址，IPv6 使用 128 位地址。没有其他版本。

互联网服务提供商（Internet Service Provider，ISP）　提供连接到互联网的实体组织；例如大学、有线电视公司和电话公司。

互联网交换中心（Internet Exchange Point，IXP）　一个物理站点，多个网络在这里汇集并在它们之间交换数据。

JavaScript　一种编程语言，主要用于网页的视觉效果和跟踪用户行为。

JPEG　数字图像的标准压缩算法和表示，以联合摄影专家组（Joint Photographic Experts Group）命名。

内核（kernel）　操作系统的核心部分，负责对操作和资源进行控制。

键盘记录工具（key logger） 记录计算机上所有按键的软件，通常用于不法目的。

库（library） 相关软件组件的集合，以程序一部分的形式提供，例如 JavaScript 提供的用于访问浏览器的标准函数。

Linux 一种开源的类 UNIX 操作系统，广泛用于服务器。

对数（logarithm） 给定一个数 N，以某个底数的多少次幂产生 N，该次数称为 N 的对数。在这本书中，底数是 2，对数是整数。

循环（loop） 程序的一部分，对指令序列进行重复执行；一个无限循环会重复无数次。

恶意软件（malware） 具有恶意属性和意图的软件。

中间人攻击（man-in-the-middle attack） 一种攻击，在这种攻击中，对手拦截并修改其他两方之间的通信。

微芯片（microchip） 芯片或集成电路的另一种说法。

调制解调器（modem） 调制器/解调器，一种将比特转换成模拟表示（如声音）并进行相反方向转换的设备。

MD5 一种消息摘要或加密哈希算法；已被弃用。

MP3 一种用于数字音频的压缩算法和表示，是视频 MPEG 标准的一部分。

MPEG 数字视频的一种标准压缩算法和表示，以移动图像专家组（Moving Picture Experts Group）命名。

网络中立（net neutrality） 一个一般性的原则，要求互联网服务提供商应该以同样的方式对待所有流量（可能在超载的情况下除外），而不是出于经济或其他非技术原因而持偏见进行对待。

神经网络（neural network） 人工神经元网络，大致类似大脑中的神经元，用于机器学习算法。

目标代码（object code）　可装入主存执行的二进制指令和数据；编译和汇编的结果。与源代码形成对比。

开源（open source）　免费获得的源代码（即程序员可读的），通常是在 GNU GPL 这样的许可下，在相同的条款下使源代码可以免费获得。

操作系统（operating system）　用于控制计算机资源的程序，包括处理器、文件系统、设备和外部连接；例如 Windows、macOS、Unix、Linux。

包（packet）　一种特定格式的信息集合，如 IP 数据包；大致类似于标准信封或运输容器。

可移植文档格式（Portable Document Format，PDF）　可打印文档的标准表示，最初由 Adobe 创建。

点对点（peer-to-peer）　对等点之间的信息交换，即一种对称关系，与客户机 - 服务器相反。用于文件共享网络和比特币。

外围设备（peripheral）　连接到计算机的硬件设备，如外接磁盘、打印机或扫描仪。

网络钓鱼、鱼叉式网络钓鱼（phishing，spear phishing）　试图（通常通过电子邮件）获取个人信息，或诱使目标下载恶意软件，或通过假装与目标有某种关系来诱使目标泄露证书；鱼叉式网络钓鱼（spear phishing）则更具针对性。

图片像素（pixel）　数字图像中的一个点。

平台（platform）　软件系统的模糊术语，类似操作系统，提供可在其基础上构建的服务。

插件(plug-in) 在浏览器上下文中运行的程序；Flash 和 QuickTime 是常见的例子。

便携式网络图形(Portable Network Graphics，PNG) 一种无损压缩算法，GIF 的非专利替代品，支持更多的颜色；用于大面积纯色的文本、线条艺术和图像。

处理器(processor) 计算机中处理算术和逻辑运算的部分，并控制计算机的其余部分，也称为 CPU。英特尔和 AMD 处理器广泛应用于笔记本电脑，大多数手机都使用 ARM 处理器。

程序(program) 让计算机完成一项任务的一组指令；用编程语言写的。

编程语言(programming language) 表示计算机操作序列的符号，最终被转换成装载进内存(RAM)中的比特；示例包括汇编器，C、C++、Java 和 JavaScript。

协议(protocol) 关于系统如何相互作用的规范；最常出现在互联网上，网上有大量的协议用于在网络上交换信息。

二次方(quadratic) 与变量或参数的平方成比例的数值增长，二次方的例子有，选择排序的运行时间如何随待排序项的数量而变化，或圆的面积如何随半径的长度而变化。

内存(RAM) 随机存取存储器，计算机的主要存储器。

勒索软件(ransomware) 一种对受害者电脑上的数据进行加密的攻击，需要付费才能恢复数据。

注册商(registrar) 有权(该权力从 ICANN 获得)向个人或公司出售域名的公司。

强化学习（reinforcement learning） 机器学习的一种，利用在执行现实世界中任务的表现来指导进一步学习；常用于电脑游戏，如国际象棋。

表示（representation） 一个通用词汇，指信息如何以数字形式表达。

射频识别（RFID） 一种低功耗无线系统，常用于电子门锁、宠物识别芯片等场景。

RGB 计算机显示器上表示颜色的标准方式，通过红绿蓝三种基本颜色的组合来进行表示。

路由器（router） 网关的同义词：把信息从一个网络传递到另一个网络的计算机；参见无线路由器（wireless router）。

RSA 使用最广泛的公钥加密算法，以其发明者 Ron Rivest、Adi Shamir 和 Leonard Adleman 命名。

软件开发工具包（Software Development Kit，SDK） 一组软件工具，帮助程序员为某些设备或环境（如手机和游戏机）编写程序。

搜索引擎（search engine） 像 Bing 或谷歌这样的服务器，收集网页并回答网页相关的查询。

服务器（server） 应客户要求提供数据访问的电脑；比如搜索引擎、购物网站和社交网络。

SHA-1、SHA-2、SHA-3 安全哈希算法 用于对任意输入产生加密摘要；SHA-1 已被弃用。

模拟器（simulator） 模拟设备或其他系统的程序。

智能手机（smartphone） 可以下载和运行程序（应用程序）的手

机，比如 iPhone 和 Android。

社会工程学（social engineering）　欺骗受害者释放信息或采取某种行动的技术，通过假装有共同的朋友或同一个雇主之类的关系。

固态硬盘（SSD）　使用闪存的非易失性二级存储器；基于旋转机械的硬盘驱动器的替代品。

源代码（source code）　用程序员可理解的语言编写的程序文本，被编译成目标代码。

频谱（spectrum）　系统或设备的频率范围，例如电话服务或无线电台这样的系统。

间谍软件（spyware）　一种向基地报告它所安装在的计算机上发生的情况的软件。

黄貂鱼（stingray）　模拟手机基站的设备，这样手机将与它通信，而不是和常规的电话系统。

监督式学习（supervised learning）　一种机器学习方法，从一组进行了标记或打了标签的样本中学习。

系统调用（system call）　操作系统向程序员提供其服务的机制；系统调用看起来很像函数调用。

标准（standard）　对某事物如何工作、如何构建或如何控制的正式规范或描述，其精确程度足以允许互操作性和独立实现。示例包括字符集（如 ASCII 和 Unicode）、插头和插座（如 USB）以及编程语言定义。

传输控制协议（TCP）　一种使用 IP 创建双向流的协议。TCP/IP 协议是 TCP 和 IP 协议的结合。

跟踪（tracking）　记录一个 Web 用户访问的网站和他或她在那里做什么。

特洛伊木马（Trojan horse）　一种程序，其承诺做一件事，但实际上做了不同的事情，通常是恶意的。

巨魔（troll）　故意破坏互联网，可以作为名词和动词使用。还有一个词叫专利巨魔，指试图利用不完善的专利。

图灵机（Turing machine）　图灵设想的抽象计算机，可以进行任何数字计算；通用图灵机可以模拟任何其他图灵机，因此也可以模拟任何数字计算机。

Unicode　一种标准编码，用于世界上所有书写系统中的所有字符。UTF-8 是一种 8 位可变宽度编码，用于传输 Unicode 数据。

UNIX　贝尔实验室开发的操作系统，构成了今天许多操作系统的基础；Linux 类似于 Linux，它提供相同的服务，但采用了不同的实现。

无监督学习（unsupervised learning）　一种机器学习方法，基于没有标记或给出标签的样本进行学习。

统一资源定位器（Uniform Resource Locator，URL）　Web 地址的标准形式，如 http://www.amazon.com。

通用串行总线（Universal Serial Bus，USB）　一种将外接磁盘驱动器、相机、显示器和手机等设备插入电脑的标准连接器。USB-C 是一个较新的和物理方面和传统 USB 不兼容的版本。

变量（variable）　存储信息的 RAM 位置；变量声明对变量进行命名，并可能提供关于它的其他信息，如初始值或它所持有的数据的类型。

虚拟机（virtual machine） 模拟计算机的程序；参见解释器
（interpreter）。

虚拟内存（virtual memory） 给人以无限主内存空间错觉的软件
和硬件。

病毒（virus） 感染计算机的程序，通常是恶意的；与蠕虫不同，
病毒需要外界帮助才能从一个系统传播到另一个系统。

互联网协议电话（Voice over Internet Protocol，VoIP） 利用
互联网进行语音对话的一种方法，通常提供了一种接入常规
电话系统的方法。

虚拟专用网络（Virtual Private Network，VPN） 一种在计算
机之间加密的路径，保证双向信息流动的安全。

围墙花园（walled garden） 一种软件生态系统，将用户限制在该
系统的设施内，使其难以访问或使用系统之外的任何东西。

网络信标（web beacon） 一种很小且通常不可见的图像，用于跟
踪某一特定网页已被下载的事实。

网页服务器（web server） 专注于 web 应用程序的服务器。

Wi-Fi 无线保真，802.11 无线协议的市场名称。

无线路由器（wireless router） 一种将无线设备（如计算机）连
接到有线网络的无线电设备。

蠕虫（worm） 对计算机进行感染的程序，通常是恶意的；与病毒
不同，蠕虫可以在没有外界帮助的情况下从一个系统传播到
另一个系统。

零日漏洞（zero-day） 一种软件漏洞，防御者没有任何时间来修
复或防御。